国家出版基金项目
NATIONAL PUBLICATION FOUNDATION

“十三五”国家重点出版物出版规划项目
矿山医学系列丛书

矿山救援与自救互救

MINE RESCUE AND SELF-RESCUE MUTUAL AID

国家出版基金项目
NATIONAL PUBLICATION FOUNDATION

"十三五"国家重点出版物出版规划项目
矿山医学系列丛书

矿山救援与自救互救

MINE RESCUE AND SELF-RESCUE MUTUAL AID

丛书主编　袁聚祥
分册主编　程　光　白俊清
分册主审　程爱国　李建民
分册副主编　黄秀江　张立祥　刘　勇　张军伟
分册编委　(按姓名汉语拼音排序)
白俊清（华北理工大学附属医院）
陈建立（华北理工大学附属医院）
程　光（华北理工大学附属医院）
黄秀江（华北理工大学应急救援培训基地）
刘　昊（华北理工大学附属医院）
刘　勇（华北理工大学附属医院）
孙泽林（华北理工大学附属医院）
杨德久（华北理工大学附属医院）
杨杉杉（唐山市眼科医院）
张军伟（华北理工大学附属医院）
张立祥（华北理工大学应急救援培训基地）
赵晓燕（唐山市妇幼保健院）

北京大学医学出版社

KUANGSHAN JIUYUAN YU ZIJIU HUJIU

图书在版编目（CIP）数据

矿山救援与自救互救 / 程光，白俊清主编．—北京：北京大学医学出版社，2021. 11
（矿山医学系列丛书 / 袁聚祥主编）
ISBN 978-7-5659-1876-6

Ⅰ．①矿…　Ⅱ．①程…②白…　Ⅲ．①矿山救护
Ⅳ．① TD77

中国版本图书馆 CIP 数据核字（2018）第 249272 号

矿山救援与自救互救

主　　编：程　光　白俊清
出版发行：北京大学医学出版社
地　　址：（100191）北京市海淀区学院路38号　北京大学医学部院内
电　　话：发行部 010-82802230；图书邮购 010-82802495
网　　址：http://www.pumpress.com.cn
E-mail：booksale@bjmu.edu.cn
印　　刷：北京金康利印刷有限公司
经　　销：新华书店
责任编辑：陈　奋　张立峰　**责任校对：**靳新强　**责任印制：**李　啸
开　　本：889 mm × 1194 mm　1/16　**印张：**15.5　**字数：**411千字
版　　次：2021 年 11 月第 1 版　2021 年 11 月第 1 次印刷
书　　号：ISBN 978-7-5659-1876-6
定　　价：155.00元

矿山医学系列丛书
编审委员会

丛书主编简介

袁聚祥，曾任华北煤炭医学院院长，华北理工大学校长、党委副书记。现任华北理工大学公共卫生学院教授，华北理工大学和中国医科大学博士生导师。享受国务院政府特殊津贴专家，原煤炭部部级专业技术拔尖人才，河北省省管优秀专家，匈牙利佩奇大学名誉教授。任中华预防医学会煤炭系统分会主任委员，中国煤炭教育协会副理事长，河北省健康管理学会副主任委员。

长期从事公共卫生与预防医学领域科学研究、人才培养和社会服务工作。已培养硕士研究生 156 名，博士研究生 12 名。发表论文 170 篇，其中被 SCI 收录 36 篇。主编国家规划教材 3 部，出版专著 5 部，承担国家级项目、行业项目和地方项目 20 余项，获得各级科技进步奖 10 余项。

主要研究方向为职业流行病学，包括对煤矿工人健康危害严重的职业病和工作有关疾病的防治工作。首次提出了尘肺流行病学的概念，创建了尘肺流行病学学科，培养了第一批尘肺流行病学专业硕士研究生。在此基础上，针对行业和地方的需要，对钢铁、煤炭和石油行业的职业病和工作有关疾病进行了职业流行病学研究，出版了我国第一部煤矿职业流行病学专著，为我国煤炭等行业制定职业病防治策略，预防职业病的发生，延缓职业病患者的病情，保护工人健康提供了可靠的科学依据和一手资料。

分册主编简介

程光，现任华北理工大学临床医学院实验中心主任。从事创伤免疫学基础与临床研究，发表煤矿瓦斯爆炸伤害和井下被困人员医疗救护相关的基础研究论文多篇，出版著作多部。

白俊清，教授，现任华北理工大学冀唐学院院长。

兼任国家矿山医疗极护中心培训基地副主任、中国中西医结合学会灾害医学专业委员会“灾害院前急救专家委员会”全国专家组组长、《中华卫生应急杂志》编委、《中国煤炭工业医学杂志》副主编、《华北理工大学学报（医学版）》编委。

长期从事煤矿创伤基础与临床救治研究，研究成果在瓦斯爆炸伤害基础研究与临床救治研究领域处于国内领先水平。获省部级二等奖 2 项、省级科学技术成果奖 2 项、市科技进步奖 1 项，在国内外学术刊物上公开发表论文 50 余篇，出版医学著作 6 部，获得国家专利 5 项。

丛书序

从中华人民共和国成立后组建的中国煤炭工业部，到现在的国家矿山安全监察局，都充分体现了党中央国务院一直以来对矿山安全生产、矿工职业病防治和矿山创伤救治的高度重视。1963年在原有的开滦高级护士学校、阜新卫生学校、唐山卫生学校基础上合并成立了本科类的唐山煤矿医学院，并于1984年更名为华北煤炭医学院，这是专门服务于煤炭行业的高等医学院校。随着国家体制改革的进行——中国煤炭工业部的撤销以及原国家安全生产监督管理总局的建立，华北煤炭医学院也实行了省部共建，以地方管理为主的模式，隶属河北省。2010年5月，经教育部批准，华北煤炭医学院与河北理工大学合并组建了河北联合大学，并于2015年2月更名为华北理工大学。不管体制如何变化，我们始终担负着矿工职业病防治和矿山创伤救治的培训和科研任务。为此，原国家安全生产监督管理总局与河北省人民政府专门签署了省部共建协议书，明确了省部共建人才培养、科学研究、智力支撑和服务行业的协议内容。

50多年来，华北理工大学在矿工职业病防治和矿山创伤救治教学、科研方面取得了世界领先且具有中国特色的成绩，为煤矿的安全生产做出了巨大的贡献，曾经出版过《煤矿创伤学》《实用矿山医疗救护》《瓦斯爆炸伤害学》《脑外伤新概念》《煤工尘肺病理图谱》《煤矿职业危害预防控制指南》等专著，都是针对我国作为煤炭生产和消费大国、矿山安全和健康形势严峻的特点而编著的。

为了适应我国职业卫生与安全工作的需要，提高我国职业卫生与安全水平，创造生产安全、对矿工健康有利的环境，创建我国职业卫生与安全的医学防治体系，普及科学知识，在北京大学医学出版社领导的支持下，华北理工大学组织多个专业的医学专家和学者编写了这套“矿山医学系列丛书”，并成功申请到国家出版基金的资助。

本丛书共分3卷14册：第一卷为“矿山基础医学”，包括《矿山创伤基础医学》《矿山尘肺基础医学》《矿山职业疾基础医学》和《煤工尘肺病理学》；第二卷为“矿山临床医学”，包括《矿山创伤应急救援与医疗技术》《实用矿山创伤医疗救治》《实用瓦斯爆炸伤害救治》《矿山创伤心理救援》《矿山救援与自救互救》；第三卷为“矿山公共卫生学”，包括《矿山职业流行病学》《矿山化学中毒》《矿山企业健康教育与健康促进》《矿山职业病危害预防与控制》《矿工营养健康指南》。

为了编写好本套丛书，我们专门成立了丛书编审委员会，在统一风格的基础上，各司其职，创新性地完成编写任务。另外，我们还邀请原国家安全生产监督管理总局副局长杨元元、原中国煤炭工业协会副会长赵岸青等担任顾问；邀请程爱国、李世波教授等知名专家审稿，以保证丛书质量，在此一并表示衷心感谢！

此套丛书系国内首创，虽然已针对丛书的理论体系、章节内容、涵盖范围进行了多次讨论，广泛征求各位专家的意见，但由于作者的水平有限，仍感不能完全充分满足国家职业卫生与安全形势发展的需要，有不当之处，敬请斧正！

2020 年 10 月于唐山

前　言

矿山发生事故后，救护队不可能立即到达事故地点进行组织抢救。实践证明，在事故发生初期，矿工如果能够及时采取措施，正确地开展自救互救，可以减轻事故危害，减少人员伤亡和国家财产损失。

2006年1月11日，江苏省徐州大黄山煤矿发生透水事件，被困在井下长达5天5夜、共计127小时之久的18名矿工，历尽艰险，终获生还。其主要原因就是在现场有一位带班干部采煤四区副区长姚海华，他对大家说："大家不要慌乱，向我这里靠拢。""控制用电，节省体力。""已经4天了，不能再坐等！""千万别讲我的功劳。我们18个人是一个团结战斗的整体。没有大家的互相帮助，没有救护队员及时赶到，就没有我们的获救。"这些语言给我们以深深的震撼！

上面的例子说明4个问题：①矿难发生后，在场的人员中必须要产生一名组织者；②每一个矿工都必须具备自救互救的常识；③每一个矿工都必须具备面对困境时排除万难、去争取胜利的心理素质；④需要全社会的救助。我们编写这本书的目的就在于此。

在矿山生产中，必不可少的是既需要掌握一些自救与互救的方法，也需要了解国家对于矿山安全的管理条例。最重要的还是要按照规章制度进行生产，安全生产是最重要的。

因此，编写本书的主要目的是希望帮助矿山救护队和从业人员做好岗前培训工作，也为矿山安全生产管理人员提供参考。

本书在编写、审稿过程中，得到了姜保国教授、岳茂兴教授等有关专家的热情指导，在此深表谢意！由于编写人员水平有限及编写时间仓促，疏漏和不足之处在所难免，敬请广大读者在使用过程中多提宝贵意见，以便今后修订和补充。

主编

2021年6月

目 录

第一章

矿山救援

第一节　我国矿山应急救援体系的建立原则

重大事故的应急救援是国际社会极其关注的一项社会性减灾防灾工作，既涉及科学、技术领域，也涉及计划、管理等部门。建立煤化工重大事故应急救援预案和应急救援体系是一项复杂的安全系统工程。针对我国矿山重大事故频繁发生的严峻形势，为改善和提高企业及政府部门对矿山紧急事务管理的能力，本节简述了矿山重大事故应急救援系统的构成、应急预案的编制原则及矿山应急救援行动。

一、矿山应急救援系统

当事故或灾害不可避免的时候，有效的应急救援行动是唯一可以抵御事故或灾害蔓延，并减缓危害后果的有力措施。因此，如果在事故或灾害发生前建立完善的应急救援系统，制订周密计划，而在事故发生时采取及时有效的应急救援行动，以及事故后的系统恢复和善后处理，可以拯救生命、保护财产、保护环境。

（一）矿山应急救援的基本原则

矿山重大事故应急救援工作是在预防为主的前提下，贯彻统一指挥、分级负责、区域为主、矿山企业自救和社会救援相结合的原则。其中，预防工作是事故应急救援工作的基础，除了平时做好事故的预防工作，避免或减少事故的发生外，还要落实好救援工作的各项准备措施，做到预先有准备，一旦发生事故就能及时实施救援。矿山重大事故所具有的发生突然、扩散迅速、危害范围广的特点，也决定了矿山救援行动必须做到迅速、准确、有效。因此，救援工作实行统一指挥下的分级负责，以区域为主，并根据事故的发展情况，采取矿山企业自救和社会救援相结合的形式。

（二）矿山应急救援系统

矿山应急救援系统应包括以下主要内容：应急救援的组织机构，应急救援预案，应急培训和演习，应急救援行动，现场清除，事故后的恢复和善后处理。

二、矿山应急救援预案的编制原则

建立和健全矿山应急救援体系，应根据我国国情和现有矿区救援力量的实际状况，组织和构建具有统一指挥、统一协调、统一调动，以及具有先进技术装备的全国矿山应急救援体系。因此，在体系建设过程中应坚持以下基本原则。

（一）不可替代原则

矿山应急救援工作制约因素多，情况复杂多变，与其他应急救援工作相比，具备更强的技术性、时效性和更大的危险性，要求反应快速、判断准确、应变及时、措施有力。一旦发生重大事故，需要多支救护队协同作战、密切配合、集中指挥，以及强有力的技术支持。因此，必须形成独立的矿山救灾及应急救援体系。矿山安全生产实践也充分证明，矿山应急救援体系在应急救援、预防检查、消除事故，以及社会上应急救援等方面都发挥了十分重要的作用，是其他任何应急救援组织和应急救援体系都无法替代的。

（二）煤矿企业自主救护原则

煤矿事故具有突发性的特点，迅速、即时对矿井进行救护既是煤矿企业工作的重要组成部分，也是煤矿生产工作的客观要求。按照《煤矿安全规程》的要求，所有煤矿必须有矿山救护队为其服务，煤矿企业应设立矿山救护队，不具备单独设立矿山救护队条件的煤矿企业，应与就近救护队签订救护协议或联合建立矿山救护队。矿山救护队至服务矿井的距离以行车时间不超过 30 分钟为限。

（三）预防为主原则

矿山应急救援体系的建设要着眼于事故预防，着眼于矿山的系统安全和矿山的持续健康发展，要将预防检查、消除安全隐患、提高生产系统的抗灾能力、实现系统的本质安全作为体系的主要任务，在制度、管理和技术创新等方面下工夫。

（四）区域救护原则

我国矿山生产具有区域特点，为保证应急救援的有效性、及时性，资源的合理利用和应急体系的健康发展，应根据矿山的分布、灾害程度、地理位置等情况，合理划分成若干区域。在区域内，可不分管理体制和企业性质，可打破隶属关系，建立起区域应急救援网，以实现区域性的应急救援。同时，还应将矿山应急救援体系作为国家应急救援网的重要组成要素来建设和发展。

（五）集中指挥原则

矿山应急救援必须实行集中指挥，以确保应急救援工作能顺利、有效地进行。矿山救护队实行军事化管理，统一指挥、统一行动、统一着装，佩戴帽徽、领章，实行队衔制度。为实现集中指挥，组建国家矿山应急救援指挥中心是必要的；矿山较多的省份应组建省级矿山应急救援指挥分中心，以便及时、有效地协调、指挥矿山的应急救援工作。

（六）全面系统原则

矿山应急救援体系必须覆盖各级、各类矿山。所有矿区都必须配有一定规模的矿山救护队，同时，还应建立起各应急救援组织间的协同机制，密切彼此间的联系，以形成有机整体。另外，还应建立起相应的规章制度、技术支持、装备保障、信息保障和资金保障体系。这样，才能切实保障应急救援体系的有效运转。

三、矿山应急救援行动

矿山应急救援行动是指在矿井发生紧急情况时，如火灾、瓦斯爆炸、冒顶、煤与瓦斯突出等重大事故时，为及时营救人员、疏散撤离现场、减缓事故后果和控制灾情而采取的一系列抢救援助行动。矿山事故发生前应设计和建立应急系统，制订应急预案，并进行培训、训练和演习，以保证应急行动的有效性；一旦发生事故时，应及时调动并合理利用应急资源，包括人力资源和物质资源投入行动；在事故现场，针对事故的具体情况选择应急对策和行动方案，从而能及时有效地使灾害和损失降到最低程度和最小范围。

（一）报警和通告程序

报警是实施应急预案的第一步。通常情况下，要保证任何矿工都能拉响警报或至少向报警人员报告。对出现的异常情况，在预案制订时，要求每一名矿工或技术人员都知道首先应该采取什么行动（如打应急电话给采区调度室或矿区调度室）。报警可采用声音报警，以便动员应急人员并提醒其他地点的矿工采取必要的防护措施。

（二）现场应急指挥中心

采区调度室接到事故报警后，应立即将事故发生区的基本情况向矿区调度室报告，矿区调度室按预案规定，通知矿区当天值班领导，要求所有人员到达集中地点，并规定到达时限，成立现场应急指挥中心。现场应急指挥中心根据事故发生区报告的情况，指示安全技术人员进行危害估算，或会同专家咨询组进行情况判断，并命令矿山救护队和医疗队投入行动。同时应向局调度室报告，局调度室通知局当天值班领导，成立应急指挥中心，通知局救护队和医疗队待命。

（三）事故评估

在应急救援的不同阶段实施什么行动主要依靠决策，反过来要求对事故发展过程进行连续评估。安全技术人员或专家组对事故后果及可能发展的趋势、应急的等级与规模，需要调动的力量及其部署等评估完成后，应启动相应的应急反应机制。矿山发生事故时，应以企业自救为主。若矿山救援能力不足以有效抢险救灾时，应立即向上级（局）矿山指挥中心提出增援要求。各级矿山救援指挥中心得知事故报告后，要迅速向上一级汇报，并根据事故的大小、处理的难易程度等决定调用重点矿山救护队或区域矿山救援基地，以及矿山医疗救护中心实施应急救援。省内发生重、特大矿山事故时，省内区域矿山救援基地和重点矿山救护队的调动由省级矿山救援指挥中心负责；国家应急管理部矿山救援指挥中心负责调动区域矿山救援队伍进行跨省区应急救援行动。

（四）应急救援行动

此处的应急救援行动主要指的是工程救援和医疗救援，应急救援行动的重点是控制事故发展并尽可能排除事故。参加营救行动的人员必须穿戴防护服，成对组合，并备有自持式呼吸器，在行动过程中随时进行联络。此外，在进行营救行动前或过程中，需要实施防护行动，如切断电源、单元隔离或灭火。

矿山事故应急救援预案是矿山事故预防系统的重要组成部分，《中华人民共和国安全生产法》《国务院关于特大安全事故行政责任追究的规定》及相关法规都有制订矿山事故应急预案和建立各级应急救援系统的规定。西安科技大学梅国栋等提出建立矿山重大事故应急救援体系，并建立我国矿山重大应急救援行动的执行、报警、汇报和启动各级响应机制的程序。所提出的制订矿山重大事故应急救援系统及预案的思路，建立救援体系的方法，可供各级政府、矿山生产经营单位制订事故应急预案时参考。

第二节 矿山救援组织

作为矿山安全生产的重要保证，从新中国成立时起，矿山救援工作就得到了党中央、国务院的高度重视。从 1949 年抚顺、阜新、辽源 3 个煤矿率先建立专职矿山救护队以来，他们不仅在煤矿安全生产中发挥了重要作用，还为我国矿山救护事业的发展奠定了基础。我国矿山应急救援队伍从无到有，不断壮大。经过历次机构的调整，矿山应急救援管理机构也逐步建立和完善，目前已初步形成了由管理系统、队伍系统、技术支撑系统、装备保障系统等组成的全国矿山救援体系，成为国家安全生产应急救援体系的重要组成部分。目前，我国已拥有了 433 支矿山救援队伍，人数也由新中国成立初期的 66 人发展到 2.71 万人，部分救援队伍已拥有了世界一流的矿山救援装备。同时，矿山兼职救援队、社会组织和民间支援队伍等救援力量也得到了有力加强。

矿山应急救援是矿山安全生产的最后一道防线，责任重大、使命神圣。随着救援队伍规模的不断壮大和救援能力的不断提高，我国矿山救援队伍在事故预防和事故救援方面发挥了越来越重要的作用。近年来，我国各类安全生产应急救援队伍平均每年直接抢救事故生还、灾难遇险人员达 1 万多人，参加预防性安全检查技术服务近 18 万队次，排查或协助排查治理隐患 59 万项，为有效减少事故发生和降低事故灾难损失做出了重要贡献。近年来，我国矿工伤亡人数逐渐减少，煤矿特、重大安全事故逐渐减少，矿山安全生产形势持续稳定好转，这里既有党中央、国务院对安全生产工作的高度重视，也离不开广大救护队成员的默默奉献和英勇战斗。

近年来，党和国家从安全发展战略高度出发做出了一系列重要决策，采取了一系列重大措施，大力推进矿山应急救援体系建设，努力提高应急救援能力，切实保障人民群众生命和财产安全。国务院明确提出，要建设更加高效的安全生产应急救援体系，《安全生产“十二五”规划》将其列入九大重点工程之一。在具体工作中，首先是依托企业、完善机制，大力建立矿山救援队伍中的“国家队”和“区域队”。战时搞抢救、平时抓防范，他们既要随时待命应对各类矿山灾害，也要坚持开展隐患排查治理和预防性检查，还要负责周边中、小矿山救援队伍的教育、培训工作，发挥他们的辐射和带动作用。同时，我们要进一步完善救灾预案，建立步调一致、协调有力、各方联合的应急救援指挥系统，打造出覆盖全国的安全可靠的应急救援体系。在加强体系建设的同时，还将采取各种措施，大力加强应急救援的队伍建设和装备建设，不断提升救护队成员的综合素质和技战术水平，配置具有世界先进水平的矿山救援装备，全力打造世界一流的矿山救援队伍。

一、矿山救援体系

1．建立国家应急管理部领导下的，由安全监察机构、应急救援管理机构、应急救援队伍和应急救援专家组成的应急救援管理体系。

2．国家应急管理部矿山救援中心负责指导、协调全国矿山应急救援工作；省级矿山救援中心负责指导、协调本省（区、市）矿山应急救援工作。 国家级、省级矿山救援基地具有健全的救援组织、先进的救援装备、丰富的救灾经验，并应不少于 3 个矿山救护中队。

3．国家矿山救援技术研究中心、国家矿山救援技术培训中心和各矿山救护队要开展救援技术、装备的开发和研究，为矿山救援提供技术保证。

4．国家级和各省级矿山救援中心要配备先进的、技术含量高的救援装备，并实行救援装备集中管理，统一调度，保证救援工作的需要。

5．建立以国家应急管理部矿山救援中心为核心的矿山救援信息网络系统，提高救援队伍的快速反应能力。

6．矿山应急救援资金实行国家、地方、矿山企业共同保障体制，矿山救护队要实行救援工作有偿服务。

二、矿山救援队伍

1．各省（自治区、直辖市）矿山管理机构将本省（区、市）的采矿地区，以 100 km 为服务半径，合理划分为若干个区域。在每个区域选择一个交通位置适中、战斗力较强的矿山救护队，作为重点建设的矿山救护中心，即矿山救护大队。被确定为区域救护大队的矿山救护队，其隶属关系不变。

2．矿山救护大队由 2 个以上的中队组成，是完备的联合作战单位。

3．矿山救护大队是本区域的救灾专家、救护装备和演习训练中心，负责区域内矿山重大灾害事故的处理与调度、指挥，对直属中队实行领导，并对区域内其他矿山救护队、辅助矿山救护队进行业务指导。

4．矿山救护大队设大队长 1 人，副大队长 2 人，总工程师 1 人（分别为正、副矿处级），副总工程师 1 人（正区科级），工程技术人员数人。矿山救护大队应设相应的管理及办事机构（如战训、后勤等），并配备必要人员和医务人员。矿山救护大队指挥员的任免，报省救援中心备案。

5．矿山救护中队距服务矿山一般行车时间不超过 30 分钟。矿山救护中队是独立作战的基层单位，由 3 个以上的小队组成。

6．矿山救护中队设中队长 1 人，副中队长 2 ~ 3 人（分别为正、副区科级），工程技术人员 1 人。中队应配备必要的管理人员及汽车司机、机电维修、氧气充填等人员。

7．小队是执行作战任务的最小战斗集体，由 9 人以上组成。小队设正、副小队长各 1 人。

8．辅助矿山救护队应根据矿山的生产规模、自然条件、灾害情况确定编制，原则上应由 9 人以上组成。

9．辅助矿山救护队应设专职队长及仪器装备管理人员。辅助救护队直接隶属于矿长领导，业务上受矿总工程师（或技术负责人）和矿山救护队指导。

10．辅助矿山救护队员，应由符合矿山救护队员条件的工人、工程技术人员和干部兼职组成。

三、矿山救援人员素质要求

1．矿山救护大、中队队长应由熟悉矿山救护业务，具有中专以上文化程度，能够佩戴氧气呼吸器，从事矿山救护工作不少于 3 年，并经培训取得资格证的人员担任。

2．凡有下列疾病之一者，严禁从事矿山救护工作。

（1）有传染性疾病者。

（2）色盲、近视（1.0 以下）及耳聋者。

（3）心血管系统有疾病者。

（4）高血压、低血压、眩晕症者。

（5）脉搏不正常者。

(6) 呼吸系统有疾病者。

(7) 重度神经衰弱者。

(8) 尿内有异常成分者。

(9) 经医生检查认为不适合者。

(10) 经实际考核身体不适应救护工作者。

矿山救护队指战员每年进行一次身体检查，对身体不合格人员，必须立即调整。

3. 新招收的矿山救护队员应具有初中以上文化程度，年龄在 25 周岁以下，身体符合矿山救护队员标准，并经过培训、考核、试用，取得合格证后，方可从事矿山救护工作。

4. 矿山救护队员年龄不得超过 45 岁，中队指挥员不得超过 45 岁，大队指挥员不得超过 50 岁。但矿山救护队可根据工作需要，允许保留少数能发挥特殊作用、身体健康、有技术专长及丰富经验的超龄人员。

5. 矿山救护队实行队员服役合同制。正式入队前，必须由矿山救护队、输送队员单位和队员本人三方签订服役合同。合同每次签订 5 年，如本人表现好，可再续签合同。

6. 队员服役合同期满，必须进行合理、妥善安排；优秀队员可以留用，服役年限可以延长。

7. 矿山救护队及辅助救护队的指战员，必须经过强制性的救护理论及技术、技能的基础培训，并经考核取得合格证后，才能从事救护工作。另外，矿山救护队还必须按照《矿山救护队军事训练教范》的规定进行严格的军事训练。军事训练必须作为日常工作的重要内容，纳入日常工作计划。

四、处理事故的指挥原则

1. 矿山发生重、特大灾害事故后，立即成立现场救援指挥部。地方政府安全监管负责人任总指挥，矿长、救护队指挥员为指挥部成员。在处理事故时，矿山救护队长对救护队的行动具体负责、全面指挥。矿山救护队指挥员与总指挥意见不一致时，可报告上级领导，根据有关安全法规进行处理。

2. 矿山发生事故后，如果有外区域救护队联合作战，应成立矿山救护联合作战部，由事故所在区域的救护队指挥员担任指挥，在总指挥的领导下，协调各救护队救援行动。如果所在区域的救护队指挥员不能胜任指挥工作，则由指挥部总指挥另行委任。

3. 为制订符合实际、切实可行的行动计划，矿山救护队指挥员应详细了解下列基本要素。

(1) 事故发生的时间，事故类别、范围，尚留在灾区的人员数量及位置，矿山救护队到达前采取的措施。

(2) 事故区域的通风、有毒有害气体、矿尘、温度、巷道支护及断面、机械设备及消防设备等情况。

(3) 出动救护小队数量，佩戴个人防护装备人数，其他地区矿山救护队可能到达的时间及技术装备等情况。

4. 救护队指挥员接受任务后，迅速制订救护队的行动计划、处理事故的安全措施，调动必要的人力、设备和材料。

5. 矿山救护队指挥员下达任务时，必须说明事故情况、行动路线、行动计划和安全措施。在指挥中应尽量避免使用混合小队。

6. 遇有高温、有毒有害气体蔓延、爆炸、坍塌冒落、水淹等危险的灾区，指挥员只能在救人的情况下，才有权决定救护队进入，但必须采取有效措施，保证救护队员在灾区的安全。

7. 在地面指挥部工作的救护指挥员应轮流值班和下井了解情况，并不断与井下救护队、井上和井下基地及特种服务部门联系，以便在事故处理工作中合理安排，统一指挥。

8．矿山救护队指挥员应派专人做好事故处理记录，其内容如下。

（1）事故地点的原始情况和变化情况。

（2）事故处理方案、计划、措施、图纸（救援工作各种示意图）。

（3）出动小队人数，到达事故矿山时间，领队指挥员及领取任务情况。

（4）小队进入窒息区时间、返回时间及执行任务情况。

（5）事故处理工作的进度、参战队次、设备材料消耗及气体分析化验结果。

（6）指挥员交接班情况。

五、矿山救援程序

1．矿山企业发生灾害事故后，现场人员要立即开展自救和互救，并立即报告本企业负责人；企业负责人接到事故报告后，应迅速组织抢救，并按照国家有关规定立即如实报告当地人民政府和有关部门；中央直属企业，在上报当地政府的同时，上报当地应急管理局和企业总部。

2．矿山救护队接到事故救援电话后，必须在 1 分钟内出动。矿山救护队电话值班员接到事故电话时，应准确记录事故地点、类别、有无被困人员及其数量、报警人姓名及单位后，立即发出警报，并向值班指挥员汇报。

3．矿山救护队全体指战员闻警后，跑步集合，队指挥员宣布事故情况，并指定参战车辆、人员及装备，开赴事故现场。

4．在途中得知矿山事故已经得到控制，出动小队仍应到达事故矿井了解实际情况。

5．矿山救护队到达事故矿山后，领队指挥员向小队下达下井命令，了解事故情况，并到救援指挥部领取任务。小队人员应立即作好战前检查，按事故类别整理好携带装备，作好救援准备。

6．指挥员了解事故情况、接受任务后立即向小队下达任务，并说明事故情况、完成任务要点、措施及安全注意事项。小队长接受任务后，立即带领小队实施事故救援。

如果矿山事故救援指挥部未成立，先期到达的救援队指挥员，应根据事故现场具体情况，或矿山灾害事故救援预案，实施救援行动。

六、矿井火灾事故的处理

1．首先到达事故地点的矿山救护队行动原则如下。

（1）进风井井口建筑物发生火灾时，派 1 个小队去处理火灾、封盖井口；另 1 个小队去井下救人和扑灭井底车场可能发生的火灾。

（2）井筒和井底车场发生火灾时，派 1 个小队去灭火，派另 1 个小队到危险地点救人。

（3）当火灾发生在矿井进风侧的硐室、石门、平巷、下山和上山，而燃烧的火灾气体可能扩散到一个采区时，派 1 个小队去灭火，派另 1 个小队到最危险的采区救人。

（4）当火灾发生在采区平巷、石门、硐室、工作面、通风平巷中，派 1 个小队以最短的路线进入回风道去救人，另 1 个小队从进风侧进去灭火，并在必要时抢救灾区人员。

（5）当火灾发生在回风井井口建筑物、回风井筒、回风井底车场以及其毗连的巷道中时，派 1 个小队去灭火．派另 1 个小队到这些巷道救人。

2．处理矿井火灾，救护队应了解以下情况。

（1）起火时间、火源位置、火势大小、波及范围、人员撤离情况。

（2）灾区瓦斯情况、通风系统状态、风流方向。

（3）巷道围岩状况、支护情况。

（4）通风消防管路、防尘管路是否建立。

（5）灾区电源是否切断，主要通风机是否正常运转。

3．在选择灭火方法时，指挥员应该考虑火灾的特点、发生地点、范围及灭火的人力、物力。一般情况下，应该尽可能采用积极方法灭火。

4．在下列情况下，采用隔绝方法或综合方法灭火。

（1）缺乏灭火器材或人员时。

（2）火源点不明确、火区范围大、难以接近火源时。

（3）用积极方法无效或直接灭火对人员有危险时。

（4）采用积极方法不经济时。

5．处理井下火灾应遵循下列原则。

（1）控制烟雾的蔓延，不致危及井下人员安全。

（2）防止火灾扩大。

（3）防止引起瓦斯或煤尘爆炸，防止因火风压引起风流逆转而造成危害。

（4）保证救灾人员安全，并有利于抢救遇险人员。

（5）创造有利的灭火条件。

6．进风井口、井筒、井底车场、主要进风道和硐室发生火灾时，为了抢救井下人员，应反风或风流短路。反风前，必须将原进风侧的人员撤出，并采取阻止火灾蔓延的措施。

采取风流短路措施时，必须将受影响区域内的人员全部撤离。

多台主要通风机联合通风的矿井反风时，抽出式矿井要保证非事故区域的主要通风机先反风，事故区域的主要通风机后反风。压入式矿井正好相反。

瓦斯矿井应采用正常通风。如必须反风或风流短路时，指挥部应分析反风或风流短路后风流中瓦斯变化情况，防止引起瓦斯爆炸。

7．灭火中只有在不致使瓦斯很快积聚到爆炸危险浓度，且能使人员迅速退出危险区时，才能采用停止通风的方法。

8．用水或注浆的方法灭火时，应将回风侧人员撤出。

9．灭火应从进风侧进行。为控制火势可采取设置水幕、拆除木支架（岩石坚固时）、拆掉一定区段巷道中的木背板及建造临时防火密闭等措施，阻止火势蔓延。

10．用水灭火时，首先考虑用水灭火的条件如下。

（1）火源明确。

（2）水源、人力、物力充足。

（3）有畅通的回风道。

（4）瓦斯浓度不超过2%。

为了防止引起水煤气爆炸，水流不要对准火焰中心，而应从火焰的外围喷洒，随着燃烧物温度的降低，逐步逼向火源中心。灭火时要有足够的风量，使水蒸气直接排入回风道。

11．向火源大量灌水或从上部灌浆时，严禁靠近火源地点作业；用水快速淹没火区时，密闭附近不得有人。

12．扑灭电器火灾，必须首先切断电源。电源无法切断时，严禁使用非绝缘灭火器灭火。

13．进风的下山巷道着火时，应采取防止火风压造成风流紊乱和风流逆转的措施。改变通风系统和通风方式时，必须有利于控制火风压。

14．扑灭瓦斯燃烧引起的火灾时，不得使用震动性的灭火手段，防止扩大事故。

15．采用隔绝法封闭火灾时，应遵守下列规定。

（1）在保证安全的情况下，尽量缩小封闭范围。

（2）在有瓦斯、煤尘爆炸危险时，应设置防爆墙。防爆墙的厚度参照相关规定。在防爆墙的掩护下，建立永久密闭墙。

16．处理火灾事故时，如积聚的瓦斯可能涌入火区，应加强巷道通风。如果瓦斯浓度超过2%时，矿山救护队指挥员必须立即将全体人员撤到安全地点，采取措施排除瓦斯。如果不能将瓦斯排除，应会同抢救指挥部，研究保证使用安全的新的灭火方法。

充满烟雾且能见度为零的巷道严禁救护队进入侦查或作业，待采取措施，消除危险后方可作业。

七、瓦斯、煤尘爆炸事故的处理

1．处理爆炸事故时，矿山救护队的主要任务如下。

（1）抢救遇险人员。

（2）对充满爆炸烟气的巷道恢复通风。

（3）抢救人员时清理堵塞物。

（4）扑灭因爆炸产生的火灾。

2．首先到达事故矿井的小队应对灾区进行全面侦察，查清遇险遇难人员（编号）数量及分布地点，对现场情况进行细致描述，发现幸存者立即佩戴自救器将其救出灾区，发现火源要立即扑灭。

3．井筒、井底车场或石门发生爆炸时，应派1个小队救人，1个小队恢复通风。如果通风设施损坏不能恢复，应全部去救人。爆炸事故发生在采掘工作面时，派1个小队沿回风侧、另1个小队沿进风侧进入救人。

4．为了排除爆炸产生的有毒有害气体，抢救人员要在查清确无火源的基础上，尽快恢复通风。如果有害气体严重威胁回风流方向的人员，为了紧急救人，在进风方向的人员已安全撤退的情况下，采取区域反风或局部反风。这时，矿山救护队应进入原回风侧引导人员撤离灾区。

5．矿山救护队在侦察中遇到冒顶无法通过时，侦察小队要迅速退出，寻找其他通道进入灾区。在独头巷道较长、有害气体浓度大、支架损坏严重的情况下，确知无火源、人员已经牺牲时，恢复通风、维护支架方可进入。

6．小队进入灾区必须遵守下列规定。

（1）进入前切断灾区电源。

（2）注意检查灾区内各种有害气体的浓度，检查温度及通风设施的破坏情况。

（3）穿过支架破坏的巷道时，要架好临时支架，以保证退路安全。

（4）通过支护不好的地点时，队员要保持一定距离按顺序通过，不要推拉支架。

（5）进入灾区行动要谨慎，防止碰撞产生火花，引起爆炸。

八、矿井水灾处理

1．井巷发生透水事故时，矿山救护队的任务是抢救受淹和被困人员，防止井巷进一步被淹和恢复井巷通风。

2．矿山救护队到达事故矿井后，要了解灾区情况、水源、事故前人员分布、矿井有生存条件的地点及进入该地点的通道等，并计算被困人员所在地点容积、氧气、瓦斯浓度，计算出被困人员应救出的时间。根据水灾受灾面积、水量和涌水速度，要求及时增大排水设备能力排水，及时抢救被困人员。

3．救护队在侦察中，应判定遇险人员位置，涌水通道、水量、水的流动线路，巷道及水泵设施受水淹程度，巷道冲坏和堵塞情况，有害气体（CH_4、CO_2、H_2S 等）浓度及在巷道分布情况和通风情况等。在救护队佩戴氧气呼吸器时，当水深达到膝部时，侦察队应停止前进，并及时向指挥部请示报告。

4．采掘工作面发生透水时、矿山救护队第 1 个小队一般应进入下部水平救人，第 2 小队应进入上部水平救人。

5．对于被困在井下的人员，其所在地点高于透水后水位，可利用打钻、掘小巷等方法供给新鲜空气、饮料及食物；如果其所在地点低于透水后水位时，则禁止打钻，防止泄压扩大灾情。

6．矿井透水量超过排水能力，有全矿和水平被淹危险时，在下部水平人员救出后，可向下部水平或采空区放水，如果下部水平人员尚未撤出，主要排水设备受到被淹威胁时，可用装有黏土、砂子的麻袋构筑临时防水墙，堵住泵房口和通往下部水平的巷道。

7．矿山救护队在处理水淹事故时，应注意下列问题。

（1）透水如果威胁水泵安全，在人员撤往安全地点后，矿山救护小队的主要任务是保护泵房不致被淹。

（2）小队逆水流方向前往上部没有出口的巷道时，要与在基地监视水情的待机小队保持联系，当巷道有很快被淹的危险时，要立即返回基地。

（3）排水过程中，要保持通风，加强对有毒有害气体的检测。

（4）排水后进行侦察、抢救人员时，要注意观察巷道情况，防止冒顶和掉底。

（5）矿山救护队员通过局部积水巷道，在积水水位不高、距离不长时，也要十分慎重，采用探棍，探测前进，防止坠落。

救护队员佩戴氧气呼吸器通过局部积水巷道，步行时水深不得过膝，爬行时水深不得超过 15 cm。

8．处理上山巷道透水时应注意下列事项。

（1）检查并加固巷道支护，防止二次透水、积水和淤泥的冲击。

（2）透水点下方要有能存水及存沉积物的有效空间，否则人员要撤到安全地点。

（3）保证人员在作业中的通信联系和安全退路。

九、冒顶事故处理

1．发生冒顶事故后，矿山救护队应配合现场人员一起救助遇险人员。如果通风系统遭到破坏，应迅速恢复通风。当瓦斯和其他有害气体威胁到抢救人员的安全时，救护队应担负起抢救人员和恢复通风的工作。

2．在处理冒顶事故以前，矿山救护队应向在事故附近地区工作的干部和工人了解事故发生原因、冒顶地区顶板特性、事故前人员分布位置、瓦斯浓度等，并实地查看周围支架和顶板情况，在危及救援人员安全时，首先加固附近支架，保证退路安全畅通。

3．抢救人员时，用呼喊、敲击或采用生命探测仪探测等方法，判断遇险人员位置，与遇险人员保持联系，鼓励他们配合抢救工作。对于被埋、被堵的人员，应在支护好顶板的情况下，用掘小巷、绕道通过冒落区或使用矿山救护轻便支架穿越冒落区接近他们。一时无法接近时，应设法利用压风管路等提供新鲜空气、饮料和食物。

4．处理冒顶事故中，指定专人检查瓦斯和观察顶板情况，发现异常，立即撤出人员。

5．清理堵塞物时，使用工具要小心，防止伤害遇险人员；遇有大块矸石、木柱、金属网、铁梁、铁柱等物压人时，可使用千斤顶、液压起重器、液压剪刀、起重气垫等工具，进行处理。

6．抢救出的遇险人员，要用毯子保温，并迅速运至安全地点，进行输氧或由医生进行急救包扎，尽快送医院治疗。对长期困在井下的人员，不要用灯光照射眼睛，搬运出井口时应用毛巾盖住眼睛，饮食要由医生决定。

十、处理事故时的特别服务部门

1. 地面基地 在处理重大事故时，为及时供应救灾装备和器材，必须设立地面基地。同时明确指定地面基地负责人。确保矿井事故救援工作顺利开展，保证人、财、物的需要。

2. 井下基地

(1) 为保证处理事故工作的顺利进行，必须设立井下基地。井下基地应设置在尽量靠近灾区、通风良好、运输方便、不易受爆炸波直接冲击的安全地点。

井下基地应设有：① 待机小队；② 通信设备；③ 必要的救护装备、配件、工具和材料；④ 值班医生和急救医疗药品、器材；⑤ 有害气体监测仪器；⑥ 临时充饥的食物和饮料。

(2) 在井下基地负责的指挥员应经常同抢救指挥部和正在工作的救援小队保持联系，检查基地有害气体的浓度，并注意其他情况的变化。

(3) 改变井下基地位置，必须取得抢险指挥部的同意，并通知抢救指挥部和正在灾区内工作的小队。

3. 通信工作

(1) 在处理事故时，为保证指挥灵活，行动协调，必须设立通信联络系统。

通信的方式包括：派遣通信员，显示信号与音响信号，有线、无线电话。

(2) 在处理事故时，应保证如下通信联络：抢救指挥部与地面、井下基地；井下基地与灾区工作小队。

抢救指挥部、基地的电话机应设专人看守，撤销和移动基地电话机只有得到抢险指挥部同意后，方可进行。

(3) 简单的显示信号：文字标记、手势、灯光、冷光管、电话机、喇叭、哨子及其他打击声响等。

① 在灾区内，使用的音响信号规定如下：

一声——停止工作或停止前进；

二声——离开危险区；

三声——前进或工作；

四声——返回；

连续不断的声音——请求援助或集合。

② 在竖井和倾斜巷道用绞车上下时使用的信号：

一声——停止；

二声——上升；

三声——下降；

四声——慢上；

五声——慢下。

③ 灾区中报告氧气压力的手势：伸出拳头表示 10 MPa，伸出五指表示 5 MPa，伸出一指表示 1 MPa。报告时手要放在灯头前表示。

4. 应急气体分析站

（1）在处理火灾及爆炸事故时，必须设有应急气体分析站，并不断地监测灾区内的气体成分。

（2）抢救指挥部应委派气体分析负责人，其职责为：

① 对灾区气体定时、定点取样，昼夜连续化验，及时分析气样，并提供分析结果；

② 绘制有关测点气体和温度变化曲线图；

③ 负责整理总结整个处理事故中的气体分析资料；

④ 必要时可携带仪器到井下基地直接进行化验分析。

5. 医疗站 当矿井发生重大事故时，事故矿井负责组织医疗站，医疗站的任务包括如下几项。

（1）医疗人员在医疗站和井下基地值班。

（2）对从灾区撤出的遇险人员进行急救。

（3）检查和治疗救援队员的疾病。

（4）检查遇难人员受伤部位的具体情况并做好记录。

第三节 矿山救护队

一、矿山救护队职责

矿山救护队是矿山应急救援体系的一个重要组成部分，其战斗力的强弱直接关系到国家、企业的财产和职工生命安全。救护队只有在改革中求生存，在发展中求壮大，在不断完善中求提升，才能适应煤炭事业发展的需要。

矿山救护队是处理矿井火灾及瓦斯、煤尘、水、冒顶等灾害的专业性队伍，是职业性、技术性组织，严格实行军事化管理。

二、矿山救护队组织

根据我国煤矿矿山救护队的特点和煤炭行业的管理职能，建立了军事化救护总队—支队—区域大队—中队—辅助队的救护管理体制。跨省（区）调动，由总队统一指挥；省（区）内调动，由支队统一指挥；区域内调动由大队统一指挥。

（一）区域矿山救护大队的组织

各省（区）煤炭管理机构将本省（区）的产煤地区，以 100 km 为服务半径，合理划分为若干区域。在每个区域选择一个交通位置适中、战斗力较强的矿山救护队，作为重点建设的矿山救护中心，即区域矿山救护大队。区域矿山救护大队设大队长 1 人，副大队长 2 人，总工程师 1 人，副总工程师 1 人，工程技术人员数人。

（二）矿山救护中队的组织

矿山救护中队距服务矿井一般不超过 10 km 或行车时间一般不超过 15 分钟。矿山救护中队是独立作战的基层单位，由 3 个以上的小队组成，直属中队由 4 个以上的小队组成。

矿山救护中队设中队长 1 人、副中队长 2 人、工程技术人员 1 人。中队应配备必要的管理人员及汽车司机、机电维修、氧气充填、电台话务等人员。

（三）辅助矿山救护队的组织

辅助矿山救护队应根据矿井的生产规模、自然条件、灾害情况确定编制，原则上应由 3 个以上的小队组成。辅助矿山救护队应设专职队长及专职仪器装备维修工，负责日常工作。辅助救护队直属矿长领导，业务上受矿总工程师（或技术负责人）和矿山救护队领导。

三、矿山救护队的任务

1．救护井下遇险遇难人员。

2．处理井下火、瓦斯、煤尘、水和顶板等灾害事故。

3．参加危及井下人员安全的地面灭火工作。

4．参加排放瓦斯、震动性放炮、启封火区、反风演习和其他需要佩用氧气呼吸器的安全技术工作。

5．参加审查矿井灾害预防和处理计划，协助矿井搞好安全和消除事故隐患的工作。

6．负责辅助救护队的培训和业务领导工作。

7．协助矿山搞好职工救护知识的教育。

四、矿山救护工作原则

矿山救护队必须认真执行国家的安全生产方针，坚持“加强战备，严格训练，主动预防，积极抢救”的原则，时刻保持高度的警惕，做到“招之即来，来之能战，战之能胜”。

矿山救护队接到事故召请电话时，应问清事故地点、类别、通知人姓名，立即发出警报，迅速集合队员。必须在接到电话 1 分钟内出动，不需乘车出动时，不得超过 2 分钟出动，赶到事故矿井。

五、矿山救护队的常用技术装备

（一）氧气呼吸器

氧气呼吸器（oxygen breathing apparatus）（图 1-1）。是一种与外界空气隔绝的个体防护装置。国内生产的有 AHG-2、AHG-3、AHG-4 和 AHY-6 等型号，它们的工作原理基本相同，其有效使用时间分别为 2 小时、3 小时和 4 小时。

（二）自动苏生器

自动苏生器（图 1-2）是一种自动进行正负压人工呼吸的急救装置，适用于抢救如胸部外伤、中毒、溺水、触电等原因造成的呼吸抑制或窒息的伤员。

图 1-1　氧气呼吸器

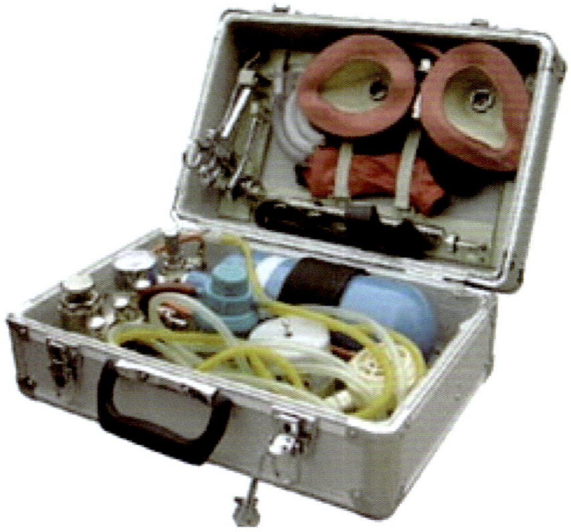

图 1-2　自动苏生器

（三）氧气充填泵

氧气充填泵（图 1-3）是将大储量氧气瓶中的氧气充入小氧气瓶内，使后者压力提高到 20 ～ 30 MPa 的设备。它主要用于矿山救护队，也广泛用在消防、航空、医疗和化工部门。目前使用的有 ABD-200 型（电机功率 1 kW）、CT-250 型（电机功率 3 kW）和 AE-120 型（电机功率 2.2 kW）电动氧气充填泵。

图 1-3　氧气充填泵

（四）氧气呼吸器校验仪

氧气呼吸器校验仪可检查呼吸器的整机及其组件的以下性能。

1．呼吸器在正、负压情况下的气密程度。

2．自动排气阀和自动补给阀的启闭动作压力。

3．呼吸器定量供氧流量。

4．自动补给氧气流量。

5．呼气阀在负压（吸气）和正压（呼气）情况下的气密程度。

6．清净罐的气密程度。

7．清净罐装药后的阻力。

（五）矿山救护通信设备

矿山救护通信设备（又称灾区电话），是矿山救护队在抢险救灾过程中不可缺少的通信设备。目前使用的有 PXS-1 型声能电话机和 KJT-75 型救灾通信设备。

（六）冰冷防热服

冰冷防热服（也叫冷却服）用于救护队员在高温地区工作时免受高温危害和提高工作效率。普通冰冷防热服由冰衣和冰袋组成。冰衣有三层：内层为尼龙编织物，中层为隔热聚酯毡，外层为镀铝玻璃纤维服。

根据作业环境的温度不同，冰冷防热服一般可使用 1 ～ 2 小时。

（七）寻人仪

我国研制成功的 KXY 型矿井寻人仪，由微型发射器和测向机等组成，可测定遇险遇难人员的方位和距离。微型发射器安装在矿工佩戴的矿灯内，矿灯充电后即可发出呼救信号，其耗电功率小，不影响矿灯的正常照明。测向机用于探测发射器发射出的信号，确定遇险遇难人员的方位。

第四节　煤矿职业危害事故应急救援制度

一、目的和范围

1．根据“安全第一，预防为主”的安全生产方针，为防止职业危害事故的发生，并在一旦发生事故时，能有效地防止事故扩大和迅速抢救受灾遇险人员，控制矿井潜在的事故隐患可能造成的影响，制定本制度。

2．本制度适用于矿井潜在事故和紧急情况的处理。

二、事故汇报

1．生产现场发生事故后，负伤者或事故现场有关人员，应当立即向矿调度室汇报，矿调度室接报后应及时向矿值班领导和矿长汇报。并通知安监部门、生产和医疗等部门。

2．接到重伤以上和一级非伤亡事故报告后，在 2 小时内，矿调度室须向公司调度室汇报，安监站必须向公司安监部汇报。

3．事故报告内容包括发生事故的单位、时间、地点、类别、伤害程度、损坏程度，以及事故简要经过、初步原因或直接原因的判断等。

4．事故报告要真实准确，不得弄虚作假。对于隐瞒不报、谎报、故意延迟不报和故意破坏事故现场的，一经查清，除责成补报外，将追究有关人员的责任。

5．凡工作范围内的人身伤害，无论是否构成工伤级别，均应立即报告调度室和安监站，并在 24 小时内到安监站登记。超过期限的按照故意迟报、瞒报处理。

三、应急救援

（一）井下发生紧急情况时

发现人应当立即向矿调度室汇报事故发生地点、性质及遇险人员情况。矿调度室值班人员接到电话后，立即向值班矿长汇报，并根据灾害情况实施抢救措施或启动相应的灾害预防和处理计划。

（二）在发生重大灾害事故后

1．立即成立救灾指挥部，救灾指挥部设在调度室，矿长任总指挥。

2．处理事故时，在灾区附近选择安全地点设立基地，基地指挥由指挥部选派具有救护知识的人员担任。

3．基地设有通往指挥部和灾区的电话，并有必要的救护装备及器材。

（三）各职能部门和区队主要负责人

在指挥部的领导下，组织好本部门人员积极参加救灾工作。

（四）应急救援的指导原则和措施

1. 灾害处理的指导原则和处理措施

（1）任何地点发现火灾、透水、瓦斯（沼气）或煤尘爆炸、冒顶、提升运输等事故时，都必须及时向调度室汇报和通知附近工作人员撤至安全地点。

（2）矿调度室值班人员迅速通知和引导灾区及受威胁人员按避灾路线撤出，并清点人数，同时通知下列有关单位和领导：矿救护队、矿医院、矿长、总工程师、党委书记、各分管副矿长、副总工程师、公司调度室、安监站、人力资源科、矿灯房、通防科（工区）、生产科、技术科、机电科、运输工区、保卫科、供应科、工会等有关单位，采取防止事故的措施。

（3）对火灾、瓦斯（沼气）或煤尘爆炸事故，员工自救除正确使用自救器外，还应根据现场具体情况，充分利用硐室或独头巷道作为避难场所，创造自救条件。避灾时，在避难所前留有衣物、矿灯等明显标志，以便抢救时能被发现；保持冷静，避免不必要的体力消耗，借以延长时间待救，并可间断地敲击铁器、岩石等发出呼救信号。对小范围的片帮、冒顶、运输伤人事故，应立即采取措施自救和互救，最大限度降低伤情。

（4）发生各种大灾害事故的针对性处理措施基本要求如下。

1）发生火灾时

①设法查明火灾性质、地点和范围。

②发现火灾后，应切断灾区电源，尽量采取措施直接灭火。电器设备着火时，应设法切断灾区电源，然后迅速将其扑灭在初始状态，防止灾情扩大。若火势较大或老空区煤层自燃无法直接灭火时，可采取隔绝灭火法封闭火区，并采取措施防止瓦斯爆炸。

③根据已控制的火区地点和范围，确定井下通风制度，若在井口、井底车场范围内，可考虑反风或使用风流短路等措施。在井下其他地点一般要保持事故前的风流方向。在进风的下山巷道，必须有防止由火灾造成风流倒转的措施。有瓦斯涌出的采掘工作面要正常通风，必要时可考虑调节风量。

④无论是采用正常通风或增减风量、反风、风流短路、隔绝风流，以及停止主扇等，都必须有利于防止灾害扩大、抑制火势，不致使危及井下人员的安全，不使瓦斯积聚、煤尘飞扬，防止爆炸发生。

⑤封闭火区时，必须在保证安全情况下，尽量缩小火区范围，建立临时或永久密闭墙，如有瓦斯爆炸危险时，应先用沙土设置防爆墙（厚度不小于5米），然后封闭进风侧、建立永久密闭墙；待火区气体没有爆炸危险时，再密闭回风侧。

2）矿井主要大巷及采区皮带发生火灾时处理的基本原则如下。

①若火灾发生于主要进风巷道，可以优先考虑全矿井性反风的方法，其次再考虑风流短路法。

②若火灾发生于进风巷，火源之后有与回风巷通道时，则应用短路法，直接将烟雾排到回风道，同时采取调压法控风。

③若火灾发生于进风，且为下行通风巷道时，且发火点可通回风巷通道，则可以采用上风侧短路法；否则应控制火风压，采用下风侧短路法。

④若火灾发生于进风，且为上行通风巷道，则可以采用下风侧短路法与控制火风压相结合的方法控制风流。

⑤若火灾发生于回风，且为平巷或上行通风巷道，则一方面防止其下风侧与进风相连的旁侧分

支风流逆转而使烟流流入进风流中，另一方面采取措施控制火风压。

⑥若火灾发生于回风巷，应尽可能将其回风流中的所有障碍物都清除，以保证畅通的排烟路线。

3）矿井发生瓦斯、煤尘爆炸时的基本原则如下。

①除全力以赴抢救遇难人员外，同时切断电源，组织救护队探明事故的地点和范围，发现火源立即扑灭，防止二次爆炸。

②对充满瓦斯的巷道要引入回风道排出，受灾范围内及排放瓦斯路线区段采取停电和撤人措施。

③处理事故时严禁使用灾区的电话和电气设备。

④处于回风侧人员，应佩戴好自救器，尽快撤到新鲜风流中。

4）矿井发生透水、溃砂（浆）事故时的基本原则如下。

①撤出灾区和下方受威胁的作业人员。

②针对具体情况进行堵截（阻），防止二次透水事故。

5）发生冒顶事故时的基本原则如下。

①积极恢复冒顶区域的正常通风，如一时不能恢复，可利用管路向被埋人员输送新鲜空气。

②处理时必须坚持由外向里，先易后难，并加强支护，防止二次冒顶，必要时掘巷救人。

2. 救护组织 矿成立以矿长、总工程师为首的救护指挥部。

3. 有关人员职责

（1）矿长和总工程师：是处理灾害事故的全权指挥者，矿长任总指挥，总工程师任副总指挥，公司经理、公司总工程师和（公司）矿山救护队队长协助矿长，井下基地指挥由指挥部派出具有救护知识的人员担任，制定营救遇难人员和处理事故的工作计划。

（2）各副矿长：根据营救遇险人员和处理事故工作计划，负责组织处理事故所必需的人员待命，保证调集救灾必需的设备器材和严格控制入井人员，签发抢救事故专用的特别许可证。

（3）矿副总工程师：根据指挥部命令，负责指挥某一方面的救灾工作。

（4）矿山救护队队长：是指挥部成员，领导矿山救护队和辅助救护队，根据营救遇难人员和处理工作计划所规定的任务，完成对灾区遇难人员的营救和事故处理。

（5）矿党委书记和（或）工会主席：在救灾和事故处理过程中，组织党委和（或）工会部门，做好员工稳定思想和事故善后处理工作。

（6）矿安监站站长：根据批准的事故灾害应急救援预案和处理事故工作计划对抢救工作和入井人员的控制实行有效的监督工作。

（7）通防科（区）长：根据指挥部的命令，负责改变矿井通风制度，监测主扇的工作状况和组织完成必要的通风工程，并执行与通风有关的其他措施。

（8）矿调度室主任：负责迅速召集人员，根据救灾指挥部命令组织协调抢险救灾工作。

（9）生产、技术（副）科长：根据指挥部命令，负责提供灾区及救护所需要的生产技术资料，并执行生产技术方面有关措施和指定工作。负责准备好必要的图纸和资料，并根据总工程师的命令完成测量打钻任务。

（10）有关采掘区队长、班长：负责查明在本区域或工作面的人数，听从调度室的指令，并采取措施将他们有组织带领撤退到安全地点或地面，将现场所掌握的事故性质、范围和发生原因等情况详细报告矿调度室，并随时接受指挥部的命令，完成有关的抢救任务。

（11）矿值班调度员：负责立即将事故情况报告矿山救护队、矿长、总工程师和其他有关领导，及时向下传达作战指挥部的命令，通知有关人员到调度室报到待命，随时统计和掌握入井人数和井下各采掘区队人数。

（12）人力资源科和矿灯房负责人：根据下井考勤和灯牌号码查清在井下的人数和姓名，并迅速报告调度室，立即准备足够的矿灯供救灾人员使用，严格控制矿灯的发放，对不持有特别许可证的人员不得发给矿灯。

（13）供应科科长：及时准备好必要的抢救器材，并根据矿指挥部命令迅速发运救灾地点。供应科必须备足处理各种灾害事故的物资，井下非常仓库器材按标准配备。

（14）机电科科长：根据指挥部的命令，负责改变矿井主扇工作制度，并掌握矿井停、送电工作和完成其他有关任务。

（15）运搬工区区长：按指挥部命令，迅速调集井下车辆，保证救灾人员和器材及时运送到事故地点，满足救灾需要。

（16）医院院长：负责组织对伤员的救护和组织药品供应。

（17）保卫科：负责突发事故时的秩序维护工作。

（五）消除事故危害后

由救灾总指挥下令解除紧急状态，各单位按矿统一部署组织恢复生产工作。

四、培训、演习及记录管理

1．制定相应的《矿井灾害预防和处理计划》，连同事故应急救援制度一起，应向员工传达贯彻，并熟悉避灾路线。

2．特殊岗位人员（救护队员、危险品管理员等）应在学习后组织相应的训练。

3．《矿井灾害预防和处理计划》和事故应急救援制度，如有修改补充时，应组织员工重新学习。

4．在条件可行时应进行事故应急救援演习，演习后进行适应性和可行性评审，并做好评审记录。对演习中发现的问题必须采取有效措施，立即整改。

5．各部门负责本部门紧急事件发生后的记录管理，调度室负责紧急事故发生后的指挥记录管理。

（黄秀江　张立祥）

参考文献

[1] 吴宗之，刘茂．重大事故应急救援系统及预案导论．北京：冶金工业出版社，2003．
[2] 国家安全生产监督管理局．如何编制矿山救援网．当代矿工，2004，(9)：16-17．
[3] 梅国栋，刘璐，文虎．关于我国应急救援体系的探讨．矿业安全与环保，2006，33（2）：79-81．
[4] 田卫东，周华龙．矿山救护．重庆：重庆大学出版社，2010．
[5] 李春民，张增学，王云海，等．矿山企业应急管理体系建设研究．中国安全生产科学技术，2007（5）：19-20．
[6] 国家安全生产应急救援指挥中心．安全生产应急管理规划（2011—2015 年）（征求意见稿），2010．
[7] 徐西国，郑洋．矿山应急救援资源的整合与优化．中国应急管理，2009，(3)：35-37．
[8] 国家安全生产监督管理总局．矿山救护规程．北京：煤炭工业出版社，2009．
[9] 编委会．矿山企业突发事件应急管理与应急预案编制及典型案例解析指导手册．北京：当代法制出版

社，2006.
[10] 程光，白俊清．煤矿透水矿难的机体应激反应及其治疗原则 // 第八届全国中西医结合灾害医学学术会议论文集．大连，2012.
[11] 白俊清，程光．煤矿透水矿难医疗救治程序与方法的特殊性．中国煤炭工业医学杂志，2012，15（11）：1753-1757.

第二章

矿山创伤概论

第一节　持续开展煤矿创伤救治的重要性

中国是一个产煤大国，同时也是矿难大国。我国的矿难频发是举世瞩目的，近年来死亡率已有下降趋势，特别是 2012 年我国煤矿事故死亡率首次下降到了 1500 人以内（百万吨死亡率＜0.5）（表 2-1，图 2-1）。

表 2-1　2003—2012 年全国煤矿死亡人数

年份	2003	2004	2005	2006	2007	2008	2009	2010	2011	2012
死亡人数	6993	6434	6027	5986	4746	3786	3200	2631	2433	1300

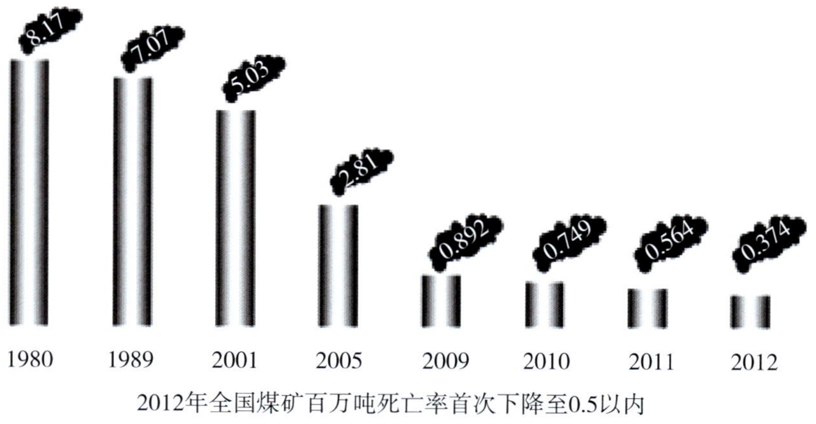

图 2-1　全国煤矿百万吨死亡率
（数据来源：原国家安全生产监督管理总局）

2013 年 1 月 18 日，在全国安全生产工作会议上，时任原国家安全生产监督管理总局（以下简称：国家安监总局）局长杨栋梁介绍说，2012 年，全国亿元 GDP 事故死亡率降幅为 18%。但事故总量仍很大，共发生 33 万起事故，几乎每天要接近 1000 起。因事故死亡 7.2 万人，平均每天有 200 人在事故中丧生。重、特大事故时有发生，2012 年有 59 起，平均 6 天左右一起。

原国家安监总局信息研究院专家指出，煤矿事故死亡人数由每年的 6000 多人，逐年下降至 2000 多人、1500 人以内，煤矿安全生产环境有所好转。这与安全生产投入、能源结构调整、宏观经济形势等因素相关。

不过，与国际水平相比，我国亿元 GDP 事故死亡率、煤矿百万吨死亡率等，仍然是发达国家的数倍甚至十数倍。

目前，发达国家的产煤百万吨死亡率大致在 0.02 ~ 0.03，美国 2009 年煤矿百万吨死亡率为 0.03，2011 年美国这一数字仅为 0.019。澳大利亚、美国等国家煤炭安全生产形势比较稳定，有些年份甚至达到零死亡。按照国务院安全生产委员会要求，2020 年煤矿事故死亡人数要比 2010 年下降 50% 以上，任务非常艰巨。

在我国的能源工业中，煤炭占我国一次能源生产和消费结构中的 70%，预计到 2050 年还将占 50% 以上。因此，煤炭在相当长的时期内仍将是我国的主要能源。2010 年，中国的煤矿数量 15 000 处，是美国煤矿数量的 10 倍左右，中国煤矿从业人数 550 万人，是美国煤矿从业人数的近 60 倍，而当年中国煤炭产量仅是美国煤炭产量的 3 倍。由此可见，煤矿创伤的救治在今后一段相当长的时间内仍然是一个艰巨的任务。

第二节　矿难的定义与原因分类

矿难是指在采矿过程中发生的事故，通常造成伤亡的危险性极大，世界上每年至少有几千人死于矿难。其中，地下开采的煤矿矿难最为常见，所导致的伤亡也最为严重。

在煤矿开采过程中，瓦斯爆炸、煤尘爆炸、煤与瓦斯突出、中毒、窒息、矿井火灾、透水、顶板冒顶、塌方等多种灾害事故时有发生。但常见的矿难有以下三种：爆炸事故、透水事故、冒顶与塌方事故。虽然冒顶与塌方事故是最常见的，但从伤残率、死亡率的角度来衡量，导致危害最大的还是爆炸事故、透水事故。

（一）冒顶与塌方

此类事故是指在采矿过程中顶板岩石发生坠落的生产性事故，其对人体的伤害主要有砸伤、掩埋、与外界隔绝，还可以导致由此而引发的一系列继发性伤害。

（二）煤矿爆炸事故

此类事故有瓦斯爆炸和煤尘爆炸两种，其中以瓦斯爆炸为主，两者的毁伤效应基本相同。爆炸对人体的伤害包括爆震伤、烧伤、巷道坍塌所导致的创伤和有害气体中毒等多发伤和复合伤。当氧气耗尽时还会产生窒息。因井下通道和设施损毁长时间滞留还将进一步产生其他问题。

（三）透水事故

此类事故是指矿井在建设和生产过程中，由于防治水措施不到位而导致地表水和地下水通过裂隙、断层、坍塌区等各种通道无控制地涌入矿井工作面，造成作业人员伤亡或矿井财产损失的水灾事故。2010 年 3 月 28 日，山西王家岭煤矿所发生的透水事故就是在作业过程中不慎打通了有很大蓄水量的老窨井所造成的灾难。透水对人体的伤害主要有淹溺、水流冲击所导致的创伤，及由此引起的热量摄取中断等次生伤害。此外，长时间在低于体温的水里浸泡会导致人体热量不断丧失而危及生命。

由表2-2可以看出，从2003年至2012年10年间，因矿难死亡10人以上的事故共30起，遇难人数共1916人，其中瓦斯爆炸死亡1590人，占82.94%；因透水事故死亡327人，占17.06%。经多方救援生还者1229人，其中瓦斯爆炸生还者1114人，占41.19% [1114/(1590+1114)×100%]；因透水事故生还者115人，占26.02% [115/(327+115)×100%]。由此看来，深入开展瓦斯爆炸伤害的基础与临床研究，提高救治水平，可以降低死亡率和伤残率。另外，煤矿井下透水事故发生后，由于有其井下条件、饥饿、心理障碍等特殊性，深入开展透水事故的医学基础与临床研究，也是提高救治水平、减少死亡率和伤残率的重要途径。

表2-2 中国矿难纪念碑

排名	矿难名称	日期	位置	遇难人数	生还人数
1	瓦斯爆炸	2003-11-14	江西丰城	49	
2	瓦斯爆炸	2004-01-28	陕西陈家山	166	
3	瓦斯爆炸	2004-10-20	河南大平	148	32
4	火灾事故	2004-11-20	河北沙河	65	51
5	瓦斯爆炸	2005-02-14	辽宁孙家湾	214	
6	瓦斯爆炸	2005-03-19	山西朔州	72	
7	瓦斯爆炸	2005-07-11	新疆阜康	87	4
8	煤尘爆炸	2005-11-27	黑龙江七台河	171	48
9	透水事故	2006-05-18	山西左云	56	
10	透水事故	2007-01-17	包头市壕赖沟铁矿	29	
11	瓦斯爆炸	2007-03-26	山西临汾	26	
12	瓦斯爆炸	2007-12-25	山西洪洞	105	15
13	暴雨洪水	2007-08-15	山东新汶	181	
14	爆炸事故	2008-06-13	山西孝义	34	
15	瓦斯爆炸	2009-02-22	西山煤电屯兰煤矿	77	340
16	瓦斯突出	2009-05-30	重庆綦江	30	
17	瓦斯爆炸	2009-01-21	黑龙江鹤岗	108	420
18	透水事故	2010-03-28	山西王家岭	38	115
19	瓦斯突出	2010-03-31	河南伊川	46	
20	火药爆炸	2010-06-21	河南平顶山	46	26
21	瓦斯突出	2010-10-16	河南平禹四矿	11	
22	瓦斯突出	2011-11-10	云南师宗私庄煤矿	43	
23	瓦斯爆炸	2012-02-03	四川省宜宾市筠连县钓鱼台煤矿	13	8
24	透水事故	2012-04-06	吉林省蛟河市丰兴煤矿	12	58
25	透水事故	2012-04-26	贵州省铜仁市沿河县谯家镇新生煤矿	11	12
26	瓦斯爆炸	2012-08-13	吉林省白山市吉盛煤矿	18	
27	瓦斯爆炸	2012-08-29	四川省攀枝花市西区正金工贸公司肖家湾煤矿	45	54
28	瓦斯爆炸	2012-09-02	江西煤业集团有限公司萍乡矿业集团高坑煤矿	15	23
29	火灾	2012-09-22	黑龙江省双鸭山市友谊县龙山镇煤矿	12	
30	瓦斯爆炸	2012-12-05	云南省曲靖富源县上厂煤矿	17	23

第三节　现代创伤救治的新认识与新方法

近年来，随着我国交通业和建筑业的快速发展，多发伤的发生率有较大的增长。交通事故导致的多发伤占全部多发伤的一半以上，死亡人数居世界首位。我国的道路交通事故万车死亡率约 10，是美国的 6 倍，是日本的 10 倍。在人口死因构成中占第 4 位，已经被纳入国家疾病控制计划[1]。据统计，2011 年各国万车死亡率为：日本 0.77、英国 1.1、加拿大 1.2、澳大利亚 1.17、法国 1.59、美国 1.77、中国 6.2。2013 年我国的万车死亡率是日本的 4 倍、美国的 2 倍。在我国，每年因交通事故造成的人员伤亡、财产损失远远超过其他安全事故。

一、现代创伤救治

近年来创伤救治的新进展包括以下 4 个方面。

（一）有效的救治时间

创伤救治成功率的高低首先决定于得到有效救治的时间。早在第一次世界大战期间，人们发现如果伤者在 1 小时内得到救治，死亡率是 10%，但是随着得到救治的时间延长，到伤后 8 小时才得到救治时，死亡率竟然高达 75%。这一数据后来被美国马里兰大学的休克创伤中心创始人考莱（R. Adams Cowley）引用，并提出了著名的“黄金 1 小时（golden hour）”理念[2]：“在生存与死亡之间存在一个黄金 1 小时，如果伤情严重，你只有不到 60 分钟的时间争取生存。虽然你可能不是在那段时间内死亡，可能在两三天甚至两周后死亡，但是在那 1 小时内发生在你体内的改变已经是不可恢复的了。”我国的王一镗教授提出了创伤性死亡有 3 个高峰，其中第 2 个高峰在伤后数分钟至 3 小时内，为提高存活率，关键的一点是抓紧伤后“黄金 1 小时”内的紧急救治[3]。

（二）现场急救的程序与专业化

建立城市“立体救护、快速反应”急救网络。建立和健全院前急救、院内救治的一体化的救治体系，是实现“立体救护、快速反应”的基础。只有这样才会做到院前院内急救的无缝衔接，才会使急诊“绿色通道”更加畅通，才会使多发伤伤员得到更快、更有效的救治，亦是多发性创伤急救模式的发展趋势[4]。

（三）创伤救治的原则

在严重创伤病程发展的不同阶段，需要采取相应的治疗措施。在早期阶段要以控制应激反应强度为主，中期则要设法减少各种炎性介质释放，控制感染，以减轻全身炎症反应综合征（systemic inflammatory response syndrome，SIRS）反应。到 SIRS 和多器官功能衰竭综合征（multiple organ disfunction syndrome，MODS）阶段，要在控制 SIRS 的同时采取有效措施支持器官功能。后期阶段则需血液净化、透析和免疫调节等治疗[5]。

（四）创伤免疫学

如何保护严重创伤后肠道功能不受损伤，提高严重创伤后机体的免疫功能，减轻免疫损害是当今创伤医学领域最为活跃的前沿学科或课题。我国蒋建新教授等针对“传统创伤诊治方法由于敏感性强、阳性率低，不能有效进行早期干预和治疗，由此造成治疗滞后，延长了患者的康复期”这一临床难题，围绕创伤感染流行病学特征、内源性细菌及其毒素移位、创伤后感染易患机制、早期预警诊断与防治新措施进行了系列研究，提出了创伤后免疫功能紊乱的新观点，并证实免疫功能紊乱是创伤后感染易患性增加的免疫学机制，并提出了创伤后免疫防御功能受抑的神经 - 内分泌反应、血清免疫抑制因子和抑制性 T 细胞假说；提出了防御性与兴奋性模式识别受体的新观点，以及创伤时防御性模式识别受体表达下调、兴奋性模式识别受体表达上调是启动免疫细胞功能紊乱的受体机制；发现了创伤感染时炎症级联反应形成的分子机制及细菌致病因子协同致病的受体机制[6]。

在创伤治疗的整个过程中均应考虑保护和增强免疫调节功能。研究用非甾体类药物（布洛芬和吲哚美辛等）减少前列腺素 E2（PGE2）的产生，改善抗原提呈和维护淋巴细胞的白细胞介素 -2（IL-2）、γ 干扰素（IFN-γ）产生，促进白细胞介素 -2 受体（IL-2R）表达，下调巨噬细胞启动的急性期反应，以恢复创伤后的免疫抑制。使用生长激素、拟胸腺药物和免疫调节中药等均可调节创伤患者的细胞免疫功能。

二、“快速反应、立体救护”的新模式

1. 现场急救需要“快速反应、立体救护”的新模式

重大突发事故、局部战争、恐怖袭击事件、特种意外伤害已成为当今的“世界公害”[7]。灾害或意外发生时，第一时间内现场死亡人数是最多的，对现场急救来说，时间就是生命。传统的急救观念往往使得处于生死之际的伤员丧失了最宝贵的几分钟、十几分钟“救命的黄金时间”。所以，必须提倡和实施现代救护的新概念和技能，重视伤后 1 小时的“黄金抢救时间”和 10 分钟的“白金抢救时间”，使伤员在尽可能短的时间内获得最确切的救治，最好将救命性外科处理延伸到事故现场。

流行病学调查显示，近 50% 的创伤性死亡都发生在伤后 60 分钟内，故提出了创伤急救“黄金 1 小时”之说。经回顾性调查研究发现，瓦斯爆炸伤后 20 分钟内送到医院的伤员，90% 以上成活。王建军等报告，在 25 例入院后死亡的病例中，有 11 例入院 6 小时内死亡，6 例入院 6 ～ 12 小时死亡，8 例为入院 12 小时后死亡。赖运泰等报告，16 例死亡病例中，都是伤后 4 小时以后才转送至科室，7 例甚至是伤后 24 小时后才入院。由此可见，似乎伤后 30 分钟是抢救瓦斯爆炸伤的黄金时间[8]。

任何创伤的救治都涉及 3 个主要环节，即院前急救、急诊室救治和院内治疗。有关资料表明，大多数预后良好的重度损伤者在“黄金 1 小时”内都经历了这 3 个主要环节。这就要求在伤后应该得到反应迅速、有效的院前急救。如何在最短的时间内将伤员转送至有现代化创伤救治能力的医院或专科医院至关重要。我国煤炭医院救护体系具有反应迅速、在转送途中能提供有效的医疗保障的优势。对于急诊室救治和院内治疗这两个环节则应当由综合实力强、专科技术突出的医院来承担。因为伤员在伤后“黄金时间”内得到及时、有效的专科救治的同时，还需要技术力量雄厚的相应专科对骨、胸部、腹部等部位的伤情进行协同处理。

如果我们对严重损伤患者在宝贵的“黄金时间”内进行争分夺秒的多方位、一体化的合理急救，就可以有效地降低危重损伤患者的死亡率和致残率。另外，院内治疗实际上是专业 ICU 和病房的链式救治过程，它是维持急救效果、使这类患者获得高质量生存的保证。否则，这类患者尽管得到了有效的急救，但后续的 ICU 治疗薄弱，将会是半途而废，导致患者长期昏迷或死亡。有了专科 ICU 的承上启下作用，将对患者的康复及功能训练打下良好的基础。

2. 传统现场救治方式与新理论危重病急救的比较

传统救治是现场急救→后送→急诊科检查和治疗→ ICU 加强医疗。新理论危重病救治是受伤现场→移动 ICU 加强医疗（基本一步到位），将救命性的外科处理延伸到事故现场，必要时将一个高质量的 ICU 病房前移至事故现场。这对于呼吸、心搏骤停的伤员能及时进行上呼吸道清理、行人工呼吸，同时做体外心脏按压及电击除颤和药物除颤等；对气道阻塞者行环甲膜穿刺术或行紧急气管造口；对

开放性气胸能做封闭包扎；对张力性气胸，在锁骨中线第二、三肋间用带有单向引流管的粗针头，穿刺排气；对有舌后坠的昏迷伤员，放置口咽腔通气管，防止窒息，保持呼吸道通畅；对肠脱出、脑膨出行保护性包扎；对重度中毒伤员，及时注射相应的解毒药；对面积较大的烧伤，用烧伤急救敷料保护创面；对长骨、大关节伤，肢体挤压伤和大块软组织伤，用夹板固定；应用加压包扎法止血；如加压包扎仍无效时，可用止血带；特别紧急时，能实施简单的救命性手术。当伤员因发生大出血、休克等严重伤情而无法后送时，对大血管损伤行修补或结扎；对呼吸道阻塞行紧急气管切开术；对开放性气胸行封闭缝合，张力性气胸行闭式引流等。这样就大大提升了现场急救的内容和水平[9-15]。

三、创伤救治一体化模式是未来的发展方向

（一）创伤急救模式的不确定性

创伤急救没有固定的模式，也不可能有固定的模式，这主要与医院自身的特点和行政领导部门对创伤急救的重视程度有关。但不管采取何种模式救治，都必须达到两个目的，其一是挽救患者的生命，其二是最大限度地恢复患者的生理功能。

目前，绝大多数医院的创伤急救是将创伤患者分至各专科进行救治，对于多发伤和出现并发症如急性呼吸窘迫综合征（acute respiratory distress syndrome，ARDS）、MODS 等的创伤患者则进行多科会诊救治。这种创伤急救模式实际上是对创伤急救的不重视，每一个专科有它自己独特的疾病，这是专科研究和临床治疗的重点。

创伤是一个急症，随时都可能发生，而且常常涉及全身的多个部位，若缺乏专门的人员去研究和救治，尤其是缺乏创伤救治的整体观念，多科会诊很难抓住创伤患者的主要矛盾，也很难尽心尽力地去观察和处理危重伤患者的变化，因此，将来院的创伤患者分至各专科，既耽误救治的时间，又影响创伤救治的结局。

新型创伤急救模式是将院前急救、急诊科、创伤病房及 ICU 融为一体，形成专业化救治创伤患者的整体模式，医护人员把创伤作为自己的专业，专门从事创伤患者的监护和救治，进行创伤的科研，这种模式强调了创伤救治的每一个环节，注重了创伤救治的系统性和整体性，缩短了创伤救治的时间，提高了救治效果。

（二）创伤急救技术的可训练性和可掌握性

创伤急救技术包括手术性急救技术和非手术性急救技术。

1. 非手术性急救技术 主要用于创伤患者的复苏、创伤并发症的监测和救治，以及为手术性急救做准备等，主要是危重伤患者的监测和救治技术，如气管插管或切开、呼吸机辅助或控制呼吸技术、血流动力学监测技术、血液净化技术、临时起搏技术、除颤术及复苏术等，这些技术经过严格的 ICU 训练，医师都能较好地掌握。

2. 手术性急救技术 主要目的是手术止血、修复或切除损伤的脏器、清除血肿和减压、骨折的复位和内外固定等。

现实中有一部分人总认为从头做到脚的手术是不可能的、是高不可攀的。其实在创伤救治中手术仅仅是一种有效的救治技术，它不是哪个专科所特有，医生们经过一定时期的手术技巧训练和应用解剖知识的学习，都能较好地掌握手术性急救技术。

（三）影响创伤救治效果的因素

创伤救治的最终结果与多种因素有关。

1. 患者自身的状况 如年龄、性别、受伤前是否存在各器官系统的慢性疾病、受伤前是否饮酒

饱食等。

2. 伤情的严重程度和受伤的机制 这是决定死亡率的主要原因，伴有严重颅脑外伤者死亡率成倍增加。

3. 伤后是否得到及时有效的救治 有资料显示，在院前急救中，专业化的急救技术远比内科医师、急救员救治创伤患者的成功率高，在院外即对创伤患者施行高级生命支持者死亡率反而增高，因此主张院外主要实施基础生命支持，以救治威胁生命的创伤，并迅速将患者转送至医院。创伤患者进入医院后分至各专科救治或由外科医师直接参与创伤的救治，都不能明显降低创伤患者的死亡率。

4. 并发症 严重创伤后出现的并发症是否及时发现和及早救治。

（四）创伤救治一体化模式

实践证明，没有完善而有效的创伤救治体系、外科医师参与创伤的救治，单纯的内科医师和急救员等都不能降低创伤患者的死亡率，因此，必须改变创伤救治的观念和体系，以降低创伤患者的死亡率。

建立院外急救、急诊科、创伤病房和 ICU 病房一体化的创伤急救模式，将创伤患者收入创伤急救病房，由专职的创伤急救医师救治，可显著缩短创伤患者的确诊时间、到急诊科至首次手术的时间和住院时间，尤其是显著降低创伤患者的死亡率和并发症发生率。

2010 年，江西萍乡矿业集团总医院的龙绍华等首次设计了一种“矿山创伤一体化救治模式”。通过 2001 年 5 月至 2010 年 8 月间 7 个国有煤矿创伤患者 2318 例传统的救治模式与矿山创伤一体化救治模式两组比较，初步证明实施一体化救治模式，提高了救治的成功率，降低了创伤的致残率和死亡率。传统救治组致残率为 46.07%，一体化救治组致残率为 35.89%，降低了 10.18% [16,17]。

2012 年，班宇侠等提出了“院前院内无缝衔接一体化创伤救治新模式”，该模式比到院后院内分诊的传统模式大大缩短了急诊反应时间，提高了创伤后“黄金 1 小时”的利用率，有利于急诊抢救和术前准备，为院内成功救治赢得了时间与机会 [18]。

2012 年，程晓斌等 [19] 报道了一种具有目的性、稳定性、规定性和特指性的创伤急救高效管理模式，即，严重创伤院内救治程序——时间控制模式，从严重创伤院内救治的流程及时间需求上建立规范标准。并对该模式建立的基本原则、基本特点、适用范围进行了明确界定，拟定了该模式运行的保障机制及考评指标。为实现严重创伤院内救治的整体化、系统化、专业化提供了保证。

（白俊清　程　光）

参考文献

[1] 王正国. 新世纪道路交通事故的发生趋势. 中华创伤杂志，2002，18（6）：325-328.

[2] Willian C，Shoemaker，Andrerv B，et al. Resuscitation from severe hemorrhage. Crit Care Med，1996，24（2Suppl）：S12-S13.

[3] 王一镗. 大力加强严重创伤的紧急救治. 中华急诊医学杂志，2001，10（2）：77-78.

[4] 岳茂兴. 应加强对未来灾难现场抢救的方法研究. 中国危重病急救医学，2004，16（10）：577-578.

[5] 靳杭红，潘兴华. 严重创伤后的全身性反应及救治策略. 中国现代普通外科进展，2006，9（4）：202-203.

[6] 李磊，王正国. 创伤免疫学的建立及其研究进展. 解放军医学情报，1994，（6）：27-29.

[7] 黎檀实，黄志强. 加强我国紧急医疗服务体系应对重大灾难事件的研究. 中国危重病急救医学杂志，

2003，15（12）：707-709.
[8] 中国红十字总会编．救护．中国红十字总会救护师资培训教材．北京：社会科技文献出版社，2003：2-9.
[9] 岳茂兴．爆炸伤 101 例的救治．中华急诊医学杂志，2003，12（3）：194-195.
[10] 岳茂兴，邹德威，张坚等．对我国首次载人航天航天员医疗保障及救护措施的探讨．中国危重病急救医学，2003，15（12）：710-714.
[11] 岳茂兴．化学武器恐怖袭击的特点及其现场救治．人民军医，2004，47:（4）227-228.
[12] 岳茂兴．重视和加强多发性创伤的基础研究和临床救治．中华急诊医学杂志，2003，12（9）：581-583.
[13] 岳茂兴，杨志焕，魏荣贵等．爆炸致冲烧毒复合伤的特点和紧急救治体会．创伤外科杂志，2003，5（5）：344-346.
[14] Burkle FM．Disastermanmgement，disastermedicine and emergencymedicine．Emerg Med，2001，13（2）：143-144 .
[15] 岳茂兴．危重病现场急救“快速反应、立体救护”的新模式．世界急危重病医学杂志，2004，1（6）：452-454.
[16] 龙绍华，赵金凤，巫采奕，等，矿山创伤一体化救治模式的设计与实践，江西煤炭科技，2010，47（3）：72-74.
[17] 赵金凤，龙绍华，邹子俊，等．煤矿创伤一体化救治模式的效果分析．江西医药，2012，47（3）：221-222.
[18] 班宇爽，舒艳，刘利民，等．院前院内无缝衔接一体化创伤救治．北京医学，2012，34（10）：47-48.
[19] 程晓斌，毕玉田，黄坚，等．严重创伤院内急救程序的建立．中国医院管理杂志，2012，28（3）：226-228.

第三章

现场伤情判断

第一节　伤情的自检与互检

一、自检伤情

突发性灾害事件发生后，救援人员一般要在 2 ～ 4 小时后才能赶到受灾现场，因此，神志清醒的伤员应自我检测伤情。

一是要看一看自己身体各部位有无出血、伤口和畸形。

二是要感觉一下有无头痛、头晕；视力、听力是否正常。

三是活动一下肢体，感觉是否正常，有无疼痛；胸部有无疼痛、憋气；有无腹痛、腹胀；颈部、背部、腰部有无疼痛等。

若有大量失血、全身极度疲乏、胸闷憋气、呼吸困难、脉搏快、心悸、全身湿冷，则往往是伤情危重的表现，应尽快寻找他人特别是医护人员救助。

二、互检伤情

在专业救护人员到达之前，受灾人员不仅应自检伤情，还要进行伤情互检，对伤情危重者及时采取正确抢救及转运措施，以免因疏漏重要损伤而延误时机，使伤情加剧，甚至导致伤员死亡。由于受灾现场条件限制，情况紧急，又大部分都不是专业人员，因此，应主要观察和检查以下体征与症状。

1. 神志状态　主要看意识是否清楚，有无烦躁不安，对外加刺激反应如何等。若意识清楚，回答问题准确，说明颅脑无严重损伤；若烦躁不安，提示脑缺氧或精神异常；若神志模糊或出现昏睡、昏迷，甚至对任何刺激都无反应，说明伤势严重。

2. 呼吸状态　正常人呼吸次数为 16 ～ 18 次 / 分，呼吸时胸廓有明显起伏。若呼吸急促、费力，且伴有喘鸣音，则提示缺氧严重；若看不到胸腹起伏，听不到呼吸音，用脸面贴近伤员口、鼻处也感觉不到有气息进出，则说明呼吸停止。

3. 脉搏状态　正常人脉搏次数为 60 ～ 80 次 / 分，锻炼有素的人脉搏可在 40 ～ 50 次 / 分，触摸时感觉有力。缺氧、失血、疼痛、心衰、休克时，脉搏加快、变弱。脉搏 > 120 次 / 分时，说明伤情严重；桡动脉触摸不清时，提示收缩压低于 80 mmHg；颈动脉摸不到时，说明心脏搏动停止。脉搏越快，血压越低，伤情越重。

4. 出血状态　人若迅速流失全身血液量的 1/4 以上，即可发生严重休克；若快速流失全身血液量的 1/3（成人约 1.8 kg），便有生命危险；若流失全身血液量的一半，便会死亡。若流出的血是殷红色，且汩汩涌出，则是动脉出血；若血色暗红，且缓缓渗出，则为静脉出血。一般来说，动脉出血要比静脉出血危险得多；流失等量的血液，流得快要比流得慢危险得多。

5. 体温状态　正常人的体温是腋下温度 36 ～ 37℃，而且保持相对稳定，一天当中体温波动约为 0.5℃左右。若伤员手脚发凉，冷汗淋漓，则说明血液循环急剧恶化，身体各部缺氧，是伤情危重的表现。

6. 瞳孔状态　正常人的双侧瞳孔（即眼珠中央的漆黑部分）应等大、等圆，对光反射灵敏。若双侧瞳孔不等大，常提示有颅脑损伤；一侧瞳孔散大时，常有颅内血肿等发生；双侧瞳孔过小（如针尖大小）时，则常提示有严重的中毒或缺氧；若双侧瞳孔放大到边，又无对光反射，且眼球固定，往往是濒死或死亡的征象。

第二节　创伤严重程度评价

创伤严重程度评价（使用国际通用方法）是一项重要工作，不但可以评价创伤的严重程度，还可以评价治疗效果，估计预后，评价医院和医师治疗水平。

一、创伤伤情评估的办法与生命支持

对创伤伤员伤情的准确评估是制订正确治疗决策的前提，在一个伤员的治疗过程中至少要进行三次伤情评估：在现场进行的初次评估，伤员到达医院后在创伤抢救室进行的全面的二次评估，以及在抢救治疗过程中的反复评估。在进行评估的同时，对伤员积极处理。与初次评估相对应的是基本创伤生命支持，与二次评估相对应的是高级创伤生命支持，与反复评估对应的是治疗方案的修改和补充。

（一）初次评估与基本创伤生命支持

急救医师在受伤现场用数分钟时间快速判定有无直接威胁伤员生命的情况：

（1）评价伤员的意识状态。

（2）确定气道是否通畅，判定气道梗阻的性质，开放气道。注意颈椎制动，防止加重脊髓损伤。

（3）判定有无自主呼吸，呼吸频率和深度。若有需要，给予吸氧、人工呼吸，处理张力性气胸。

（4）评价心脏搏动与脉搏，有无明显外出血，以及末梢循环情况。若有需要，给予输液等抗休克治疗。

（二）二次评估与高级创伤生命支持

二次评估是对创伤伤员从头到脚的全面检查和评估，包括伤员生命体征（血压、脉搏、呼吸和体温）的再评估。应按照解剖部位的顺序和诊断学的要求全面检查，尤其是无反应和不稳定的伤员，要注意有存在多发伤的可能，不可满足于发现一处损伤后忽略其他部位的检查。

详细了解受伤过程和并对损伤机制进行分析对完整准确的医学评估非常重要。创伤医师应具备

进行创伤机制分析的物理学知识，这在创伤的判断中非常有用。如在压埋伤中，压埋位置、压埋时间、压埋物、解脱方法都可帮助判断受伤类型和程度。询问受伤史时要注意这方面的问题。

经过受伤史采集、损伤机制分析和全面体格检查，要回答：

（1）伤员的全身情况是否稳定（血流动力学和意识状态）？

（2）损伤的部位和严重程度如何？治疗方案能否确定？

（3）是否需要和允许进一步的辅助检查，如 X 线、超声、CT 等？

医师根据检查和评估的结果决定治疗和进一步检查的方案，而不能依赖于特殊检查的结果。特别是在当前各种先进的诊断仪器广泛应用的时代，决不可忽视最基本的物理诊断技术。

对危重濒死伤员，不允许进行耗时过多的辅助检查，创伤医师需靠过硬的物理诊断技术和简单的胸穿、腹穿等操作即能确定伤员的诊断和治疗。高级创伤生命支持是一个广泛的概念，不但指创伤伤员的心、肺、脑复苏，还包括创伤休克的复苏，创伤的紧急救命手术和创伤 ICU 的监护治疗。非颅脑损伤的创伤性心搏、呼吸骤停应采取非常积极的复苏措施，如早期采用开胸心脏按压，心脏复苏与手术止血同时进行。

（三）再次评估与反复评估

在创伤救治过程中，随时对新情况或原有伤情的变化进行评估，调整诊断和治疗方案。对创伤伤员反复评估是十分重要的，特别是对于多发伤、复杂伤伤员，创伤对生理扰乱大，变化复杂，须随时修正诊断，调整治疗方案。对是否急诊手术的判断也会随着病情变化而改变，评估必须反复进行。对二次评估后遗留的问题，如由于伤情不稳定而未进行的检查也要及时补做。

二、创伤严重度评价

（一）格拉斯哥昏迷评分

格拉斯哥昏迷评分（Glasgow coma scale，GCS）（表 3-1）包括睁眼反应、语言反应、运动反应 3 个项目。

GCS 量表总分范围 3 ~ 15 分：15 分表示正常，≤ 7 分为昏迷，≤ 3 分者为深昏迷。

表 3-1　格拉斯哥昏迷评分

项目	状态	分数	评分
睁眼反应	自发性睁眼反应	4	
	声音刺激有睁眼反应	3	
	疼痛刺激有睁眼反应	2	
	任何刺激均无睁眼反应	1	
语言反应	对人物、时间、地点等定向问题清楚	5	
	对话混淆不清，不能准确回答有关人物、时间、地点等问题	4	
	言语不流利，但字意可辨	3	
	言语模糊不清，字意难辨	2	
	任何刺激均无言语反应	1	
运动反应	可按吩咐动作	6	
	能确定疼痛定位	5	
	对疼痛刺激有躲避反应	4	
	疼痛刺激时肢体过屈（去皮质强直）	3	
	疼痛刺激时肢体过伸（去脑强直）	2	
	疼痛刺激无反应	1	
总分			

（二）改良创伤评分

改良创伤评分（revised trauma score，RTS）见表 3-2。

表 3-2 改良创伤评分

项目	评分				
	4	3	2	1	0
呼吸（次 / 分）	10 ～ 29	＞ 29	6 ～ 9	1 ～ 5	0
收缩压（mmHg）	＞ 90	60 ～ 89	50 ～ 59	1 ～ 49	0
GCS	13 ～ 15	9 ～ 12	6 ～ 8	4 ～ 5	≤ 3

（三）简明创伤分级 / 创伤严重度评分 [1]

简明损伤分级（abbreviated injury scale，AIS）由美国机动车医学协会 1969 年制定，以后不断修订，目前所用版本为 1990 年版。AIS 90 收录 2000 多条损伤，适用于所有钝性伤和穿透伤，同时适用于成人和儿童，对每一损伤给出一个编码。AIS 90 将人体分为 9 个解剖区域：①颅脑；②颌面；③颈；④胸；⑤腹；⑥上肢；⑦下肢；⑧脊柱；⑨体表。AIS 90 将损伤自轻至重分为 6 种：①轻度；②中度；③较严重；④严重，危及生命；⑤危重；⑥最严重。如严重度不详则记为 9。

创伤严重度评分（injury severity score，ISS）为 Baker 等根据 AIS 而制定，专为评价多发伤的严重程度。ISS 将人体分为 6 个区域（与 AIS 不同）：①颅脑；②颌面颈；③胸；④腹盆；⑤上下肢；⑥体表。ISS 定义为 3 个最严重区域的最重伤的 AIS 分平方并相加。一般认为 ISS ≥ 16 为重伤。

（四）脏器损伤分级

美国创伤学会于 1987 年成立了脏器损伤分级委员会，该委员会的主要任务是对每一脏器的损伤进行分级，以方便临床医师应用和临床研究。经过 8 年的工作，制定出各主要脏器的损伤分级标准即脏器损伤分级（organ injury scaling，OIS）。OIS 基于对损伤的解剖学描述，将损伤分为Ⅰ～Ⅴ级（个别脏器为Ⅵ级），Ⅰ级为最轻伤，Ⅴ（或Ⅵ）级为最重伤。OIS 比 AIS 更适用于临床，对临床医师诊断的标准化、治疗方案和预后评价有指导意义。OIS 可与 AIS 进行快速转换 [2]。

（五）多脏器功能不全评分

多脏器功能不全评分由 Marshall 等于 1995 年发表，改变了以往多脏器功能衰竭判定的静止观点。动态和定量地反映多脏器功能不全的全过程（表 3-3）。

表 3-3 多脏器功能不全评分

器官、系统	评分				
	0	1	2	3	4
呼吸（PO_2/FiO_2）	＞ 300	226 ～ 300	151 ～ 225	76 ～ 150	≤ 75
肾（血肌酐 μmol/L）	≤ 100	101 ～ 200	201 ～ 350	351 ～ 500	≥ 500
肝（血胆红素 μmol/L）	≤ 20	21 ～ 60	61 ～ 120	121 ～ 240	＞ 240
心血管（PAR）*	≤ 10	10.1 ～ 15	15.1 ～ 20	20.1 ～ 30	＞ 30
血液（血小板数 /μl）	＞ 120	81 ～ 120	51 ～ 80	21 ～ 50	≤ 20
神经（GCS）CVP/MAP	15	13 ～ 14	10 ～ 12	7 ～ 9	≤ 6

*PAR（压力调整后心率）= 心率 × 右心房（中心静脉）压 / 平均血压

第三节 我国煤矿创伤严重度评分

一、煤矿创伤分类检伤

为提高对工伤事故的应急反应能力和医疗救援质量，对工伤现场的伤员受害伤情做快速分检，准确评估，发挥迅速有效的救灾能力，有效地避免和减少人员死亡，在现场医疗救援中应按轻、中、重、死亡进行病情分类，分别以“绿、黄、红、黑”四种颜色色带区别，将色带置于伤员的上臂。

1. 制作方法 准备绿、黄、红、黑四种不同颜色的棉布各一块，以及与棉布相同颜色的尼龙搭扣各 4 条。将棉布裁剪成长 50 cm，宽 15 cm 的长条，纵向对折，开口朝上留中间开口 12 cm 不对缝，然后将剩余的开口缝住。在缝制好的布条两端（左边正面，右边背面）分别缝制两条 2 cm × 14 cm 的尼龙搭扣，中间开口处中点两侧缝上 2 cm × 2 cm 的尼龙搭扣，并在不同颜色带的正中标上号码。

2. 操作方法 按病情分检后将不同颜色的色带置于伤员上臂，上下拉紧，尼龙搭扣相扣于臂内侧，开口处及编号露于臂外侧。

3. 评估办法 众多伤员聚集井口时，往往是一片紧张气氛甚至呈无序状态，井口环境条件差，情况紧急，时间短促，任务繁重，此时的伤情判定不允许采取更多的检查和监测手段。传统做法是医生仅凭对伤员的直观表现、依其经验粗略地估计伤情轻重，不同医生对同一伤病员的伤情判断可能不同，既不规范，也可能不准确。采用客观、理性、量化的科学评分，可以使医生在判断伤情时有统一标准，从而减少对重伤员的漏判以及避免救治的错误。

二、煤矿创伤院前评分

我国煤矿创伤院前评分（RPM 法）[3] 用呼吸、脉搏、运动反应三个指标进行判断，将各项指标分值相加，即为煤矿井下受伤人员伤情的初级判断（表 3-4）。

表 3-4 煤矿创伤院前评分（RPM 法）

分值	R（呼吸频率）	P（脉率）	M（运动反应）
4	15 ~ 24 次 / 分	< 100 次 / 分	服从语言指挥，正常反应
3	5 ~ 35 次 / 分	100 ~ 200 次 / 分	对疼痛刺激有躲闪反应
2	> 35 次 / 分，10 ~ 14 次 / 分	121 ~ 140 次分	对疼痛刺激有屈曲反应
1	< 10 次分	> 140 次分	对疼痛刺激有伸展反应
0	无呼吸	无脉搏	对刺激无反应

注：1. 凡伤员有以下四项中的任何一项均在 RPM 得分基础上减 1 分。①高能量伤或因复合因素致伤；②伤及头、胸或腹部；③头或躯干有穿通伤；④老年伤员（> 50 岁以上）

2. 在急救现场，可参考此评分标准对伤员之伤情做出初级判断。RPM 标准最高值为 12 分，最低值为 0 分。其分级为：轻度：12 分；中度：11 ~ 10 分；重度：9 ~ 8 分；严重：7 ~ 6 分；危重：5 ~ 1 分；临床死亡：0 分

三、瓦斯爆炸伤害院前评分

近些年，李世波、李树峰等在实践中，将烧伤（burn）指标纳入到煤矿创伤院前评分 RPM 方案中，形成了“瓦斯爆炸伤害院前评分”方案，经反复应用和检验，与 AIS-ISS 比较，重伤的准确率可以达到 95% 以上，与其他院前评分比较，其敏感性和特异性均较高，漏判率也较低，且简单、易行。因此，推荐全国矿山医疗应急救护时对瓦斯爆炸伤害的受伤人员使用瓦斯爆炸伤害院前评估方法对伤情加以评估和判断。根据判断指标呼吸 - 脉搏 - 运动反应 - 烧伤（breathe-pulse-moverment-burns，RPMB），简称为 RPMB 方法[4]（表 3-5）。

表 3-5　瓦斯爆炸伤害院前评估方法（RPMB 方法）

分值	R（呼吸频率）	P（脉率）	M（运动反应）	B（Ⅱ°～Ⅲ°烧伤总面积或Ⅲ°烧伤面积与吸入损伤程度）	
4	15～24 次 / 分	＜ 100 次 / 分	服从语言指挥，正常反应	无烧伤	无吸入性损伤
3	25～35 次 / 分	100～120 次 / 分	对疼痛刺激有躲避反应	Ⅱ°～Ⅲ°烧伤总面积＜ 10%，Ⅲ°无	可疑吸入损伤，面、颈和前胸烧伤，口、鼻周围烧伤
2	＞ 35 次 / 分 10～14 次 / 分	121～140 次 / 分	对疼痛刺激有屈曲反应	Ⅱ°～Ⅲ°烧伤总面积 10%～30%，或Ⅲ°＜ 10%	轻度吸入损伤（病变在鼻、口、咽），鼻毛烧焦，鼻咽干、疼、发红
1	＜ 10 次 / 分	＞ 140 次 / 分	对疼痛刺激有伸展反应	Ⅱ°～Ⅲ°烧伤总面积 31%～50%，或Ⅲ° 10%～20%	中度吸入损伤（病变在喉、气管），声嘶、喘鸣、上气道阻塞
0	无呼吸	无脉搏	对刺激无反应	Ⅱ°～Ⅲ°烧伤总面积＞ 50% 或Ⅲ°＞ 20%	重度吸入损伤（病变在支气管、肺），缺氧、双肺干、湿啰音

注：1. B 栏按烧伤计分，有吸入损伤者减 2～4 分
2. 伤员有头、胸、腹部伤及中毒之一者减 1 分
3. 在急救现场参考此评分初步判断。RPMB 最高值 16 分；最低值 0 分。轻度：16 分；中度：15～14 分；重度：13～11 分；严重：10～7 分；危重：6～1 分；死亡：0 分
4. 重大恶性矿难事故出现的成批伤员必须按照伤情分级，本着轻重缓急，确定救治和转运的次序，工作方能有条不紊，取得良好的效果。担任分级及急救工作的医生应当具有丰富的创伤救治经验和较强的组织工作能力

（孙泽林　陈建立）

参考文献

[1] American Association for Automotive Medicine. The Abbreviated injury Scale 1985 Revision. Des Plaines, IL. 60018. USA.
[2] 朱佩芳. 进一步推进我国创伤评分工作的开展. 中华创伤杂志，1998，14（3）：143-147.
[3] 白俊清，张柳，刘英杰，等. 现场伤情判断 // 程爱国. 实用矿山医疗救护. 北京：北京大学医学出版社，2007：61.
[4] 李树峰，杨大明，李世波，等. 煤矿创伤分级及现场急救 // 白俊清，李树峰. 瓦斯爆炸伤害学. 北京：北京大学医学出版社，2011：71.

第四章

现场救护新概念与新技术

第一节　初级救治体系建设

初级创伤救治（primary trauma care，PTC）是由世界卫生组织（WHO）倡议的一项应对突发事件、诊断处理急诊伤员的新技术，现场及时有效的救治能挽回更多伤员的生命，避免死亡及伤残。但是，现场第一时间的初级创伤救治，如不科学规范，不仅起不到救治作用，反而会加重伤情。

一、初级创伤救治体系

1. 创伤预防。

2. 按伤情分类伤员　黑标为死亡患者；红标为危重症患者；黄标为中症患者；绿标为轻症患者。

3. 初步检查　迅速、有序；2 分钟内完成；处理发现的创伤；情况不稳定随时复查，初步查体时应识别出可能威胁生命的创伤。

4. 创伤救治的 ABCDE 步骤　气道（A），呼吸（B），循环（C），神经功能障碍（D），显露全身从头至足彻底检查（E）。ABC 稳定后找出一切可能危及生命及肢体存活的创伤，病情恶化时立即重复 ABC。

5. 进一步检查。

6. 稳定病情　再次评估；优化；记录病历；免疫接种。

7. 转运　假定颈部受伤、避免加重颈椎损伤，将颈椎固定于中立位。

8. 决定性治疗　条件许可时行特殊检查。

二、初级创伤救治技术

推广 PTC 有一套国际标准，医护人员必须在 2 ～ 5 分钟内完成创伤救护 ABCDE 的 5 个步骤，即察看伤员的气道、呼吸、循环、伤残、充分暴露等症状，做出救治的初步诊治。但是，PTC 技术培训除了要教会学员在应对重症创伤如胸部损伤、颅脑损伤、脊髓损伤等的技巧外，更重要的是传授在急救中如何实现团队合作，形成一个急救系统，有序、高效地完成急救。

1. 颅脑创伤　占创伤死亡率的 1/3 ～ 1/2，避免脑组织进一步受损，低氧和低血压将增加死亡率。

处理：保持气道通畅、呼吸顺畅、循环稳定；防止颅内压升高，避免继发性脑损伤。

2. 颈椎创伤　在出现下列情况时应高度怀疑：

（1）颅脑创伤。

（2）反常呼吸。

（3）肢体无力。

（4）反射消失（检查直肠括约肌）。

（5）低血压（伴心动过缓）。

3. 胸部创伤　占创伤致死患者的 25%，常见威胁生命的包括以下几种。

（1）心脏、大血管破裂是猝死的主要原因，早期死亡多因呼吸道梗阻、心包压塞或误吸引起。

（2）气胸（单纯性、张力性、开放性）：表现为呼吸困难、心动过速、低血压、颈静脉怒张、患侧胸部叩诊呈鼓音、气管偏移，肺换气量减少。处置：用粗穿刺针于患侧胸部第二肋间隙穿刺减压，后行常规胸腔闭式引流。

（3）血胸：可发生低血容量性休克。严重气胸时应立即粗针穿刺排气，病情稳定后持续胸腔闭式引流，肺复张有助止血。胸腔持续出血每小时超过 200 ml 时，应开胸探查。

（4）肺挫伤。

（5）肋骨骨折：尤其连枷胸时可出现严重呼吸窘迫，关键治疗为充分镇痛、给氧，必要时气管插管行间歇正压通气（IPPV）。

（6）心肌挫伤，心包压塞，大血管损伤。

（7）气管或主支气管破裂，食管损伤。

（8）膈肌损伤。

4. 腹部创伤　最常见损伤脏器有：肝、脾、胃肠道、胰腺、肾及尿道，应注重直肠检查（有无出血，直肠括约肌张力，前列腺），一旦发现内脏受损，立即持续胃肠减压和负压吸引，观察有无出血，排除尿道损伤后留置导尿。腹部创伤隐藏性出血者持续反复评估很重要，并及早请相关外科会诊。

5. 四肢创伤　防止外周持续失血可降低早期死亡率，尽早治疗可降低晚期肢体功能障碍的发生率。控制表浅创口出血首选直接压迫，无效时用止血带，但应定时松解。

注意老人、妇女和儿童等特殊创伤人群的处理，由于其生理、病理解剖等特异性，临床表现与处置方式不同。如创伤患儿可能到病程晚期才出现低血压。儿童创伤选择骨内输液途径相对安全而且非常有效，用骨穿针或腰穿针于胫骨前内侧面胫骨结节下方穿刺，避免在骨骺生长区穿刺，以免影响生长发育。

第二节　现场救护新概念

在现代社会飞速发展和人们生活的新模式下，让广大公众掌握基本的救护理念和技能，成为“第一目击者”，以便在事发现场及时、有效地开展自救与互救，从而达到“挽救生命、减少伤残”的目的。这一救护理念已成为现代救护的新概念。现代救护仅依靠专业医疗部门是远远不够的，还需要有相关部门的配合和支持，要有一个“大救援”的观念，统称为紧急医疗救援。使我们每个人都要树立救护新概念，在全国范围内，对重点人群集中进行培训和教育传统急救基本知识、基本技能，急救培训工作要能与国际接轨，培训目的就是为广大人民服务。

一、救命的“黄金 1 小时”

传统观念中人们将抢救急危重症、意外伤害患者的希望完全寄托在医院和医生身上，缺乏对急、危、重伤员的现场救护重要性的认识，这种传统的观念，往往就使得处于生死边缘的伤病员丧失了几分钟、十几分钟最宝贵的抢救时间。这宝贵的时间被称为救命的“黄金 1 小时”。

严重创伤患者有着明显的三个死亡高峰。

第 1 高峰：伤后数秒至数分钟，约占 50%，称为现场死亡。原因包括严重的颅脑损伤、高位脊髓损伤、心脏破裂、主动脉或其他大血管破裂、呼吸道阻塞等。只有极少数伤员可能被救治，通过创伤预防和控制策略减少其发生是此阶段研究的主要方向。

第 2 高峰：伤后数小时内，约占 30%，称为早期死亡，原因包括脑、胸或腹内血管或实质性脏器破裂，严重多发伤、严重骨折等引起的大量失血。健全创伤救治体系，“黄金 1 小时”内确定性处理有望使其病死率下降 10%。

第 3 高峰：创伤 24 小时 后，常在伤后 1 ~ 4 周内，占 10% ~ 20%，死亡原因包括感染、急性呼吸窘迫综合征（ARDS）、多脏器功能衰竭（MOF）等后期并发症，其中肺栓塞占相当大比例，加强重症监护，深刻认识休克复苏、MOF 等继发性病理生理改变、继发性脑损害的治疗等，可能将病死率降低到 10% 以下。

二、第一目击者

第一目击者（first responder）是指在现场为突发伤害、危重疾病的患者提供紧急救护的人，包括现场伤病员身边的人（家属、同事、警察、消防员、保安员、EMS 救援人员、公共场合服务人员等），平时参加救护培训并获取相关证书，在事发现场利用所学的救护知识技能救护伤病员。

在发达国家的社区急救服务，非常重视对“第一目击者”群体的培训，对于警察、消防员、保安员、教师、宾馆、旅游、民航、超市以及其他公共场所服务人员实施基础救护培训，定期进行基础救护知识、基本技能的培训和复训，尽可能将急危重症、意外伤害对人类生命健康的危害减少到最低程度。

三、生命链

美国心脏病学会于 1992 年在《美国医学杂志》上正式使用“生命链（chain of survival）”这一概念，此为四个互相联系的环节、序列，称为四个早期。

以下简述我国的救护步骤（心肺复苏步骤）。

1. 安全评估 看看现场环境是否安全，注意做好自我防护。进行急救时，救援人员需要进行适当的防护，这一点非常重要！

特别是把伤病员从受严重污染的场所救出时，救援人员必须加以防护，避免成为新的受害者。应将受伤人员小心地从危险环境转移到安全地点。

2. 意识判断

“喂，你怎么了？”

如果无回应，重新轻拍呼唤：“喂，你醒醒啊？”

如果意识丧失、面色苍白、呼吸停止，则为呼吸、心搏骤停。

3. 快速呼救

“来人啊，这里有人晕倒了！”

如大喊：“我是救护员，有会救护的，请和我一起来！”

对伤员说：“请 ××× （指定一个人）快去打电话报告‘120’，打完电话告诉我一声！”

“有谁知道这附近有除颤仪的，请帮忙拿过来！”

●打“120”电话时，需告知话务员以下信息。

（1）意外发生地点。

（2）现场可联系电话。

（3）报案人姓名。

（4）发生意外原因。

（5）伤病员情况：清醒程度、呼吸状况、脉搏情况、有无出血。

4. 摆放（心肺复苏抢救）体位

（1）地面或床板（仰卧接触面为硬的平面）。

（2）仰卧位。

（3）整体转动，保护颈部，注意平直无扭曲。

5. 胸外按压（compressions） 详见本章第三节。

6. 消除异物、开放气道（airway） 先解开衣领、围巾、领带。用“仰头举颏”法打开呼吸道，检查有无异物，吹气后检查气是否能够吹得进去，否则再次举颏打开呼吸道。

7. 人工呼吸 详见本章第三节。

四、镇痛治疗

我国医务人员通常不重视创伤患者的镇痛治疗。基础研究表明，有效镇痛治疗可一定程度抑制创伤应激所致的神经 - 内分泌过度反应，有利于多发伤患者的转归，防止多发伤患者向全身炎症反应综合征（SIRS）及多器官功能障碍综合征（MODS）方向发展。有效、良好的创伤后镇痛不仅是传统意义上的减轻痛苦，增加伤者舒适度，更重要在于早期干预创伤后疼痛，有效防止或逆转创伤后过度应激反应的发生，创伤后尽早开始有效的镇痛有助于病情的稳定和恢复，改善预后。

第三节　现场心肺复苏术

世界卫生组织曾发出号召，让人人学会心肺复苏术（cardio pulmonary resuscitation，CPR）。目前在一些发达国家，对 18 岁以上的居民都已普及了这方面的知识。

对于易发生事故的矿山来说，现场急救员、矿山救护员、乃至工友，都有必要掌握一些紧急救援的基本知识，特别是现场心肺复苏术更重要，以便能在紧急时刻出手拯救垂危的生命。

一、伤者解脱后复苏前准备

心肺复苏术并不难学，只要按照本文介绍的方法去做，即使是非医务人员也能很快学会心肺复苏法。

1. 解开伤者上衣，暴露胸部，松开腰带。

2. 急救者把手插入伤者颈后将其向上托起，一手按压伤者前额让其头部后仰，使伤者的呼吸道尽量畅通（做人工呼吸时，务必使呼吸道保持畅通开放）。

3. 将耳贴近伤者口鼻，倾听有无呼吸声，观察胸部是否起伏，瞳孔是否有放大，为了争取人工呼吸、心脏按压的时间，可以不必检查是否有心脏搏动、脉搏。

二、心肺复苏必须分秒必争

在常温下，心脏搏动停止 3 秒钟患者感到头晕；10 ~ 20 秒患者发生晕厥；30 ~ 40 秒瞳孔散大；40 秒左右出现抽搐；60 秒后呼吸停止。脑组织对缺血缺氧十分敏感，在呼吸、循环停止 4 ~ 6 分钟后，脑组织即可发生不可改变性损害。

因此，复苏开始得越早，存活率越高。大量资料证明，在心搏、呼吸骤停 4 分钟内进行心肺复苏者可能有一半人被救活；4 ~ 6 分钟开始心肺复苏者可能有 10% 被救活；超过 6 分钟开始心肺复苏者可能有 4% 被救活；10 分钟以上开始心肺复苏者几乎无存活可能。

心搏、呼吸停止是最紧迫的急症，心肺复苏（人工呼吸和胸外心脏按压）便是对这一急症所采取的急救措施。一旦确认伤者心脏搏动、呼吸停止，必须争分夺秒进行急救，时间就是生命。

三、心肺复苏术的原理

掌握正确的急救方法，首先要懂得心肺复苏术的原理。人的心脏搏动停止后，全身血液循环即停止，脑组织及许多主要器官因得不到新鲜氧气和血液供给而将发生细胞坏死。此时，在患者肺内必须有新鲜氧气进行气体交换的情况下进行胸外心脏按压。

（一）人工呼吸的原理

正常人吸入的空气含氧量为 21%，二氧化碳为 0.04%；肺只吸收所吸入氧气的 20%，其余 80% 的氧从肺呼出。因此，当正常人给患者吹气时，只要有较大的气量，则进入患者肺内的氧气量是足够的。在患者心脏搏动、呼吸停止后，肺处于半萎缩状态，给患者做人工呼吸能在呼吸道畅通的情况下将新鲜空气吹入患者肺内以扩张肺组织，有利于气体交换。

（二）胸外心脏按压的原理

胸外心脏按压是利用人体胸腔及心血管系统的特点来起作用的。当做胸外心脏按压时，由于是用外界的压力将心脏压在胸骨与脊柱之间，心脏内的血液自然向动脉流去，放松时，心脏恢复原状，静脉血被吸回心脏。

通常所说的心肺复苏术分为初步和高级 CPR。在现场急救时，按照初步的 CPR 进行。

四、现场心肺复苏术

生命离不开氧，人体得到氧气要靠 3 个环节，即呼吸道（airway）、呼吸（breathing）和血液循环（circulation），只有保持呼吸道畅通，才能通过呼吸把氧气带入肺部血液，又通过血液循环将氧输送到人体各组织中去，从而使生命得以维持。一旦呼吸停止，则血液中缺氧，人脑缺氧 3 ～ 4 分钟，大脑皮质即可破坏致死，出现功能衰竭，意识丧失，心搏停止，甚至死亡。因此，生命的 ABC 也就是促使患者复苏的 ABC。

心搏、呼吸骤停和意识丧失，是矿山创伤现场救治中最紧急的危险情况，心肺复苏术就是针对此种危急状况所采用的急救措施。心搏、呼吸突然停止后，循环终止，由于脑细胞对缺氧十分敏感，一般在循环停止后 4 ～ 6 分钟大脑即发生严重的甚至不能恢复的损害，此时争分夺秒，积极进行现场心肺复苏的抢救非常重要。

当疑有呼吸、心搏停止时，可先轻轻摇动患者并简单询问，借以明确患者的神志是否尚在；然后触摸颈侧的颈总动脉是否搏动，如果患者的呼吸、神志都已消失，且颈总动脉触之无搏动，即可断定为呼吸、心搏停止（这一检查过程只需要 10 余秒钟），此刻应立即施行心肺复苏术。

（一）心脏搏动、呼吸骤停的判断

心搏、呼吸骤停表现为突然的意识丧失，大动脉搏动消失，胸腹部起伏消失，鼻腔无气体逸出，双侧瞳孔散大，眼球固定，口唇发绀，面色苍白，全身肌肉松软。

（二）徒手心肺复苏的操作方法

《2010 美国心脏病协会心肺复苏及心血管急救指南》中，建议将成人、儿童和婴儿（不包括新生儿）的基础生命支持程序从 A-B-C（开放气道、人工呼吸、胸外按压）更改为 C-A-B（胸外按压、开放气道、人工呼吸）。

施行心肺复苏前必须先清除呼吸道内的异物或分泌物，将下颌托起或将头部后仰，以防止舌后坠。

C（circulation）：判断心搏是否存在及胸外按压。

（1）如果触摸伤员颈动脉或股动脉无搏动（又无意识），则应进行胸外心脏按压（图 4-1）。

（2）胸外心脏按压要求定位、姿势，按压速率，且手法正确。

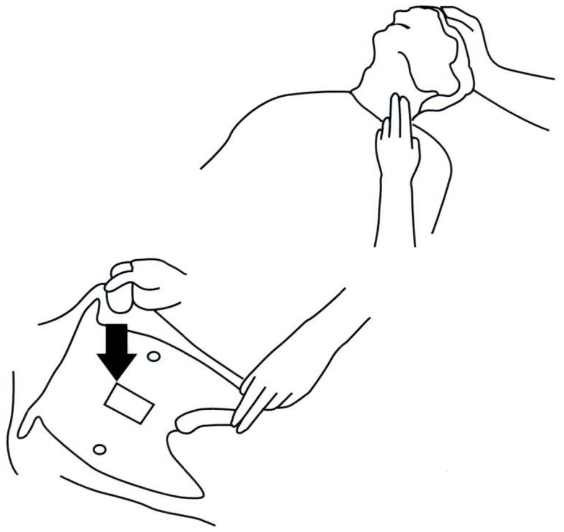

图 4-1 触摸伤员颈动脉或股动脉无搏动

胸外心脏按压：伤员平卧于硬质木板或硬板床上，术者一只手放在伤员胸骨中下 1/3 交界处，另一只手交叉重叠在下面另一只手背上，有节律地将胸骨向下压 4 ～ 5 cm，按压速率至少为 100 次 / 分，保证每次按压后胸部回弹，尽可能减少胸外按压的中断。胸外心脏按压和人工呼吸的比例为 30 ∶ 2（图 4-2）。

A（assessment +airway）：判断神志，开放气道，确定有无自主呼吸。

（1）迅速确定伤员是否存在意识（判断神志）：呼叫或轻拍伤者面部。

（2）迅速使伤员处于平卧位（放置体位）。

（3）如果伤员昏迷，则应畅通呼吸道，清除口腔异物，头后仰、举颏，可能时行环甲膜穿刺或气管内插管。

畅通呼吸道 / 开放气道的方法见图 4-3。

成功复苏的最主要动作是立即开放气道。舌和（或）会厌部肌肉因缺乏张力会分别阻塞咽和喉部。舌后坠是意识不清伤员气道阻塞的最常见原因。吸气时，气道内产生负压，这时舌或会厌或两者均可能形成阀门式机制阻塞气管入口造成阻塞。由于舌连于下颌，将下颌前移后可使舌部抬起而离开咽后部并开放气道。

图 4-2　胸外心脏按压

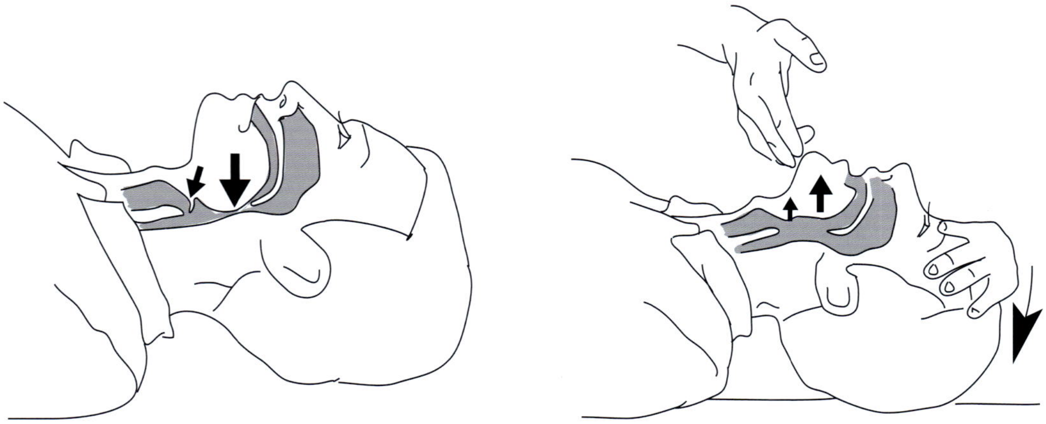

图 4-3　仰头 / 举颏法以畅通呼吸道

B（breathing）：即人工呼吸。

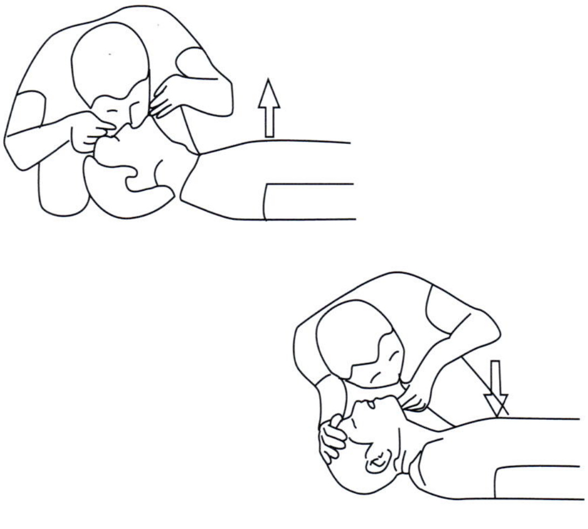

图 4-4　口对口人工呼吸

（1）如果伤员自主呼吸停止，则维持头部后仰位。

（2）进行人工呼吸：口对口呼吸（成人），口对鼻呼吸（口腔有阻），也可用简易呼吸器。

（3）口对口人工呼吸：在保持伤员仰头抬颏前提下复苏者用拇指和示指捏住伤员鼻孔，深吸气后，用双唇密封包住伤员的嘴，向其口腔全力吹气两次，每次吹气量为 800 ～ 1200 ml。吹气速度均匀，保持肺膨胀压低于 20 cmH_2O（抢救者用双眼余光观察患者胸部，操作正确应能看到胸部有起伏，并感到有气流逸出）。继而以大约每秒钟 1 次的速率进行人工呼吸，直至获得其他辅助通气装置或伤员恢复自主呼吸。最好有两位抢救人员在场，则可与胸外心脏按压同时进行（图 4-4）。

（4）单人施救者的按压 - 通气比率为 30 ∶ 2，安装辅助呼吸装置后，可按照每 6 ～ 8 秒 1 次呼吸的速率进行人工呼吸（每分钟 8 ～ 10 次呼吸）。应避免过度通气。

（三）密闭面罩或气管内插管

施术者一只手的拇指和示指握住面罩，紧扣在伤员面部，另三指托起下颌，用呼吸囊或呼吸机做人工呼吸。密闭面罩呼吸时，最好向食管内插入带气囊的导管，以防呼吸时气体入胃或胃内容物反流至肺内引起误吸。

1．取消既往心肺复苏程序中在开放气道后“看、听和感觉呼吸”以评估呼吸的环节，医务人员检查反应以发觉心脏骤停症状时会快速检查呼吸。在进行 30 次按压后，单人施救者开放患者的气道并进行 2 次人工呼吸。

2．施救者应继续实施心肺复苏，直至自动体外除颤器（AED）到达且可供使用，或者急救人员已接管患者。

（四）电除颤

大多成年人心搏骤停的原因是心室颤动，早期除颤是提高心脏骤停者存活率的关键，越早除颤，存活率越高。有报道，心室颤动发生后，每延迟 1 分钟，其死亡率增加 7% ～ 10%。最好是在倒下后的 3 分钟内给予电击救治。为了提高电除颤成功率，可先给予肾上腺素 1 mg 静脉推注，以使细颤变成粗颤，增加电除颤成功率。

电除颤方法如下述。

1．将两块电极板涂上导电糊或盐水纱布作垫子，再将两块电极板分别放在右胸第二肋间的锁骨中线上和左胸乳头外侧的腋中线上。前 - 侧电极位置是合适的默认电极片位置。可以根据个别患者的特征，考虑使用任意三个替代电极片位置（前 - 后、前 - 左肩胛以及前 - 右肩胛）。将 AED 电极片贴到患者裸露的胸部上，任意四个电极片位置中的一个都可以进行除颤。新的数据证明，四个电极片位置（前 - 侧、前后、前 - 左肩胛以及前 - 右肩胛）对于治疗心房或心室心律失常的效果相同。

2．最好使用双相波除颤器，如果没有，也可以使用单相波除颤器。

3．进行单次电击之后，立即进行心肺复苏而不是连续电击以尝试除颤。

4．选择电能量，首先用 200 J，若不成功，立即进行徒手心肺复苏术，准备进行第二次电除颤；第二次电除颤能量可增加至 250 J，仍不成功时，立即进行徒手心肺复苏术，同时静脉推注肾上腺素；第三次电除颤能量可增加至 300 J，最大可用 360 J。对心室电除颤，必须选择非同步除颤（图 4-5）。

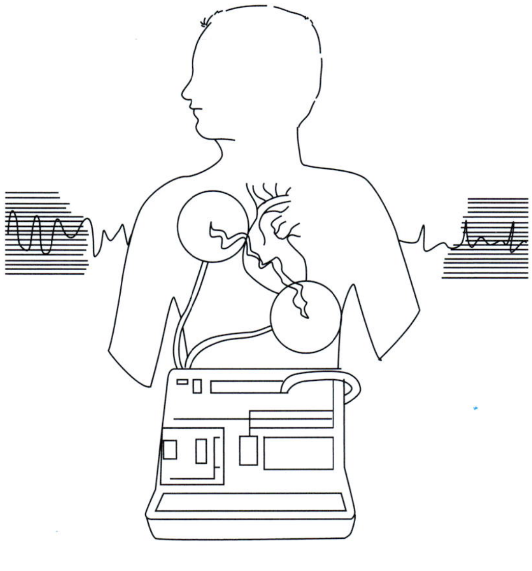

图 4-5　电除颤示意图

注：1．心脏起搏：对于无脉搏心搏骤停患者，并不建议将起搏作为常规处理。对于有脉搏但有症状的心动过缓患者，医务人员应准备好为对药物无反应的患者进行经皮起搏。如果经皮起搏失败，经过培训、有经验的操作者可以开始经中心静脉心内起搏

2．对于肋骨骨折、张力性气胸、心包压塞，以及心瓣膜置换术后的患者，不宜采用胸外心脏按压。老人由于骨质较脆而胸廓又缺乏弹性，施行胸外心脏按压时不宜用力过猛，以防肋骨骨折

五、单纯腹部按压心肺复苏法

此方法适用于在矿山事故中，因大面积烧伤、多发性肋骨骨折而不能施行上述心肺复苏术的伤员。

腹部按压复苏术的具体操作方法是：用一平板放在被救者腹部（井下矿工佩戴的安全背甲可用），双手按压，压力及频率如压胸复苏手法。因腹部柔软，则省力很多。如无平板，可用双手平铺在腹部按压。如伤员躺在担架上，可用单手按压（边送边救不中断），在这个过程中不必按压胸部。

采用单纯腹部按压复苏术能有效地提高冠状动脉灌注，这一点与传统胸部按压心肺复苏不同，产生的维持生命最基本的心肺脑灌注血流和气体交换，能让遇难者在半小时内被送达抢救能力更好矿山医院时，有更多机会生还。此方法更适合胸部有骨折、出血、气胸的伤者。中国国际救援队和北京武警总医院已经开始在拯救生命现场采用这种方法。

六、药物复苏

近年来用于心肺复苏的药物变化较快，但到目前为止，仍只有肾上腺素是首选药物。不少药物在临床实践与研究中，或被淘汰，或已不作为首选药物。曾经在我国盛行一时的“三联针”（联合用肾上腺素、去甲肾上腺素和异丙肾上腺素）和“新三联针”（联合用肾上腺素、异丙肾上腺素和阿托品或利多卡因），既无充分的理论依据，亦无肯定疗效。而且其中有的药物，因弊多利少，已被建议不用于复苏。目前，提倡心肺复苏药物的使用要基于其他急救措施，如基本生命支持、气道管理、电除颤之后，才尽快进行药物复苏。

在这里值得说明的是心内注射的问题。心内注射的优点是起效快，作用强而迅速；缺点是有导致冠状血管撕裂、心包压塞、气胸的危险，给复苏后期处理增加困难，且心内注射时要中断胸外按压和通气。由于中心静脉和气管内给药与心内注射给药比较，其复苏成功率、血药浓度均无明显差别，因此，目前认为心内注射给药只能用于开胸心脏按压或无其他给药途径时。

1. 肾上腺素 为α、β受体兴奋剂。α受体可增加心肌和大脑的灌注量，促使心肌恢复自主循环。β受体在自主循环恢复后，可增强心肌的收缩性、自律性、自主起搏性和心率。使室颤波由细变粗无效时，每隔3～5分钟重复静脉注射，量可增大，以提高电除颤效果。常用量为1mg静脉注射或稀释后气管内喷雾，尽管近年有大剂量静脉使用该药的报道，但因其对心肌的抑制作用，仍应严格掌握使用剂量。

2. 利多卡因 能提高心纤阈值，促进电除颤的效应。经徒手心肺复苏和电除颤无效时可用作首选药物。使用方法为，首次剂量1～1.5 mg/kg静脉注射，以快速达到和维持利多卡因的治疗水平，再根据需要每5～10分钟静脉注射0.5～1.5 mg/kg，总量3 mg/（kg·d）。心律失常好转后，可以1～4 mg/min静脉滴注维持。休克、肝功能障碍和70岁以上老年伤员，使用利多卡因的剂量要减半。

3. 溴苄胺 溴苄胺适用于对电除颤、肾上腺素、利多卡因治疗无效的心室颤动和室性心动过速伤员。顽固性室颤时，可以5～10 mg/kg加入5%葡萄糖液40 ml中静脉注射，随后做电除颤；若持续室颤，剂量可增至10 mg/kg，每5分钟重复一次，总剂量不超过30 mg/kg。有效果时，以1～2 mg/min静脉滴注维持。

4. 碳酸氢钠 为碱性药物，对代谢性酸中毒有效。通常不在心肺复苏早期使用，当心脏经过复苏无效时，每10分钟给1 mmol/kg。必须保证在足够通气的情况下用药，最好能根据血气分析监测给药。

5. 纳洛酮 为吗啡受体拮抗剂，可有效对抗心搏骤停后产生的内源性吗啡样物质介导的各种效应，从而起到消除呼吸抑制、增加呼吸频率和催醒的作用。该药毒副作用小，心肺复苏时可尽早使用。剂量为 2 mg 静脉注射，若未显效，30 分钟后可重复使用，或用 0.4 ~ 0.8 mg/h，持续静脉滴注。

6. 脑复苏 心脏搏动、呼吸停止后 2 ~ 4 分钟，脑内葡萄糖和糖原耗尽，4 ~ 5 分钟则 ATP 耗尽，细胞膜的钠泵运转失灵，细胞内钠堆积，水分进入细胞内导致细胞肿胀。缺氧导致毛细血管通透性增加，间质水肿、肿胀和水肿导致颅内压力增高，血循环发生障碍，加重缺氧，进一步出现脑组织变性、坏死。因此，衡量复苏的结果还要看脑功能恢复的状况。在急救复苏中，脑复苏已经越来越受到重视。脑复苏有如下措施。

（1）维持有效脑灌注压：适当升高血压，避免细胞产生灶性缺血现象。可应用肾上腺素，快速输液和血管活性药物以提高血压。

（2）控制性过度换气：使血内 CO_2 浓度下降，受损害轻的脑组织的血管收缩，使血液流向受损害重的脑组织血管床，改善局部血液供应，有利于组织细胞恢复。

（3）低温：通过头部降温可降低脑代谢，减少脑组织的氧耗，减轻脑水肿，降低颅内压。如戴冰帽、冰碴包绕头部等，使局部温度降低至 33 ~ 35℃。

（4）脱水：一般用 20% 甘露醇 150 ~ 250 ml 静脉滴注，每 8 小时一次，如果在间隔中加用 50% 葡萄糖 50 ml 静脉注射，效果更好，但要注意电解质紊乱的调整和肾功能的保护。

（5）肾上腺皮质激素：可保持血脑屏障和毛细血管的完整性，改善脑循环功能，防止细胞膜自溶和坏死。常用地塞米松，首次 1 mg/kg，然后 0.2 mg/kg，每 6 小时一次，使用 3 ~ 5 天。

（6）改善脑细胞代谢的药物：如能量合剂、维生素 C 等，通常使用 5 ~ 7 天。

（7）钙离子拮抗剂：如尼莫地平等，可减轻脑缺血后血管痉挛，改善脑缺氧。

（8）高压氧舱：可提高血氧张力，纠正脑缺氧，减轻脑水肿，降低颅内压，提高复苏成功率。

第四节 心肺脑复苏研究进展

心搏骤停是最严重而紧急的临床状况，心肺脑复苏一直是急诊医学研究的重要课题之一。其之所以重要在于复苏学确系“起死回生”之术，瞬间决定生命的生死变幻。心肺脑复苏经历了多年的探索和研究，取得了很大进展。现就该领域的一些新进展概述如下。

一、生命链概念的提出

1992 年 10 月，美国心脏病学会（AHA）在权威的美国医学杂志《美国医学杂志》发表了“生命链”这一现代急救的重大概念和技术[4]。生存链由 4 个环节组成：第一环称早期通路，又称为早期急救医疗服务系统（emergency medical services，EMS）；第二环称早期心肺复苏；第三环称早期心脏除颤；第四环称早期高级生命支持。环环相扣，紧密相连，形成了一个完整的 CPR 急救模式。

2010 年，AHA CPR 指南“生命链”环节增至 5 环：①迅速识别心搏骤停，并启动急救反应系统；②早期 CPR 着重于胸外按压；③快速除颤；④有效的高级心血管生命支持（advanced cardiovascular life support，ACLS）；⑤综合的心搏骤停后治疗。

生命链的改进，更加强调 CPR 质量及采取多学科合作的综合救治对于改善自主循环恢复（return of spontaneous circulation，ROSC）后心搏骤停者生存率的重要性。

二、心肺复苏程序的改变

2010 AHA 指南建议将成人、儿童和婴儿（不包括新生儿）的基础生命支持程序从“A—B—C”更改为“C—A—B”。强调高质量的 CPR，快速用力按压；尽可能减少对按压的干扰；每次按压后使胸廓充分回弹和避免过度通气。成人胸外按压频率每分钟至少 100 次，成人按压幅度至少 5 cm。任何不必要的按压中断均可降低 CPR 的有效性[5]。何忠杰等研究认为，为满足心肺复苏时组织的氧代谢水平，胸外按压在高频率（120 ~ 140）次 / 分，可获得较高心排出量[6]。另有研究显示，正确的实施胸部按压能使收缩压峰值达到 60 ~ 80 mmHg，颈动脉的平均动脉压也很少超过 40 mmHg。即使这样，仍可为脑和其他重要器官提供有氧血供，同时也有利于电除颤的实施。对院外成人 SCA 的研究表明，如果有旁观者尝试进行胸外按压，与不进行胸外按压比较，可以提高存活率[7]。将 C（胸外按压）放在首位，能够鼓励更多施救者实施心肺复苏，提高 CPR 的抢救成功率。

三、心脏电除颤技术的应用

心脏电除颤在心搏骤停抢救中具有极其重要的作用。因为在发生心搏骤停的患者中约 80% 为室颤。治疗心室颤动最有效的方法是电除颤。在“第一目击者”为警察的除颤中，已经量化了大量除颤时间和生存率的关系。每延迟 1 分钟，心脏性猝死的生存率以 7% ~ 10% 递减。事发后 1 分钟内除颤生存率能达到 70%，5 分钟的生存率只有 50%，7 分钟的生存率仅有 30%，9 ~ 11 分钟的生存率为 10%，12 分钟后为 2% ~ 5%。如 15 分钟后实施，则抢救几乎不能成功[8]。

在过去的 40 多年中，体外除颤一向是以单相波进行的，而 1996 年美国学者首次使用了双相波技术[9]。1992 年，AHA 曾制定连续 3 次电击是基于单相波除颤，双相波应用改变了除颤的效率。有研究显示，应用 200 J 单相波除颤的首次电击成功率为 66%，360 J 为 73%。而双相波除颤仅用 150 J 首次成功率为 92%，200 J 为 98%[10]。过去 10 余年的研究和临床实践显示，除颤或复律时使用双相波比单相波更为有效，除颤或复律时的能量应选择逐渐递加还是固定目前尚不明确。如果首次放电终止心律失常的努力未获成功，则可考虑选择更高剂量。单相波除颤的建议剂量为 360 J，双相波可选择制造商为对应波形所推荐的 120 ~ 200 J，或使用默认的 200 J[5]。低能量双相波除颤效果与高能量（> 200 J）单相波相同，但除颤后心电图 ST 段的改变明显低于高能量单相波（对心肌细胞损伤小）。大量研究证实，双相波较单相波除颤有更好的自主心律恢复率[9]。2010 指南建议，可以考虑为医院环境配备自动体外除颤器（AED），以便进行早期除颤（目标是在患者倒下后 3 分钟内给予电击）。自 20 世纪 90 年代，AED 的出现与应用是 21 世纪的“灭火器”，将会明显地提高猝死抢救成功率。

四、心肺复苏药物的应用

（一）肾上腺素

近 50 多年来，肾上腺素一直是心肺复苏的首选药物。其主要原因是其具有 α 受体肾上腺素能激动药的特性，通过外周血管收缩、增加 CPR 时冠状动脉和大脑灌流压。从而改善初始自主循环（ROSC）率。其潜在不良反应是 β_2 受体产生剂量依赖性的正性肌力和变时作用引起的。在心脏复苏中肾上腺素的应用方面，近几十年来肾上腺素应用的剂量，从小剂量到大剂量，再回归到小剂量，是人们对肾上腺素有益作用和有害作用这一对矛盾认识的结果[11]。增加肾上腺素的剂量并不能提高心肺复苏的成功率和改善存活者的神经功能[12]。目前国际心肺复苏指南推荐的肾上腺素剂量为每次 1 mg，每 3 ～ 5 分钟重复用药 1 次。只有在静脉通道无法建立而不能进行血管内给药时，才增加剂量为 2 ～ 2.5 mg。

（二）血管加压素

血管加压素（AVP）可增加冠状动脉灌注压及重要器官的血流量。Wenzel 等[13]对 1186 例院外心搏骤停临床随机分析研究显示，血管加压素组（589 例）和肾上腺素组（597 例）对室颤和无脉性电活动患者入院率基本相似；而加压素组对心搏停止的入院率显著高于肾上腺素组，分别是 29.0% 和 20.3%，出院存活率分别是 4.7% 和 1.5%。法国一项大规模的前瞻性研究，共随机纳入 2894 例患者，结果表明，血管加压素和肾上腺素联合应用与单独应用肾上腺素相比，在自主循环（ROSC）、出院率、一年生存率、神经功能恢复方面都没有明显差异[14]。基于上述研究，没有充分证据表明应对心脏停搏患者使用或不用血管加压素。临床上在 1 mg 肾上腺素对 ROSC 无效时可考虑应用 40 U 血管加压素替代肾上腺素。

（三）胺碘酮

胺碘酮是以Ⅲ类抗心律失常作用为主的心脏离子多通道阻滞剂，兼具Ⅰ、Ⅱ、Ⅳ类的电生理作用，使其成为广谱抗心律失常药。临床研究证实，院前静脉使用胺碘酮治疗室颤或无脉性室性心动过速较利多卡因组或对照组能提高存活率，并能预防心律失常复发。胺碘酮治疗被认为是提高 VT 或 VF 患者入院存活率的独立因素[15]。在无脉性室速或室颤造成心搏骤停时，经常规心肺复苏、应用肾上腺素和电复律无效的患者，在坚持进行心肺复苏的前提下首选静脉注射胺碘酮，然后再次电复律[16]。

（四）纳洛酮

在心脏搏动、呼吸停止及复苏的过程中，机体处于应激状态，刺激垂体释放大量 β- 内啡肽（β-EP）。使用纳洛酮的主要作用机制如下。

1．解除 β-EP 抑制效应，儿茶酚胺释放增加，减轻再灌注损伤程度，促进心脏复苏成功。

2．能增加脑缺血区血流量，减轻脑水肿，降低自由基的损伤、保护细胞的正常结构，促进脑复苏成功[17]。

李培杰等 Meta 分析结果显示，在常规 CPR 的基础上使用纳洛酮可以提高复苏成功率、自主循环恢复成功率和自主呼吸恢复成功率，并可缩短从呼吸、心搏恢复到脑复苏所需要的时间[18]。

（五）碳酸氢钠

近年来，通过实验研究和临床观察得知，心搏骤停后 10 分钟以内，主要以呼吸性酸中毒为主，之后才出现代谢性酸中毒。因此，在 CPR 中尽快开放气道以保证良好的通气是关键。复苏中应用碳酸氢钠并不能改善心搏骤停患者的预后。相反，可使氧合血红蛋白解离曲线左移，抑制氧气释放；剂量过大可造成血液高渗和高钠血症，以及细胞外碱中毒等不良反应。补充碳酸氢钠的适应证是[19]：①肯定循环骤停超过 10 分钟；②已肯定存在代谢性酸中毒、高钾血症；③存在三环类抗抑郁药以及巴比妥类药导致的心脏毒性；④ pH ＜ 7.2。根据血气分析和 pH 检测结果应用碳酸氢钠更为合理。

（六）溶栓疗法

资料表明，50% ～ 70% 的心搏骤停是由于急性心肌梗死或大面积肺栓塞所致[20]。许德国等[21]对院外血栓患者进行溶栓研究，结果显示，ROSC、存活 ≥ 24 小时者、康复出院者在溶栓复苏组（TCPR）均显著高于标准复苏组（SCPR）（$P < 0.05$）。尽管溶栓治疗确实增加了出血的发生率，凝血指标显著延长，但并未因严重出血导致病死率的增加。李津金等[22]的 Meta 分析显示，溶栓治疗显著增加了心肺复苏患者的 ROSC 率、24 小时生存率和出院率，差异具有统计学意义（$P < 0.05$）。

因此，在排除溶栓禁忌证后，心肺复苏过程中应积极地进行溶栓治疗。由于缺乏大规模多中心临床研究，对心肺复苏过程中溶栓治疗的疗效和安全性尚有待于进一步研究。

五、脑复苏

对于发生心搏骤停后早期接受心肺复苏的患者，大脑缺氧的缺血性损伤是导致其死亡和致残的主要原因。随着心肺复苏技术的普及和急救体系的完善，心搏骤停后恢复自主循环的成功率已经有了很大提高，但长时间存活患者并不多，原因是 25% ~ 50% 的心搏骤停患者虽然成功地恢复了自主循环，但仅有 2% ~ 10% 的患者不遗留神经功能缺陷[23]。因此，心肺复苏后脑缺血再灌注损伤应尽早实施综合性脑保护策略，包括：①血压管理：目标为平均动脉压≥ 65 mmHg。②血糖控制：血糖持续＞ 10 mmol/L 的患者应给予处理。③亚低温治疗：经过心肺复苏恢复自主循环仍昏迷的成年患者需迅速诱导体温至 32 ~ 34℃，并维持 12 ~ 24 小时[24]。Holzer 等在对三个有关复苏后低温治疗的随机临床实验进行 Meta 分析后，认为心搏骤停后亚低温能改善神经系统预后，而不会发生明显的不良反应[25]。

（张军伟　程　光）

参考文献

[1] 王一镗，沈洪．心肺脑复苏．2 版．上海：上海科学技术出版社，2007．

[2] 沈洪，王一镗．中国心肺复苏的发展．中华急诊医学杂志，2006，15（1）：13-14．

[3] 付德明，郑建中，郭政，等．心肺复苏术的历史回顾．中华医史杂志，2009，29（1）：30-38．

[4] 李宗浩，金辉．论心肺复苏的创立．中国急救复苏与灾害医学杂志，2007，2（1）：3-5．

[5] 张悦怡，陈香萍，施剑斌，等．2010 心肺复苏与心血管急救指南解读．全科医学临床与教育，2011，9（1）：3-7．

[6] 何忠杰，郭旭升，陈东，等．危重患者心肺复苏的氧代谢研究．中华急诊医学杂志，2001，10（16）：376-379．

[7] 边波，万征．AHA 心肺复苏指南更新：由 ABC 到 CAB 的意义与启示．中国循证心血管医学杂志，2011，3（2）：81-83．

[8] 李宗浩，金辉．心肺复苏突破性进展的自动体外心脏除颤．中国急救复苏与灾害医学杂志，2007，2（3）：129-131．

[9] 张新颜，于学忠．现场心肺复苏中电除颤技术的发展．中国全科医学，2009，12（14）：1349-1351．

[10] 沈洪．速写：国际 CPR 与 ECC 指南 2000—2005．世界急危重病医学杂志，2005，2（2）：581-583．

[11] 孟庆义．心肺脑复苏中心脏复苏药物应用方法的哲学思考．中国急救医学，2008，28（2）：183-185．

[12] Patterson MD，Boenning DA，Klein BL，et a1．The use of high-dose epinephrine for patients with out-of-hospital cardiopulmonary arrest refractory to pre -hospital interventions．Pediatr Emerg Care，2005，21（4）：227-237．

[13] Wenzel V，Krismer AC，Arntz HR．et al．A comparison of vasopressin and epinephrine for out-of-hospital cardiopulmonary resuscitation．N Engl J Med，2004，350（1）：105-113．

[14] Gueugniaud PY，David JS，Chanzy E，et al．Vasopressin and epinephrine vs．epinephrine alone in

cardiopulmonary resuscitation．N Engl J Med，2008，359（1）：21-30．

[15] Dorian P，Cass D，Schwartz B，et a1．Amiodarone as compared with lidocaine for shock resistant ventricular fibrillation．N Engl J Med，2002，346：884-890．

[16] 中华医学会心血管病学分会，中国生物医学工程学会心律分会，胺碘酮抗心律失常治疗应用指南工作组．胺碘酮抗心律失常治疗应用指南（2008）．中华心血管病杂志，2008，36（9）：769-777．

[17] 邓佳，李茜，刘斌．纳洛酮在成人心肺脑复苏中的作用评价．中国循证医学杂志，2006，6（11）：820-824．

[18] 李培杰，张朋，田金徽，等．纳洛酮在心肺复苏中疗效的系统评价．中国急救医学，2009，29（10）：868-871．

[19] 张卫东，孟庆义．心肺复苏中碳酸氢钠的应用进展．医药世界，2008，（4）：87-88．

[20] Bottiger BW，Martin E．Thrombolytic therapy during cardiopulmonary resuscitation and the role of coagulation activation after cardiac arrest．Curr Opin Crit Care，2001，7（3）：176-183．

[21] 许德国，王晓军，刘纪改，等．心肺复苏中溶栓的疗效和安全性研究．中华急诊医学杂志，2009，18（9）：977-979．

[22] 李津金，徐昌盛，芮庆林，等．心肺复苏过程中溶栓治疗疗效与安全性的 Meta 分析．中华急诊医学杂志，2011，20（5）：528-532．

[23] Nadkarni VM，Larkin GL，Peberdy MA，et al．First documented rhythm and clinical outcome form in-hospital cardiac arrest among children adults．JAMA，2006，295（1）：50-57．

[24] 温汉春，朱继金．心肺复苏过程中的脑保护策略研究进展．广西医学，2012，34（6）：771-773．

[25] Holzer M，Bernard SA，Hachimi -Idrissi S，et al．Hypothermia for Neuro protection after cardiac arrest：systematic review and individual patient data meta-analysis．Crit Care Med，2005，33：414-418．

第五章

现场救护

创伤人员的现场急救质量，对于抢救伤者生命、提高伤者的生活质量、降低伤者的致残率、减轻伤者的家庭负担及社会负担、缓解社会矛盾具有重要的意义。

对矿山事故受伤人员的现场急救是急救的第一步骤，急救措施采取得越快越好。抢救人员在对受伤者伤情进行初步判定后，要根据具体情况采取止血、包扎、固定和搬运等现场急救四要素的措施。

第一节　现场救护的四项基本技术

外伤的现场救护（on-the-spot rescue）的基本技术包括：止血、包扎、固定和搬运[1]。

一、止血

成人的血量为 4300 ~ 5000 ml，以重量计约相当于体重的 10/13，若出血量达 1000 ml 以上，则会危及生命。对现场救护出血的伤员，首先必须迅速采用暂时止血法，以免失血过多。

止血是现场急救者首先要掌握的一项基本技术。止血的方法有局部压迫止血、动脉压迫止血及止血带止血三种。

局部压迫止血是最简单有效的方法，对于绝大多数伤口的出血均可达到良好的止血效果。方法包括使用纱布、绷带、三角巾对伤口进行加压包扎。如果现场无上述材料，可以使用清洁的毛巾、衣物、围巾等覆盖伤口、包扎或用力压迫。对肢体的加压包扎，加压量不宜过大，达到止血目的即可，否则会影响肢体的血液循环。

对于局部压迫仍无法达到止血目的的伤者，可以采用动脉压迫止血的方法，简单地说就是压迫出血部位近端的大动脉，阻止出血部位的血流供应达到止血的目的。

如果采用局部压迫止血无法达到目的，而压迫动脉止血又不便于伤者转运时，可以使用止血带止血。现场无止血带时可用绷带、绳索、毛巾、围巾、衣物等代替，切忌使用铁丝作为止血带。使用止血带过程中，应注意力量要足够，同时要注意使用止血带的时间。

（一）包扎止血法

系指用绷带、三角巾、止血带等物品，直接敷在伤口或结扎某一部位的处理措施。

【操作要领】

1. 加压包扎止血法　适用于小动脉、静脉及毛细血管出血。用消毒纱布垫敷于伤口后，再用棉团、纱布卷、毛巾等折成垫子，放在出血部位的敷料外面，然后用三角巾或绷带紧紧包扎起来，以达到止血目的（图 5-1）。

2. 加垫屈肢止血法　在上肢、小腿出血，在没有骨折和关节损伤时，可采用屈肢加垫止血。如上臂出血，可用一定硬度、大小适宜的垫子放在腋窝，上臂紧贴胸侧，用三角巾、绷带或腰带固定胸部；如前臂或小腿出血，可在肘窝或腘窝加垫屈肢固定（图 5-2）。

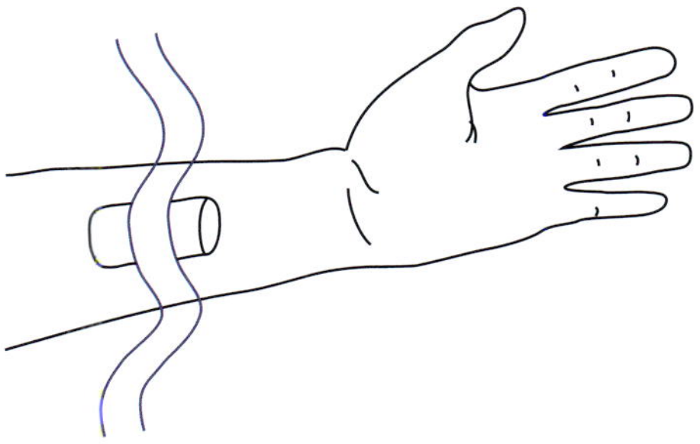

图 5-1　加压包扎止血法

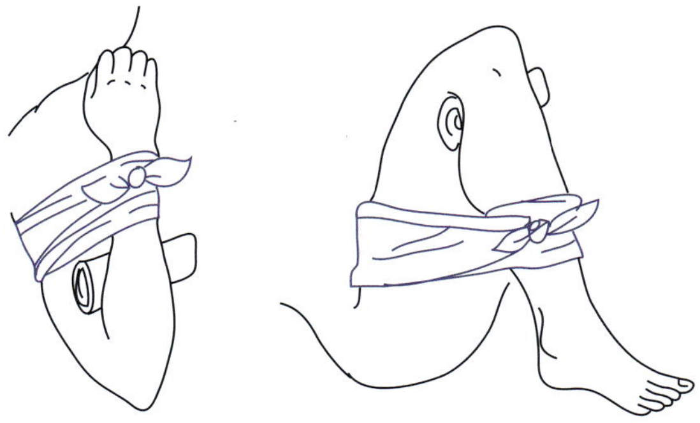

图 5-2　加垫屈肢止血法

3. 止血带止血法　材料取弹性的橡皮管、橡皮带（图 5-3）。上肢结扎于上臂上 1/3 处。下肢结扎于大腿的中部。结扎时应先将伤肢抬高，局部垫上敷料或毛巾等软织物，将止血带适当拉长，绕肢体两周，在外侧打结固定。要标明扎止血带时间，每 40 分钟放松一次。在现场可以用就便材料当止血带止血（图 5-4）。

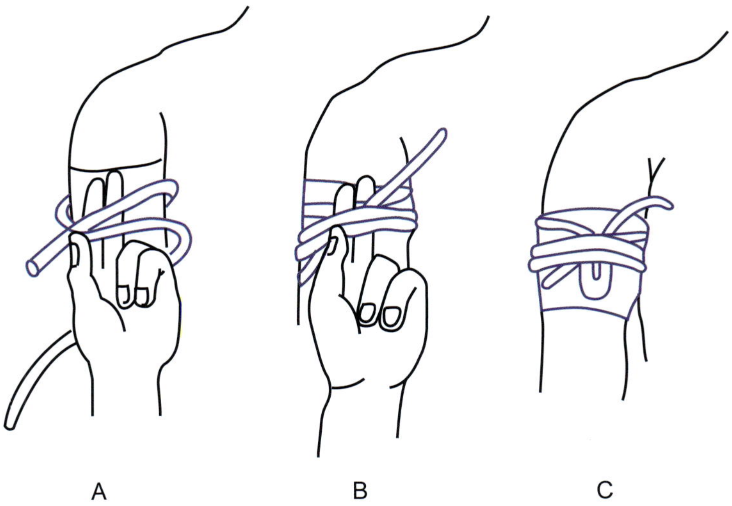

图 5-3　橡皮止血带止血法

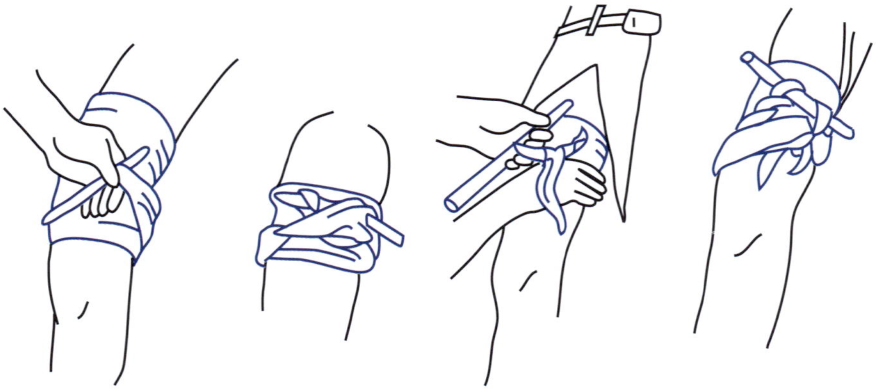

图 5-4 就便材料当止血带止血法

【注意事项】

1. 夹板固定 如伤处有骨折时，须另加夹板固定。

2. 扎紧止血带 用止血带止血，一定要扎紧，如果扎得不紧，深部动脉仍有血液流出。

3. 卡扣式脉压止血带 由亚迈森医疗发展有限公司生产的 EMSS 卡扣式止血带（图 5-5），采用优质可松紧尼龙面料和自动阀扣设计，具有操作方便快捷、美观大方等特点。在实际应用中比传统的橡胶管更实用，大大提高了压脉止血效果。特别是轻压卡扣式一次性止血带更具有优势[2]。

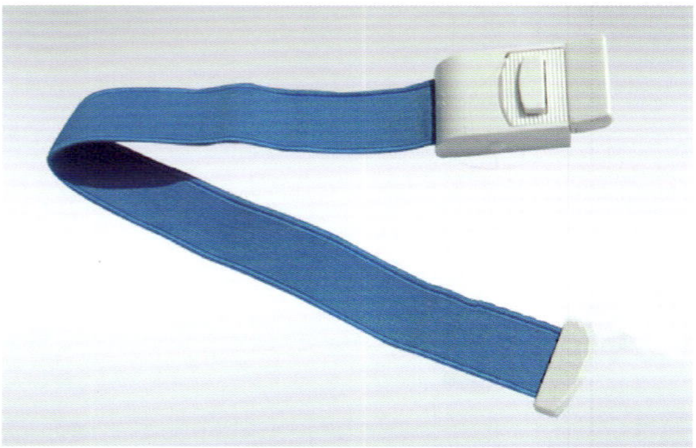

图 5-5 EF-001 卡扣式脉压止血带

（二）指压止血法

指压法是用手指压住经过骨骼表面动脉的部分，以达到暂时应急止血的目的。但是，因为动脉存在有丰富的侧支循环，故指压法一般只限于暂时性的应急止血，而且效果有限，不能持久。所以，通常是在紧急情况下在动脉投影部位先用指压止血（图 5-6），然后依具体部位和伤情再改用其他方法。

1. 头部出血 压迫面动脉或颞浅动脉可以止头面部的出血（图 5-7）。

2. 颈部出血 通常指压在第五颈椎横突水平的一侧颈总动脉，可以止住头面部的出血，但不可同时压迫双侧颈总动脉，这样会导致脑缺血（图 5-8）。

3. 肩部出血 肩部的血供来自锁骨下动脉的分支，所以指压点位于锁骨上窝、胸锁乳突肌锁骨头的外侧，向后对准第一肋骨则可压迫锁骨下动脉（图 5-9）。

4. 上肢出血 根据损伤的部位可以压迫腋动脉或肱动脉以达到上肢止血的目的。指压腋动脉可以从腋窝的中点压向肱骨头，指压肱动脉可以从肱二头肌内侧压向肱骨干（图 5-10）。

5. 手掌及手指出血 用双手拇指分别压迫在腕横纹稍上处的内侧（尺动脉）和外侧（桡动脉）处压迫止血（图 5-11）。

6. 足部出血 用双手拇指分别压迫在足中部脚腕处（足背动脉）和足跟内侧与内踝之间的胫后动脉上止血（图 5-12）。

7. 下肢出血 可以指压股动脉以止血，压迫部位以腹股沟韧带下方为常用（图 5-13）。

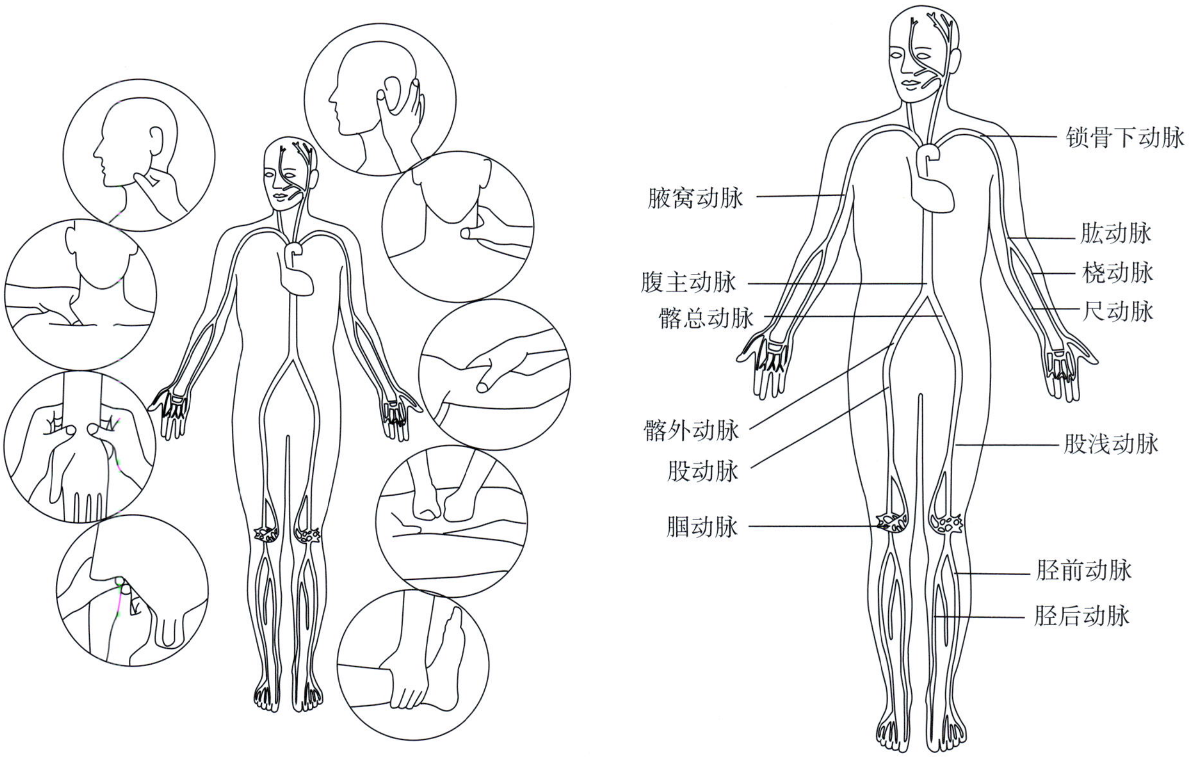

图 5-6　动脉投影部位及指压止血

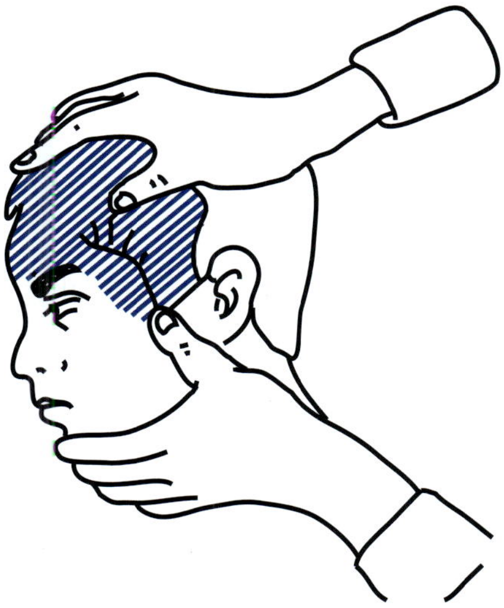

图 5-7　颞浅动脉指压止血

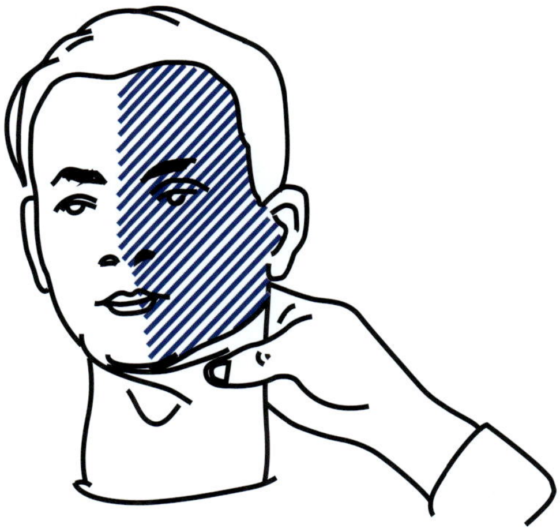

图 5-8　颈总动脉指压止血

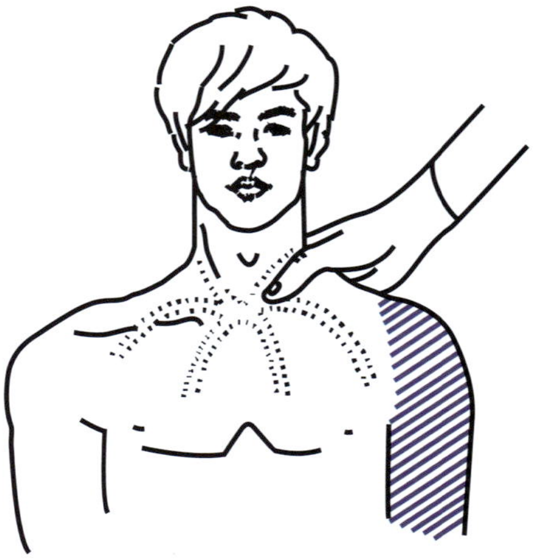

图 5-9　锁骨下动脉指压止血

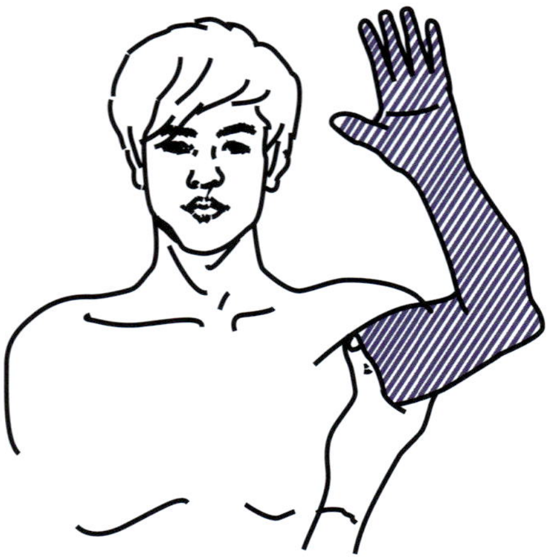

图 5-10　肱动脉指压止血

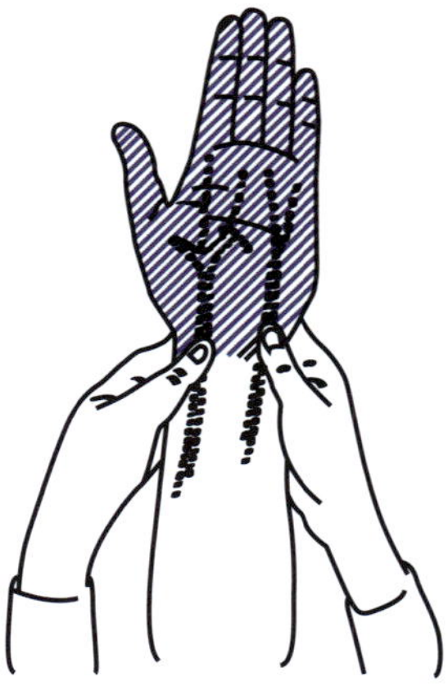

图 5-11　尺桡动脉指压止血

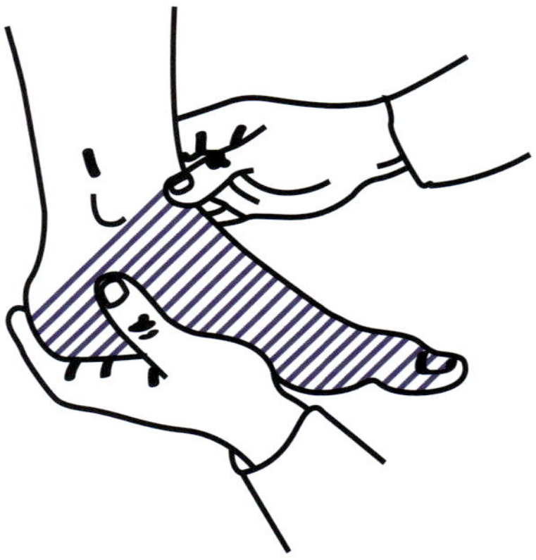

图 5-12　胫后动脉指压止血

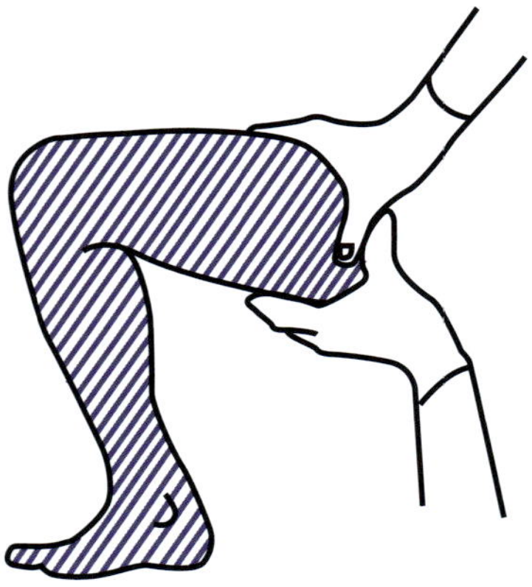

图 5-13　股动脉指压止血

二、包扎

包扎的主要目的是简易止血、保护伤口和固定。使用的材料主要有绷带、三角带等，如无上述物品，可以用清洁的毛巾、围巾、衣物替代，包扎时力量以达到止血目的为准。包扎过程中，如发现伤口有骨折端外露，切忌将骨折端还纳，否则可导致深层感染。腹壁伤致肠管外露时，应使用清洁的碗等物扣住外露肠管，达到保护目的，严禁将脱出的肠管还纳。

（一）绷带包扎法

用绷带包扎伤口，目的是固定盖在伤口上的纱布，固定骨折或挫伤，并有压迫止血的作用，还可以保护患处。

【操作要领】

1. 环形法　此法多用于手腕部，肢体粗细相等的部位。首先将绷带做环形重叠缠绕。第一圈环绕稍作斜状；第二、三圈作环形，并将第一圈之斜出一角压于环形圈内，最后用粘膏将带尾固定，也可将带尾剪成两个头，然后打结（图 5-14）。

2. 蛇形法　此法多用于夹板之固定。先将绷带按环形法缠绕数圈。按绷带之宽度作间隔斜着上缠或下缠（图 5-14）。

3. 螺旋形法　此法多用于肢体粗细相同处。先按环形法缠绕数圈。上缠每圈盖住前圈 1/3 或 2/3 呈螺旋形（图 5-14）。

4. 螺旋反折法　此法用于肢体粗细不等处。先按环形法缠绕。待缠到渐粗处，将每圈绷带反折，盖住前圈 1/3 或 2/3。依此由下而上地缠绕（图 5-14）。

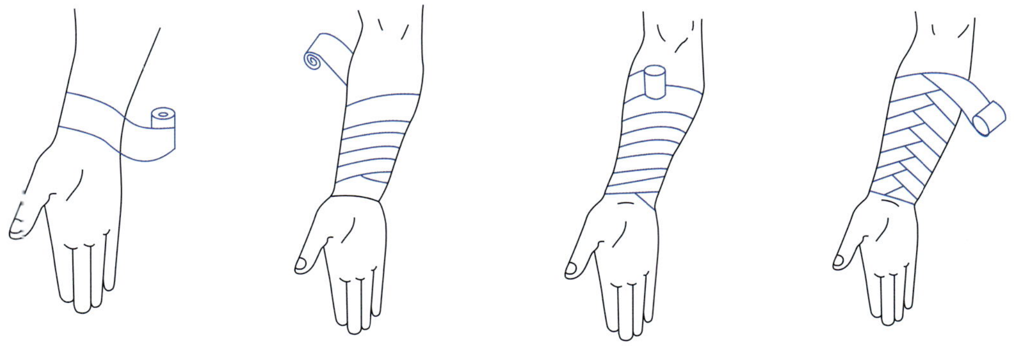

图 5-14　前臂绷带包扎法

5. "8" 字包扎法　此法用于肢体直径不一致的部位，或屈曲的关节，如肩、髋、膝等部位。以重复的"8"字形在关节上下作倾斜旋转，每周遮盖上周的 1/3 ～ 1/2（图 5-15）。

6. 回返包扎法　大多用于包扎没有顶端的部位，如指端、头部或截肢的残端（图 5-15）。

图 5-15　"8"字包扎法（A）和回返包扎法（B）

7. 不同部位的包扎法　由于身体不同部位的特殊形状，需要将上述 6 种包扎方法组合，采用不同的包扎方法。具体来说有帽式包扎法、额枕部包扎法、颈后"8"字包扎法、眼部"8"字包扎法、耳部"8"字包扎法、下颌"8"字包扎法、肩部包扎法、腋部包扎法、前臂包扎法、单指包扎法、拇指包扎法、手部麦穗包扎法、无指手套式包扎法、肘关节包扎法、膝关节包扎法、足跟包扎法、腹部包扎法、小腿及足包扎法等（图 5-16）。

8. 腹部内脏脱出的包扎　不能将脱出的内脏送回到腹腔，以避免加重腹腔内感染。

应该先使伤员仰卧屈膝，使腹肌放松，用较大块的清洁布单或毛巾盖住脱出的内脏（如果有较

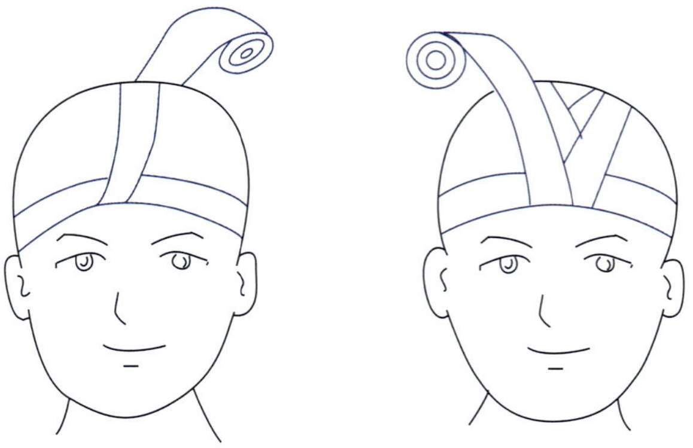

A. 帽式包扎法

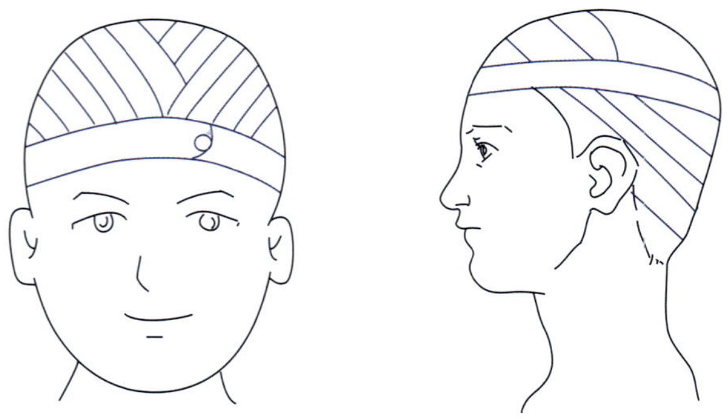

B. 额枕部包扎法

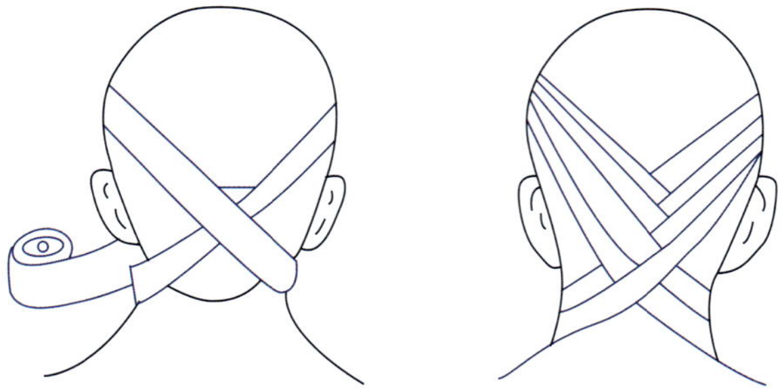

C. 颈后“8”字包扎法

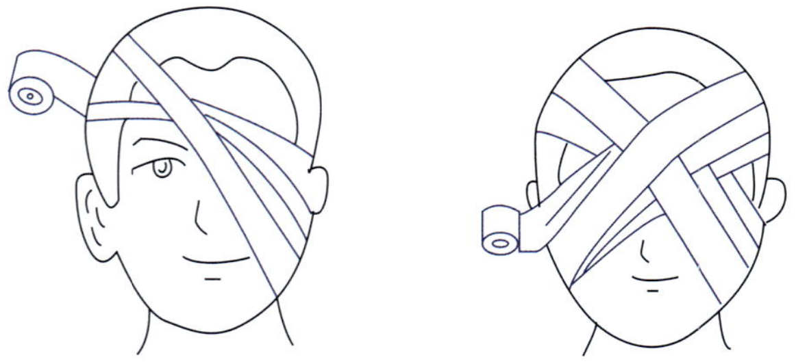

D. 眼部“8”字包扎法

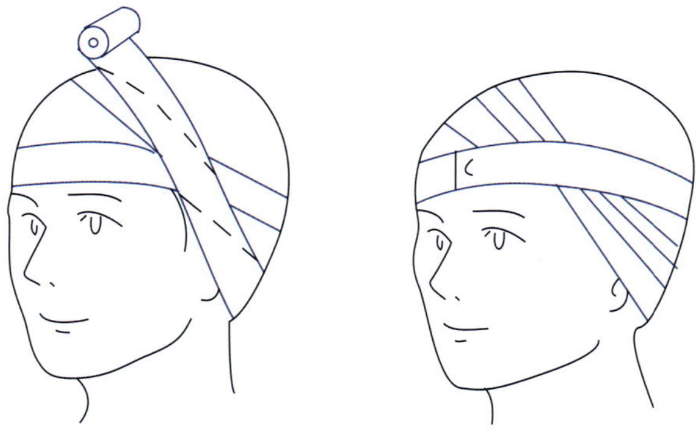

E. 耳部“8”字包扎法

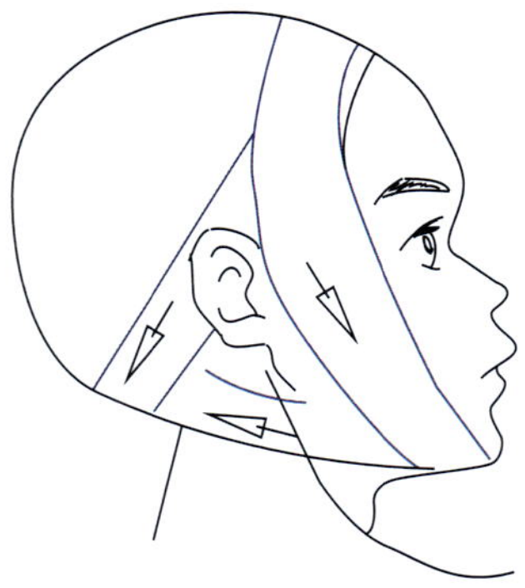

F. 下颌“8”字包扎法

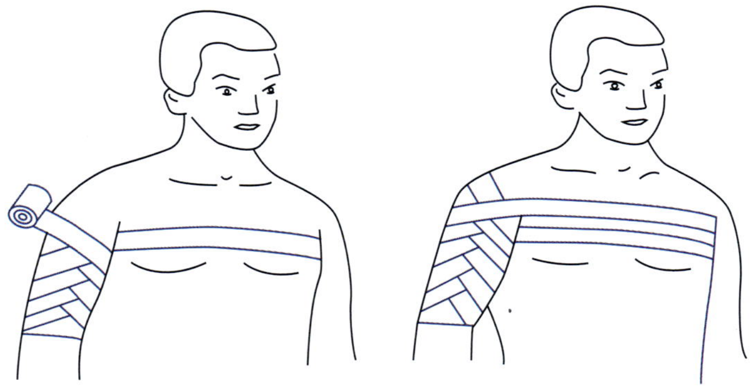

G. 肩部包扎法

图 5-16 不同部位的包扎法

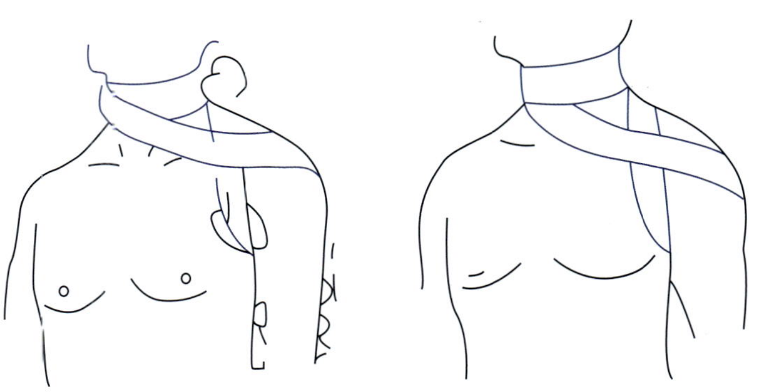

H. 腋部包扎法

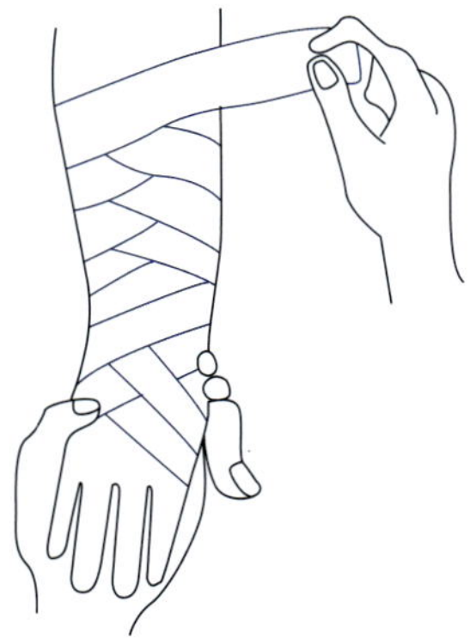

I. 前臂包扎法

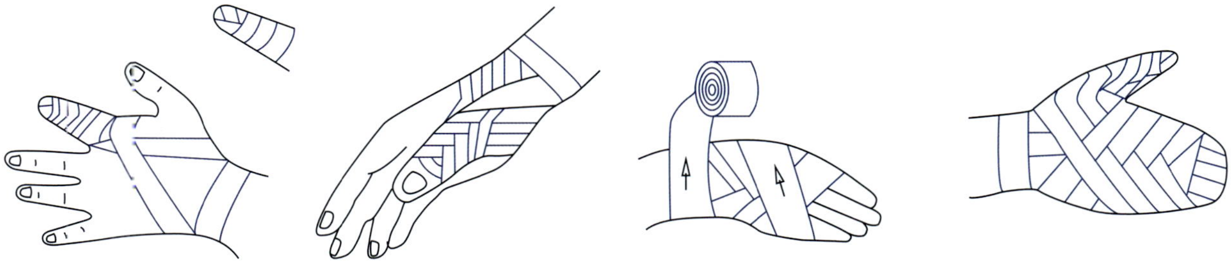

（a）单指包扎法　（b）拇指包扎法　（c）手部麦穗包扎法　（d）无指手套式包扎法

J. 手部包扎法

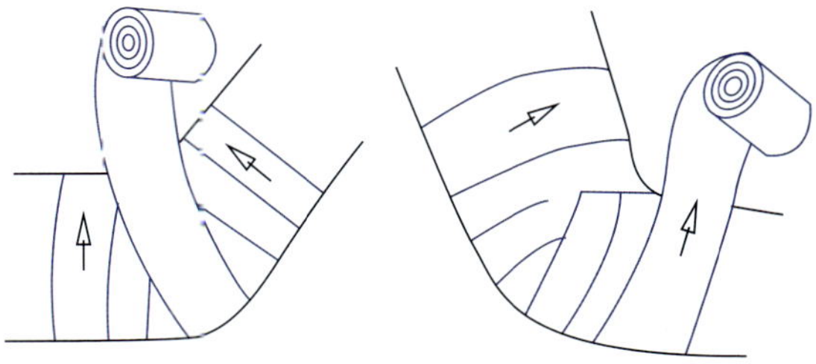

K. 肘关节包扎法

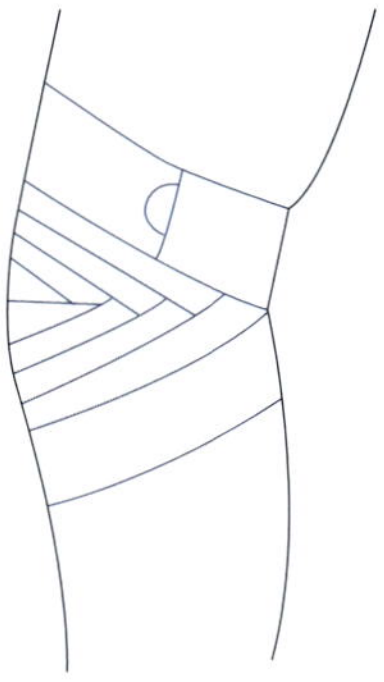

L . 膝关节包扎法

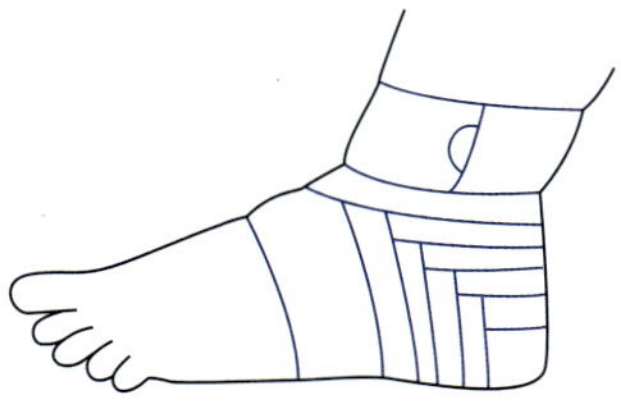

M. 足跟包扎法

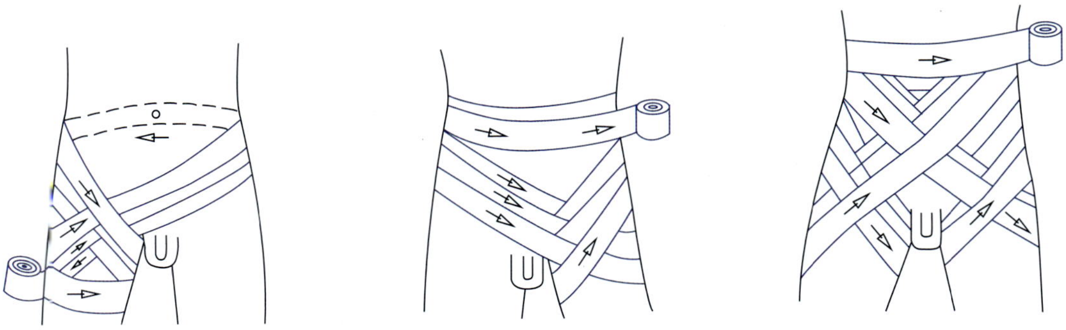

N. 腹部包扎法

图 5-16 （续）

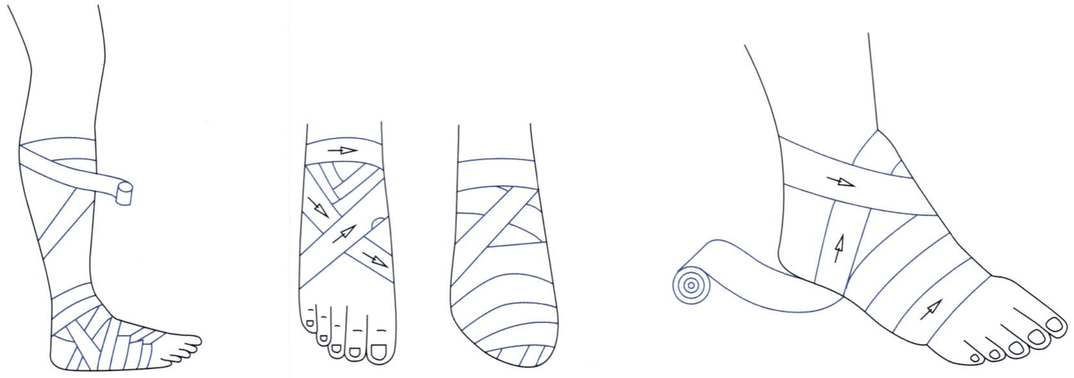

O. 小腿及足包扎法

图 5-16 （续）

清洁的食品袋覆盖更好），再用一个干净、大小合适的容器（如饭碗、小盆等）扣在上面，以保护脱出的脏器，最后用腹带、布单或衣服在容器外包扎固定。需要注意切勿使容器的边缘压住脱出的脏器，以免发生压迫坏死（图 5-17）。

9. 脑膨出的包扎 发生脑膨出的一般都是严重的颅脑外伤，伤员大部分都处于昏迷状态。因此，首先应使伤员侧卧或侧、俯中间位，解开领口和腰带，保持呼吸道通畅。对于脑膨出，先用纱布、手帕、衣服条等做成一个大小适中的保护圈，放在膨出脑组织的上面，再用清洁的敷料、布单等覆盖脑组织，然后用干净容器（如小饭碗）扣在上面，再用三角巾或其他材料包扎。注意包扎时动作要轻柔，以免损伤脑组织（图 5-18）。

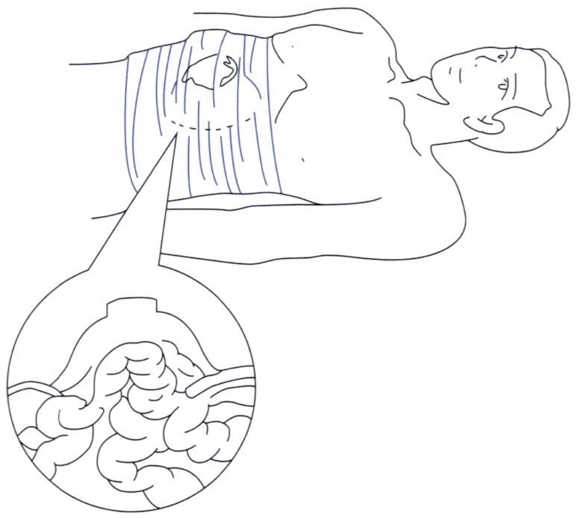

图 5-17 腹部内脏脱出的包扎

图 5-18 脑膨出的包扎

10. 开放性骨折骨折端外露的包扎 先用一块干净纱布或其他材料覆盖在外露的骨折端上，再用纱布或三角巾等作成一个环形垫。垫放在骨折断端的周围，其高度以略高于骨折断端的高度为宜。最后用绷带或三角巾呈“8”字或对角线包扎（图 5-19）。

【注意事项】

1. 打好绷带的要领 不要过紧，也不能过松。不然会引起血液循环不良或固定不住纱布。如果

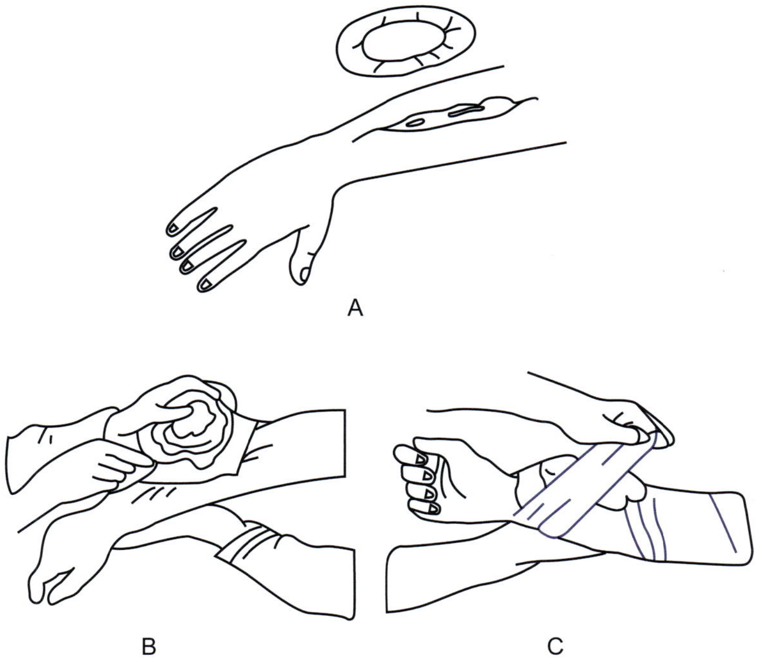

图 5-19　开放性骨折骨折端外露的包扎

没经验，打好绷带后，看看肢体远端有没有变凉、有没有水肿等情况。

2. 打结时，不要在伤口上方，也不要在身体背后，免得睡觉时压住不舒服。

3. 在没有绷带而必须急救的情况下，可用毛巾、衣服等代替绷带包扎。

三、固定

当发生骨折之后，为了使断骨不再加重对周围组织的损伤，为了减轻患者的疼痛和便于医生的诊治，在运送患者去医院的途中，应进行必要的固定。现场急救中的固定均为临时性的，一般以夹板固定为主，也可以用木板等替代，固定范围必须包括骨折邻近的关节。如现场无上述材料，可以用伤者自身进行固定，上肢骨折，可将伤肢与躯干固定，下肢骨折，可将伤侧肢体与健侧肢体固定。

（一）夹板固定

1. 锁骨骨折及肩锁关节损伤（图 5-20）

（1）单侧锁骨骨折：患者取坐位，将三角巾折成燕尾状，将两燕尾从胸前拉向颈后，并在颈的一侧打结；伤侧的上臂屈曲 90°，用三角巾兜起前臂，三角巾顶尖放在肘后，再向前包住肘部并用安全别针固定。

（2）双侧锁骨骨折　背部放丁字形夹板，两腋窝放衬垫物，用绷带做“∞”字形包扎，其顺序为左肩上→横过胸部→右腋下→绕过右肩部→右肩上斜过前胸→左腋下→绕过左肩，依次缠绕数次，以固定牢固夹板为宜。腰部用绷带将夹板固定好。

2. 前臂及肱骨骨折

（1）前臂骨骨折：患者取坐位，将两块夹板（长度超过患者的前臂肘关节至腕关节的距离）放好衬垫物，置前臂掌背侧；用带子或绷带将夹板于前臂上、下两端扎牢，再使肘关节屈曲 90°，用悬臂吊带吊起夹板（图 5-21）。

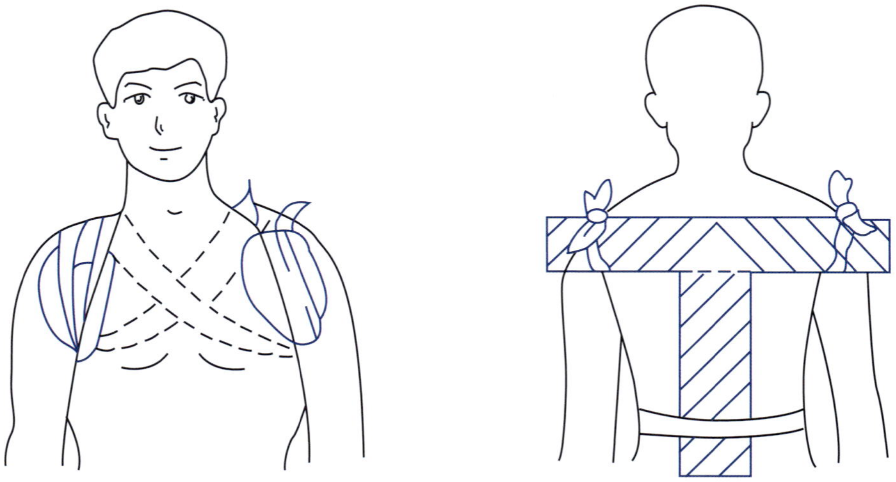

图 5-20　锁骨骨折固定

（2）肱骨骨折：患者取坐位，将两个夹板放在上臂内、外侧，加衬垫后包扎固定；将患肢屈肘后，用三角巾悬吊于前臂，做贴胸固定（图 5-22a）；如无夹板，可用两条三角巾，一条中点放于左臂越过胸部，在对侧腋下打结，另一条将前臂悬吊（图 5-22b）。

3. 踝、足部及小腿骨折

（1）踝、足部骨折：患者取坐位，使患肢呈中立位，踝周围及足底衬软垫，足底、足跟放夹板；用绷带沿小腿做环形包扎，踝部做“8”字形包扎，足部做环形包扎固定（图 5-23）。

（2）小腿骨折：患者取卧位，伸直伤肢；用两块长夹板（从足跟到大腿），做好衬垫，尤其是腘窝处，将夹板分别置于伤腿的内、外侧，用绷带或带子在上、下端及小腿和腘窝处绑扎牢固。如现场无夹板，可将伤肢与健肢固定在一起，需注意在膝关节与小腿之间空隙处

图 5-21　前臂骨骨折固定

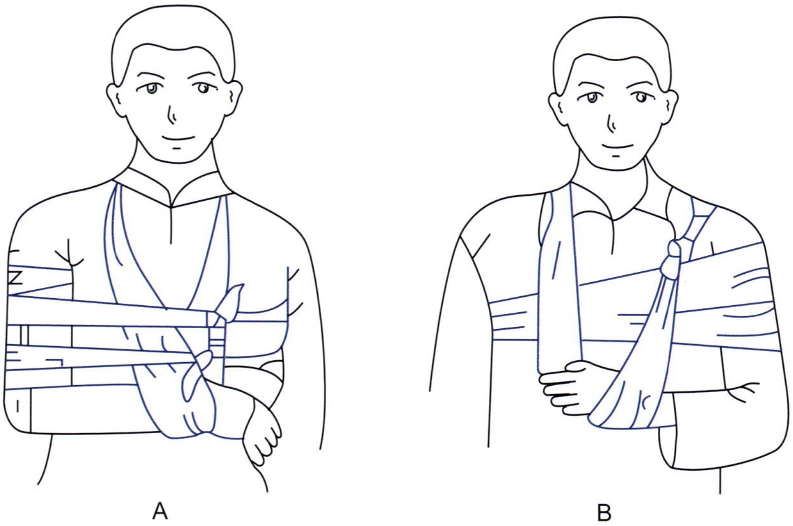

图 5-22　肱骨骨折固定

垫好软垫，以保持固定稳定（图 5-24）。

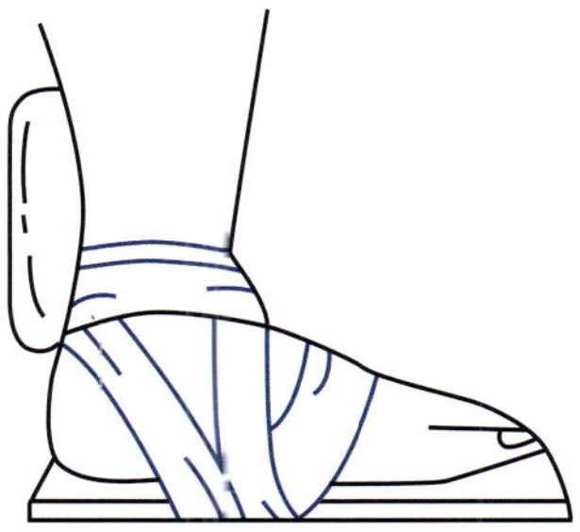

图 5-23　踝、足部骨折固定

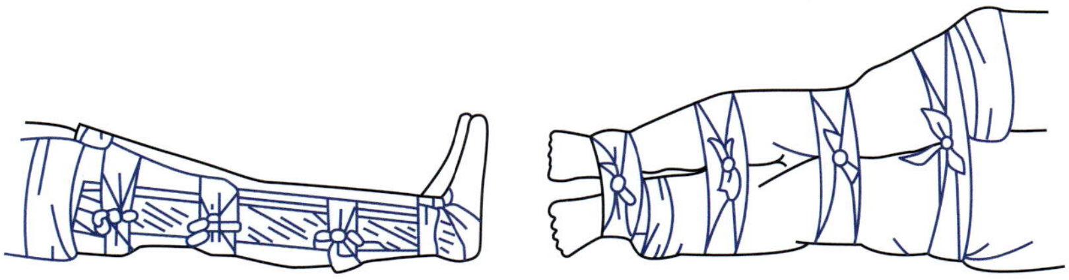

图 5-24　小腿骨折固定

4．大腿骨折固定法　将伤腿拉直，夹板长度上至腹股沟，下过脚跟。两块夹板放于大腿内、外侧；用绷带或三角巾缠绕固定（图 5-25）。

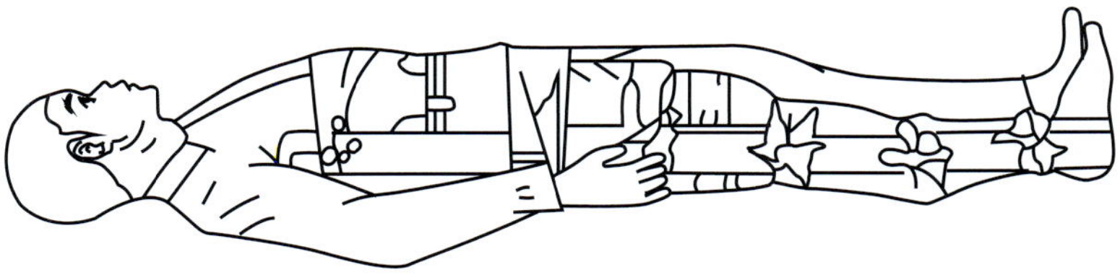

图 5-25　大腿骨折固定

5．脊柱骨折固定法　伤情多较严重。严禁乱加搬动，应轻巧平稳地在保持脊柱稳定状况下，移至硬板担架上，用三角巾固定后，及早转运。切勿扶持患者走动，或躺在软担架上，这样会使脊柱骨折加重对神经的损伤，引起终生截瘫（图 5-26）。

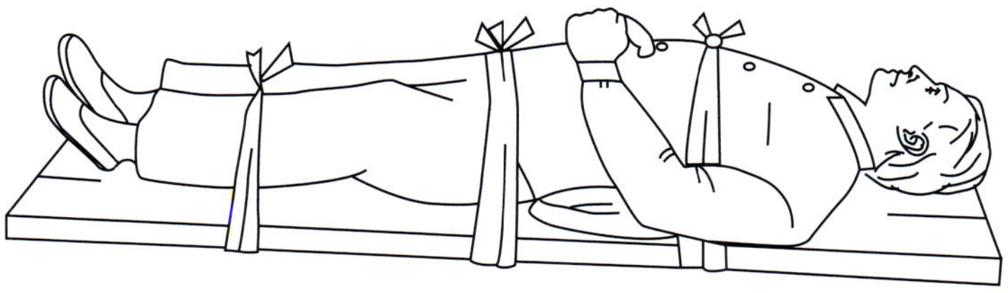

图 5-26　脊柱骨折固定

【注意事项】

1．有出血时应先止血和消毒包扎伤口，然后固定骨折。如有休克，同时进行抢救。

2．对于大腿、小腿和脊椎骨折，一般应就地固定，不要随便移动患者。

3．固定力求稳妥牢固，要固定骨折的两端和上下两个关节。

4．上肢固定时，肢体要弯曲在屈肘状。下肢固定时，肢体要伸直。

（二）负气压式骨折固定保护气垫

此气垫是采用真空成型原理，将气垫内空气抽出，形成硬性固定的一种成型体。分为躯体、肢干和颈椎固定，以对不同体型骨折、骨伤患者提供固定支撑保护作用，适用于现场和群体骨伤骨折的急救护理及转送医院前的骨折处理，具有快速简便、无压迫感、不影响末梢循环、减轻伤体肿胀及疼痛感等优点，在送医院途中可预防受伤部位再次受伤（图 5-27）。

图 5-27　空气负压夹板

【使用方法】

1．打开包装箱，按照伤员身材，选取相应尺寸的固定气垫。

2．将气垫缠于伤员的受伤部位后锁紧固定带，再接好尼龙搭扣。

3．用抽气筒通过抽气嘴抽出空气。

4．待固定气垫固定后，检查有无过松或过紧（以患者无压迫感为度，对无意识者以能够在气垫下伸入一手指为度），然后送往医院。

【注意事项】

1．防止尖锐物品扎伤固定气垫表层的复织物。

2．使用时防止漏气，如发现气垫变软，应立即抽出空气。

3．在进行 X 线透视或照相时不必松解固定气垫。不用时可松开气门，待气垫松软后即可取下。

4．可以多次使用，但为防止交叉感染，每次使用后必须消毒处理。

四、转运

伤病员在现场进行初步急救处理和随后送往医院的过程中，要经过转运这一重要环节。正确的

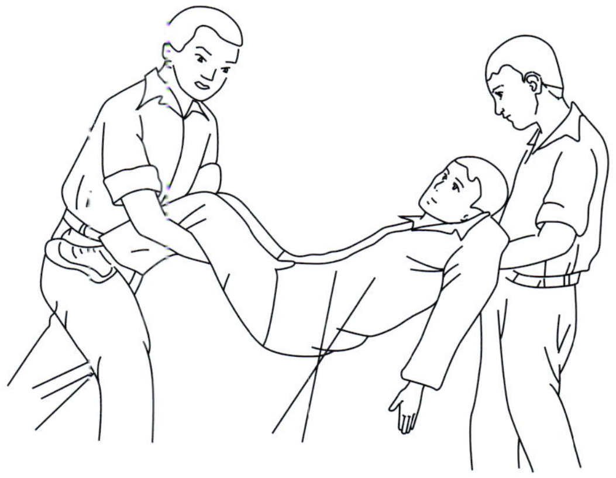

图 5-28　错误搬运方法

转运方法对伤病员的抢救、治疗和预后都至关重要。从整个急救过程来看，转运是急救医疗不可分割的重要组成部分，仅把转运看成简单体力劳动的观念是一种错误观念。大量的教训证明，及时正确的转运可挽救伤者生命，不正确的转运可导致前功尽弃。

一般来说，伤员是不可以轻易搬动的，如先把伤员从事故现场搬开，是急救的大忌。如果危险可能继续发生，确实需要搬动则要特别注意技巧。

骨折的伤员在搬动前要确定伤肢不会移动，否则会导致血管和神经在搬动时受到伤害。

如果颈椎和腰椎受到冲击，则最好让专业医护人员搬动或采取多人平托法搬运，因为脊柱中有很多神经，不当搬动有可能造成永久性伤害，甚至瘫痪。对于有脊柱伤或怀疑有脊柱伤者，搬动必须平稳，防止出现脊柱弯曲，严禁背、抱或二人抬（图 5-28）。

对于颈椎受伤者，必须固定其头部。

昏迷伤者的转运，最为重要的是保持伤者的呼吸道通畅，伤者应头侧向一侧，要随时观察伤者，一旦出现呕吐，应及时清除呕吐物，防止误吸。

对于使用止血带的伤者，应定时松开止血带，再重新固定。

【搬运方法】

1. 徒手搬运

（1）单人搬运：由一个人进行搬运。常见的有扶持法、抱持法、背法。

（2）双人搬运法：椅托式、轿杠式、拉车式、椅式搬运法、平卧托运法（图 5-29）。

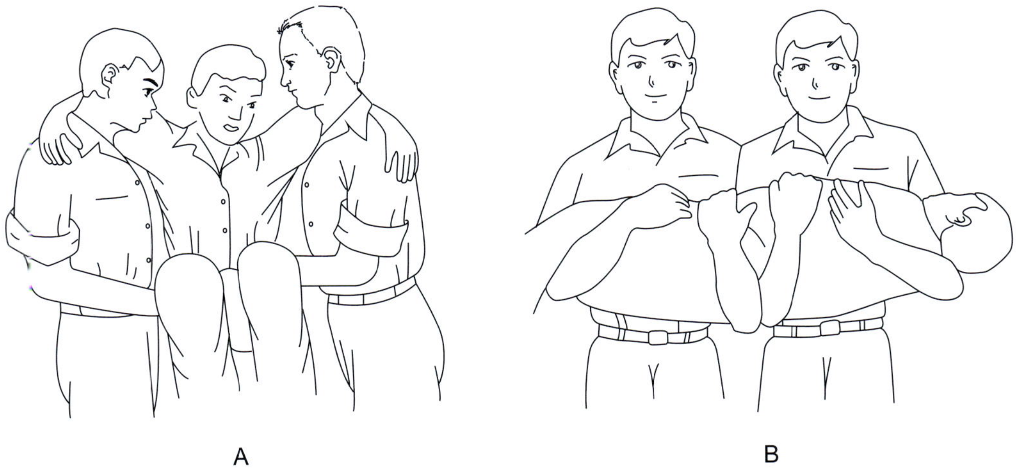

图 5-29　双人椅托式（A）和平卧托运法（B）

2. 器械搬运法　将伤员放置在担架上搬运，同时要注意保暖。在没有担架的情况下，也可以就地取材制作简易担架搬运。

3. 危重伤病员的搬运

（1）脊柱损伤：硬担架，3 ～ 4 人同时搬运，固定颈部不能前屈、后伸、扭曲（图 5-30）。

（2）颅脑损伤：半卧位或侧卧位。

（3）胸部伤：半卧位或坐位。

（4）腹部伤：仰卧位、屈曲下肢，宜用担架或木板。

（5）呼吸困难伤病员：坐位。最好用折叠担架（或椅）搬运。

（6）昏迷伤病员：平卧，头转向一侧或侧卧位（图 5-31）。

（7）休克伤病员：平卧位，不用枕头，脚抬高。

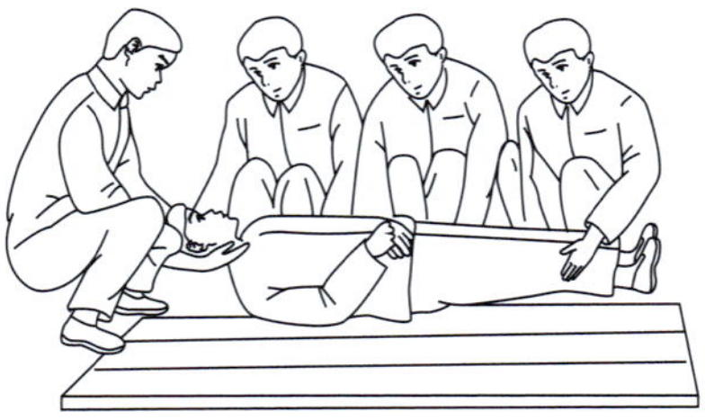

A. 颈椎损伤伤员上、下担架

B. 即使在担架上也用沙袋固定

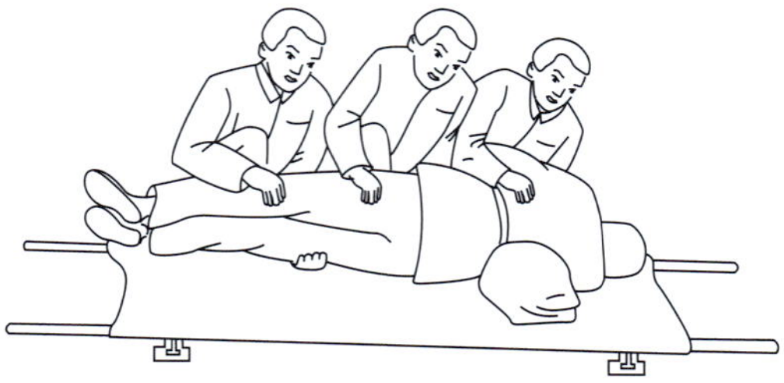

C. 胸腰椎伤员上、下担架

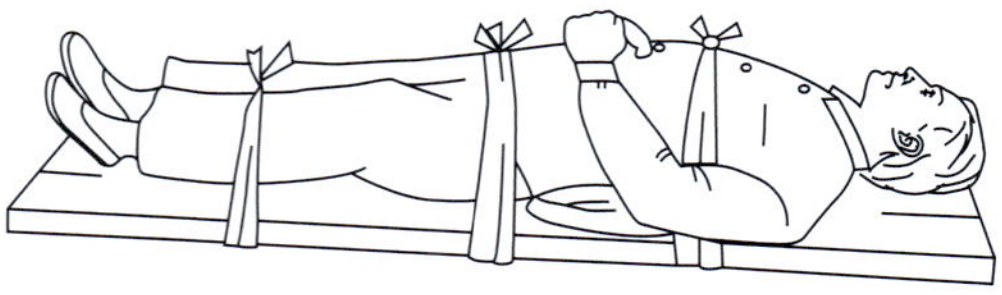

D. 将胸腰椎伤员固定在担架上

图 5-30　脊柱损伤的搬运方法

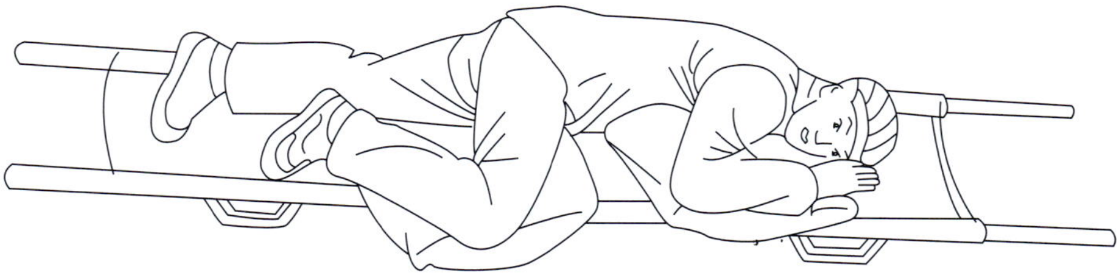

图 5-31　昏迷或有窒息危险的伤员搬运时取侧俯卧位

第二节　现场急救注意事项

1．在矿工实施互救时，应是在有效自救的前提下，妥善地救助他人及伤员，防止扩大灾情。

2．进行急救时，不论伤者还是救援人员都需要进行适当的防护。这一点非常重要！特别是把伤者从严重灾区救出时，救援人员必须加以预防，避免成为新的受害者。

3．将受伤人员小心地从危险的环境转移到安全的地点时，应至少 2 ~ 3 人为一组集中行动，以便互相监护照应，所用的救援器材必须是防爆的。

4．因为瓦斯是一种无色、无臭、无味、易燃、易爆的气体，一旦瓦斯的浓度在5.5%以上时，遇明火即能发生爆炸。瓦斯爆炸会产生高温、高压、冲击波，并放出有毒气体。因此，在现场急救时，应倍加注意二次爆炸的发生。当听到或看到瓦斯爆炸时，应背对爆炸地点迅速卧倒，如眼前有水，应俯卧或侧卧于水中，并用湿毛巾捂住口鼻。

5．急救处理程序化，遵守“先救后送，边救边送”的原则。

6．要沉着冷静。首先迅速、正确地佩戴好自救器，保证呼吸道不受伤害，保存生命，不可惊慌失措、束手待毙。只要还有一口气，就要为自己的生命而拼搏。

第三节　现场救护不当之后果

在各种灾难性事件的急救过程中，很多人对于各种损伤由于缺乏相关的知识，加之救人心切，使用了一些错误的方法对伤者进行止血、包扎、固定、搬运，或者为减轻疼痛，习惯用手揉捏并按摩受伤部位，结果导致了十分严重的后果。

一、截瘫

脊柱部位的骨折、脱位，随意搬动可以造成骨折脱位加重而导致截瘫。颈椎部位的骨折可以造成四肢高位截瘫；胸腰部骨折，不恰当的搬运可以损伤腰脊髓神经，发生下肢截瘫。比如，煤矿井下工人受伤后，工友们为了及早使伤者升井得到妥当的救治，常常把伤者从低矮的掌子面背负着进行搬运，结果导致了原没有神经症状的脊柱骨折者发生了截瘫。

二、出血

对于骨盆、锁骨或四肢骨折者，随意乱搬动会刺破局部血管导致出血，甚至是危及生命的大出血。或者可以使已经停止出血的骨折断端再次出血。如锁骨粉碎性骨折，揉捏可以伤及锁骨下动脉；肋骨骨折，随意搬动可致骨折断端刺破肺，发生血胸、气胸、纵隔及皮下气肿等；肱骨外科颈骨折，揉按可以伤及腋动脉；肱骨髁上骨折，揉压可以伤及肱动脉；股骨下段骨折，乱动可损伤股动脉。

三、损伤神经

四肢的长骨干骨折，其骨折断端会像刀子一样锋利。在此状态下，揉捏按压除可造成出血外，还可以使骨折端刺伤或切断周围神经，从而造成神经麻痹，导致肢体局部功能丧失。

四、休克

严重的骨折，如大腿、骨盆或多发性肋骨骨折合并内脏损伤时，由于失血和疼痛，伤员可发生休克。如果再施以搬运颠簸就会进一步加重休克，甚至造成伤者死亡。也有的长时间被困井下的工人，虽说没有任何外伤，但一旦被解救出来，由于精神崩溃或应激反应，也会出现休克，这时如果还继续让他行走，就会使休克加重，甚至心搏停止。

五、感染

不论是身体什么部位的开放伤，如四肢开放性骨折、胸腹开放伤，如果用不洁净的衣物、敷料盲目包扎，会将细菌带入伤口中，导致伤口感染，甚至产生败血症、脓毒血症、骨髓炎等，造成严重后果。

六、二便障碍

对于骨盆骨折，特别是耻骨坐骨支的骨折，如果搬运不当，扭转肢体，骨折端很容易造成男性尿道的断裂或挫伤，甚至直肠挫伤，从而引起排便、排尿困难。

七、合并伤

脱位后随意按捏也是危险的，比如肩关节脱位，有些人企图自己复位，或请非医生帮助复位。由于他们都不了解复位的机制，没有麻醉药物的辅助，复位不仅几乎不可能，而且容易合并局部肱骨外科颈骨折和血管、神经损伤。

八、骨坏死

如果股骨颈、腕骨骨折后翻动搬抬，可以损伤仅存的关节囊血管和骨干的滋养血管，从而导致股骨颈的血运严重破坏，不仅可以造成骨折愈合困难，而且可能导致股骨头无菌性坏死。

九、肢体坏死

肢体受伤后，特别是合并骨折后，局部肿胀非常严重。此时如果固定不当，使用大量敷料包扎，虽然可能暂时有一定的止血效果，但时间不久，会导致肢体麻木，超过 2 小时就可能导致肢体缺血性坏死，临床上称为筋膜间隙综合征和 Volkman 挛缩综合征。

（刘　勇　刘　昊　白俊清）

参考文献

[1] 白俊清，张柳，刘英杰，等．现场急救四要素．见：程爱国，张柳，白俊清主编．实用矿山医疗救护．北京：北京大学医学出版社，2007，66-124．
[2] 殷素华．轻压卡扣式一次性止血带的优势．中华现代护理杂志，2011，17（10）：67-68．

第六章

矿山特征性外伤的现场急救

第一节　矿山创伤的特征性

一、矿山事故分类

矿难是指在采矿过程中发生的事故，通常造成伤亡的危险性极大，世界上每年至少有几千人死于矿难。地下开采的煤矿矿难最为常见，所导致的伤亡也最为严重。

在煤炭开采过程中，瓦斯爆炸、煤尘爆炸、煤与瓦斯突出、中毒、窒息、矿井火灾、透水、顶板冒落、塌方等多种灾害事故时有发生。但常见的矿难有以下三种：爆炸事故、透水事故、冒顶与塌方事故。

（一）爆炸事故

此类事故有瓦斯爆炸和煤尘爆炸两种，其中以瓦斯爆炸为主，两者的毁伤效应基本相同。爆炸对人体的伤害包括爆震伤、烧伤、巷道坍塌所导致的创伤和有害气体中毒等多发伤和复合伤。当氧气耗尽时还会产生窒息。因井下通道和设施损毁长时间滞留还将进一步产生其他问题。

（二）透水事故

此类事故是指矿井在建设和生产过程中，由于防治水措施不到位而导致地表水和地下水通过裂隙、断层、坍塌区等各种通道无控制地涌入矿井工作面，造成作业人员伤亡或矿井财产损失的水灾事故。透水对人体的伤害主要有淹溺、水流冲击所导致的创伤及由此引起的热量摄取中断等次生伤害。此外，长时间在低于体温的水里浸泡会导致人体热量不断丧失而危及生命。

（三）冒顶与塌方事故

此类事故是指在采矿过程中顶板岩石发生坠落的生产性事故，其对人体的伤害主要有砸伤、掩埋、与外界隔绝，还可以导致由此而引发的一系列继发性伤害。

二、现场急救的定义与目的

急救现场处理也叫现场抢救或入院前急救，是指伤员在未到达医院前得到的及时有效的紧急施救。

创伤现场环境各种各样，均为突发事件，现场条件差，给救护带来困难。明确现场救护目的，有助于迅速选择救护方法，从而正确救护，防止惊慌失措，延缓抢救。现场救护是转向医院进一步治疗的基础，其目的是：

（一）维持生命

创伤伤病员由于重要脏器损伤（心、脑、肺、肝、脾及脊髓损伤）及大出血导致休克时，可出现呼吸、循环功能障碍。在心搏骤停时，现场救护要立即实施心肺复苏，为医院进一步治疗赢得时间。

（二）减少出血，防止休克

严重创伤或大血管损伤出血量大。血是生命的源泉，现场救护要迅速用一切可能的方法止血，有效的止血是现场救护的基本任务。

（三）保护伤口

开放性损伤的伤口要妥善包扎。保护伤口能预防和减少伤口污染，减少出血，保护深部组织免受进一步损伤。

（四）固定骨折

现场救护要用最简便有效的方法对骨折部位进行固定，以减少骨折端对神经、血管等组织结构的损伤，同时缓解疼痛。颈椎骨折如予妥善固定，对防止搬运过程中脊髓的损伤具有重要意义。

（五）防止并发症及伤势恶化

现场救护过程中要注意防止脊髓损伤、止血带过紧造成肢体缺血坏死、胸外按压用力过猛造成肋骨骨折，以及骨折固定不当造成血管、神经损伤及皮肤损伤等并发症。

（六）快速转运

现场经必要的止血、包扎、固定后，用最短的时间将伤员安全地转运到就近医院。

三、现场急救的原则

现场急救总的原则是采取及时有效的措施和技术，最大限度地减少伤者的痛苦，降低致残率和死亡率，为入院抢救打好基础。由于伤员的创伤程度各不相同，救护时要根据现场条件和伤情采取不同救护措施。尽管如此，创伤的现场救护又有其共同规律，为了更好地完成这一任务，还必须遵守以下 8 条原则。

1. **树立整体意识**　重点、全面了解伤情，避免遗漏，注意保护自身和伤病员的安全。

2. **先抢救生命**　重点判断伤员是否有意识、呼吸、心脏搏动。如呼吸、心搏骤停，首先进行心肺复苏。

3. **检查伤情**　快速有效止血。

4. **先复苏后固定**　遇有心搏呼吸骤停又有骨折者，应首先用心脏按压和口对口呼吸等技术使心、肺、脑复苏，直到心搏、呼吸恢复后，再进行固定骨折。先固定颈部，再固定四肢。

5. **先止血后包扎**　当遇到大出血又有创口者，首先立即用指压、止血带或药物等方法止血，接着再消毒创口进行包扎。而且是优先包扎头、胸、腹部伤口以保护内脏，然后包扎四肢伤口。

6. **先救后送、边救边送的原则**　过去遇到伤者，多数是先送后救，这样常耽误了抢救时机，致使不应死亡者丧失了性命。现在应颠倒过来：先救后送。在送伤者到医院途中，不要停止给予抢救措施，继续观察病伤变化，少颠簸，注意保暖，平安送达目的地。

7. 操作迅速准确，动作轻巧，防止损伤加重，关心体贴伤病员。

8. 救护者尽可能佩戴个人防护用品，戴上医用手套或用几层纱布、干净的毛巾、手帕、塑料袋等替代。

第二节　矿井下压埋伤的急救

掌子面是开挖坑道时，不断向前推进的工作面。在其挖掘过程中，常常因发生塌方而造成压埋伤（crush injury）。压埋伤一般都较重，内脏破裂、出血及骨折、瘫痪、窒息等情况都可能发生。因此，对压埋伤必须争分夺秒地抢救。

一、压埋伤救援注意事项

1．当伤员完全被矸石掩埋时，抢救者应先确定伤员的被埋位置，不要盲目乱挖，以免耽误时间。挖找时忌用铁器等硬物猛挖、锤击，只能将土、石轻轻扒开。

2．挖找时应尽快使伤员的头部显露。伤员露出头部后，迅速将其口、鼻处泥尘除净，以保证其呼吸通畅。

3．当伤员部分身体露出后，切不可生拉硬拽，而应将矸石或重物清除，使伤员彻底外露，再逐步将其移出，否则被压埋者易致骨折或造成下半身截瘫，或造成新的撕裂伤。

4．伤员救出后，如呼吸、心脏搏动已停止，应立即行心肺复苏，直至伤员恢复呼吸与心脏搏动或确已死亡为止。

5．伤员的呼吸、心脏搏动恢复后，应迅速检查伤员身体，了解受伤部位及伤口情况，注意有无骨折、瘫痪、出血。若有，按本书中介绍的有关方法对症处理。

6．为防止伤员发生并发症，应尽快清洗伤员的眼、鼻、口、耳及身上的煤尘、污物，同时迅速安全升井运送医院处理。

二、骨折现场急救基本原则

压埋伤者最容易发生骨折。一旦怀疑有骨折，应尽量减少患处的活动，转送时尽量用硬板床。下面是骨折后急救的 5 个原则。

（一）抢救生命

严重创伤现场急救的首要原则是抢救生命。如发现伤员心脏搏动、呼吸已经停止或濒于停止，应立即进行心肺复苏；昏迷伤员应保持其呼吸道通畅，及时清除口咽部异物；伤员有意识障碍者可用力按压或针刺人中、百会等穴位；开放性骨折伤员伤口处可有大量出血，一般可用敷料加压包扎止血。严重出血者若使用止血带止血，一定要记录开始使用止血带的时间，每隔 30 分钟应放松 1 次（每次 30 ~ 60 秒），以防肢体缺血坏死。如遇有生命危险的骨折伤员，应快速运往医院救治。

（二）伤口处理

开放性伤口的处理除应及时恰当地止血外，还应立即用消毒纱布或干净布包扎伤口，以防伤口继续被污染。伤口表面的异物要取掉，外露的骨折端切勿推入伤口，以免污染深层组织。有条件者最好用高锰酸钾溶液、聚维酮碘等消毒液冲洗伤口后再包扎、固定。

（三）简单固定

现场急救时及时正确地固定断肢，可减少伤员的疼痛及周围组织继续损伤，同时也便于伤员的搬运和转送。但急救时的固定是暂时的。因此，应力求简单而有效，不要求对骨折准确复位；开放性骨折有骨端外露者更不宜复位，而应原位固定。急救现场可就地取材，如木棍、板条、树枝、手杖或硬纸板等都可作为固定器材，其长短以固定住骨折处上下两个关节为准。如找不到固定的硬物，也可用布带直接将伤肢绑在身上，骨折的上肢可固定在胸壁上，使前臂悬于胸前；骨折的下肢可同健肢固定在一起。

（四）必要的止痛

严重外伤后，强烈的疼痛刺激可引起休克，因此应给予必要的止痛药。可给予口服止痛片，也可注射止痛剂，如吗啡 10 mg 或哌替啶 50 mg。但有脑、胸部损伤者不可注射吗啡，以免抑制呼吸中枢。

（五）安全转运

经以上现场救护后，将伤员迅速、安全地转运到医院救治。转运途中注意动作轻稳，防止震动和碰坏伤肢，以减少伤员的疼痛；注意其保暖和适当的活动。

第三节　挤压伤现场急救

一、挤压伤的定义

挤压伤（crush injury）广义是指机体任何一个部位受到挤压，使组织结构的连续性受到破坏和功能障碍。但是临床上所提的挤压伤特指人体肌肉丰富的部位，如四肢、躯干，受压榨或挤压后所造成的损伤。通常受压肌肉组织大量变性、坏死，组织间隙渗出、水肿。表现为受压部位的肿胀，感觉迟钝或缺失，运动障碍，以及肌红蛋白血症和一过性肌红蛋白尿，进一步可进展为高钾血症及以肌红蛋白尿为特征的急性肾衰竭。

二、临床特征及处理

挤压伤常可见于手、脚被钝性物体如砖头、石块、门窗、机器或车辆等暴力所致挤压伤；也可见于爆炸冲击所致的挤压伤，这些伤害常常伤及内脏，造成胃出血、肝脾破裂等；更严重的挤压伤见于地震、房屋倒塌、建筑事故等引起的压埋伤。

（一）手指、脚趾挤压伤

可见指（趾）甲下血肿，呈黑紫色；也可为开放性损伤，甚至有骨折。应立即用冷水或冰块冷敷受伤部位，以减少出血和减轻疼痛；后期可用热敷以促进淤血的吸收。对甲下积血应及时排出，不仅可以止痛，还可减少感染，以保留指甲。

（二）内脏及肢体伤

应密切观察有无呼吸困难、脉搏细数、血压下降等改变，及时送往医院救治。肢体挤压伤严重肿胀者，应及时行切开减压术，以保证肢体的血液循环，防止肢体坏死。

（三）筋膜间隔综合征

筋膜间隔综合征（fascial compartment syndrome，CS）是指四肢肌肉和神经都处于由筋膜形成的间隔中，筋膜间隔内压力增加时，会影响该处的血液循环及组织功能，最后导致肌肉缺血坏死，神经麻痹，甚至危及生命。造成筋膜间隔内压升高有多种原因，如重物挤压、包扎过紧、肢体长时间受压，以及血管损伤而致血肿，肌肉过度活动后发生肿胀等，都将使筋膜间隔内和全身发生一系列的病理生理变化。

1. 临床表现 初期可有伤肢间歇的麻木和异样感，之后为深部广泛而剧烈的进行性灼痛，向远端放散，远端动脉搏动减弱。缺血持续 12 小时以上，将导致肢体功能障碍，如肌肉挛缩、感觉消失、运动无力、远端动脉搏动消失等。早期因症状不明显，易被贻误，应密切观察伤肢局部变化。骨折复位后，无论用棉垫绷带包扎或用石膏外固定，都应密切观察伤肢远端血供情况，即皮肤颜色、温度和远端动脉搏动，包括上肢桡动脉或下肢足背动脉。

2. 急救原则 对肢体肿胀严重者，应注意外固定包扎的松紧度。局部敷用消肿散以助消肿。如肿胀异常，应立即松解外固定及敷料，制动伤肢，切忌按摩和热敷。经一段时间观察血循环仍不改善，应及时手术切开减压，以确保肢体安全。晚期，伤肢有严重血运障碍或无血运，肢体确定无功能，有全身中毒症状，经过减张引流后仍不缓解，或合并气性坏疽者，应截肢，以免发生致命性并发症。

（四）挤压综合征

当四肢或躯干肌肉丰富的部位被外部重物长时间挤压，或长期固定体位的自压，解除压迫后出现以肢体肿胀、肌红蛋白尿、高血钾症为特点的急性肾衰竭，称为挤压综合征。多在意外事故、自然灾害及战争时发生。

1. 临床表现 以全身变化为重，而局部只有肢体肿胀、皮肤压痕、皮下淤血及周围水疱。有时外观可无明显变化，早期常延误诊治。全身变化可有休克、肌红蛋白尿、肾衰竭、高钾血症、酸中毒。特点是病情重，变化快，伤后应详细询问挤压时间及伤情，密切观察血压、脉搏及尿色、尿量，注意伤肢肿胀情况，局部皮肤颜色、温度，伤肢感觉及运动情况，如有阳性体征，要警惕挤压综合征的发生并及时处理。

2. 急救原则

（1）在事故或战场中，急救人员应迅速进入现场，积极抢救伤员，尽早解除重物挤压。对伤肢要制动，尤其对尚能行动的伤员要说明活动的危险性。

（2）伤肢应暴露在凉爽空气中或用凉水降低伤肢温度，降低组织代谢，减少毒素吸收。伤肢禁止抬高、按摩或热敷，以免加重损伤肌肉的缺氧。

（3）挤压的伤肢有开放伤口出血，应予止血，但禁忌加压包扎，更不可用止血带。

（4）早期可采用预防性措施，对大批伤员都可服用碱性饮料，如不能进食者，用 5% 碳酸氢钠静脉滴注，可碱化尿液，避免肌红蛋白在肾小管中沉积。

（5）及时补充血容量，预防休克，及时补充电解质，维持水、电解质平衡，但要注意正确补液，记录出入量，以保证出入量平衡。并监测血 Cl^-、Na^+、K^+、尿素、肌酐等。

（6）对开放伤口出血者，可输红细胞悬液、新鲜血浆。

（7）限制高钾食物和药物摄入，以避免高钾血症。

第四节　煤矿瓦斯爆炸伤害现场急救

煤矿瓦斯爆炸（gas explosion），常被称之为矿毁人亡的矿难，其危害性位居煤矿瓦斯爆炸、煤矿井下透水、火灾、煤尘燃烧、冒顶与塌方等重大事故之最，是和平时期能量巨大的严重创伤之一。因此，应当引起煤矿创伤急救工作者高度重视，大力加强瓦斯爆炸伤紧急医疗救治。

一、瓦斯爆炸伤害的特点

（一）突然瞬间，众多人员同时受伤

瓦斯爆炸伤为突发性，众多伤员成批集中到医院。由于井下作业人员多，大都难以避免受到伤害，少则数人、数十人，多则上百人甚至更多。这时对瓦斯爆炸的情况往往不太清楚，伤员受伤的具体原因、损伤机制不明确，伤员大多也不能提供受伤情况，加之灾害损伤的情况紧急，时间短促，伤员多，任务重，分诊不可能十分准确，需要进一步认真检查，做出初步临床诊断，有时需要会诊。

（二）瓦斯爆炸伤是典型的复合性损伤

1. 造成爆震伤（冲击伤） 瓦斯爆炸释放巨大能量，借助于介质（空气）迅速形成高压，在煤矿井下产生 10 个以上大气压，造成强大的冲击波向四周播散，其速度可达 2000 m/s，它像声波一样，能绕过障碍物，对人体形成冲击伤。冲击波压力峰值为 0.14 ～ 0.35 kg/cm^2，即可造成鼓膜破裂或内脏轻度出血，为 1.0 ～ 2.6 kg/cm^2 时即造成人员死亡。

在正压波后即出现负压，对组织器官亦可造成损伤。井下是相对密闭的空间，除爆炸瞬间原发的冲击波外，可因岩壁、煤壁、井下设施、设备的反射，在原发波后继之而来的反射波也可造成人体损害。接近爆炸中心，冲击波峰值更高，冲击波的致伤力更大。冲击伤往往是多部位、多系统损伤，损伤内外兼有，外轻内重，伤情复杂，发展迅速，以冲击伤的生物效应可分为三种。

（1）冲击波原发所造成的损伤：冲击波在致密组织和疏松组织结合的界面上，含气、含液脏器造成的损伤最为严重。临床和动物实验均表明：听觉器官、肺和胃肠道易造成冲击伤，神经系统的损伤亦较为常见。空中爆炸以肺损伤为主，水中爆炸则胸、腹部均严重。听觉器官的损伤主要在中耳，鼓膜可破裂出血，听骨链可离断；肺泡可破裂出血，甚至肺破裂。腹内较固定的肠袢、肠系膜和实质性脏器，可因冲击波的暴力，发生撕裂或碎裂。冲击波也可经颅骨而无明显削弱，传导至颅内引起脑组织损伤。冲击伤初期虽全身情况良好，24 小时后可进行性地发生呼吸衰竭。

（2）冲击波驱动物体所造成的继发性损伤：冲击波造成井下塌方的矸石、煤块、支护物等移动，都具有一定的动能，对人体造成机械性损伤。

（3）原发的或续发的冲击波将整个人体抛离地面而引起坠跌伤：曾发现许多煤矿瓦斯爆炸伤死亡者，无任何外在伤及内出血，除中毒、缺氧窒息外，分析中认为不除外冲击伤致死。存活者肺损伤发生率较高，可能与冲击伤有关，鼓膜破裂者不少，证实为冲击伤所致。但具体到每一个体，在临床上却难以准确判断。

2. 产生巨大热量，造成烧伤和（或）吸入损伤 瓦斯爆炸必须具备三个条件：一是瓦斯浓度在爆炸的界限内，一般为 5% ～ 15%；二是空气中氧浓度不低于 12%；三是有足够的点火源。瓦斯爆炸实际上是甲烷和空气中的氧进行的一种自加速反应，是一个复杂的链式反应过程，即紧跟在冲击波之后的剧烈化学反应的火焰峰面，其温度可高达 2150 ～ 2650℃，所以瓦斯爆炸伤伤员大都有较严

重的烧伤。有人分析认为，井下氧气耗尽瓦斯爆炸就会停止，因时间短，烧伤不深，临床上有很多病例却是严重烧伤，是否与热量大、温度高，并在相对密闭的环境中有关，有待进一步研究。严重烧伤后往往有大量体液渗出，体液迅速大量丢失，血容量下降，导致血流动力学方面改变，从而发生休克。尤其是延迟复苏的病例，休克往往较严重。

另外，煤矿瓦斯爆炸在井下特定环境中，矿工吸入火焰，常被称之“吃了火”的人，所以吸入性损伤的发病率高，死亡率也高。当瓦斯爆炸后井下通风中断，矿工吸入高热空气和烟雾，烟雾除含炽热的炭颗粒外，主要含有大量化学物质，这样呼吸系统所受损害就兼有热力和化学物质的损伤。所以往往吸入损伤程度较严重，同时吸入损伤除气道的局部损伤外，还会迅速影响呼吸功能，甚至并发呼吸功能衰竭。

3. 缺氧 煤矿瓦斯爆炸迅速消耗井下氧气，致使井下氧浓度极度降低，伤员无法逃脱，时间越长，吸入烟雾和低氧浓度的空气越多，缺氧越严重，机体缺氧使呼吸增快，则吸入烟雾及低氧空气越多，随时间延长吸入低氧浓度的空气后，可引起低氧血症和组织缺氧，发生一系列症状，严重者可迅速死亡。

4. 产生有毒有害气体 煤矿瓦斯爆炸后，产生大量有毒有害气体，有一氧化碳、二氧化碳、二氧化氮、二氧化硫、硫化氢、乙烯、乙烷和烟雾。烟雾中含有几种重要的毒性气体，如醛类、光气、氮氧化物等。仅举以下三种，说明对人体的毒害作用。

（1）CO：爆炸与燃烧消耗了井下氧气，含碳物质燃烧不全时，可释放大量的CO。其主要毒性作用在于使氧的运输、释放和利用均发生障碍，导致组织细胞缺氧、代谢障碍。CO与Hb结合影响氧的运输，CO、氧与红细胞的Hb有相同的结合位点，而CO与Hb的亲和力是氧的210～250倍，故CO能竞争性地与Hb结合生成碳氧血红蛋白，碳氧血红蛋白的解离却比氧合血红蛋白慢3600倍，从而影响氧与Hb结合，使血液运输氧的能力障碍，导致全身组织缺氧。据估测，吸入空气中只要有0.1%的CO，血液中碳氧血红蛋白就可达50%，如果吸入时间较长，就可导致重度CO中毒或达到致死剂量而死亡。实际上煤矿瓦斯爆炸后的矿井下CO浓度会非常高，可能是造成井下死亡的重要原因之一。

（2）氮氧化物：其中NO_2毒性最大，其他氮氧化物（主要有氧化亚氮、一氧化氮、三氧化氮、四氧化二氮及五氧化二氮等）不稳定，均可转化为NO_2，NO_2的损伤作用主要发生在小气道和肺泡，特别是细支气管的纤毛细胞和Ⅰ型肺泡上皮细胞受损。NO_2是一种强氧化剂，可引起肺脂质过氧化反应，生成具有高度破坏性的氧自由基。NO_2还可水解成硝酸和（或）亚硝酸，均可使肺泡毛细血管膜通透性增加，有降解胶原蛋白，抑制肺表面活性物质系统的功能。此外还可通过神经-体液反射，使肺淋巴管痉挛，回流受阻，血管及淋巴管内液外漏，导致肺水肿。

（3）醛类：是烟雾中重要的毒气。醛的种类很多，是所有脂溶性气体中最重要的，在各种醛类化合物中，丙烯醛为三碳醛，最为重要，刺激性比甲醛更大。井下木料、衣服类等燃烧不全时均可产生大量的醛类，对局部有腐蚀作用，高浓度吸入可致肺水肿。

醛类的损伤作用主要是：①减少纤毛运动。②使气管、支气管膜蛋白变性，诱发炎症的反应。③降低肺泡巨噬细胞的活力。④损伤肺泡毛细血管膜，使其通透性增加，导致肺水肿。

（三）并发症多，后遗症多，致残率高

由于上述复合伤因，常造成多发损伤，伤员的伤情严重而复杂，并发症多，如休克、创伤感染、急性肾衰竭、ARDS等常见。烧伤、缺氧、中毒等所致后遗症多，致残率高，如严重烧伤大都会形成较广泛的瘢痕，引起不同程度的功能障碍，即程度不等的残疾。

（四）院前时间延长

其原因一是瓦斯爆炸突然，井下破坏严重，特别是通信中断或信息不能及时传递；二是爆炸的情况不明，如发生的地点、破坏的范围及程度等，因井下特定环境的制约，不易迅速判断，以致紧急救援果断决策滞后；三是井下人员无力开展自救互救，只能等待外援。外援需要一个过程，如救护队出动，到达矿上，深入井下，进入现场，了解情况，救出人员，转运上井，都需要时间，当井下破坏严重时，如冒顶、塌方、支护倒塌、设备翻移、巷道堵塞，严重阻碍足够人力进入现场展开救援。加上井下通风、供电、交通瘫痪，增加了诸多困难。院前时间的延长使重伤员增加了救治难度，对院前急救提出了更严峻的挑战。对危重伤员来说，急救的"黄金时间"往往错过，以致伤员伤情加重，中毒加深而死亡，因此井下死亡率高。

二、现场医疗救护响应

医疗急救行动组成员在接到应急救护指挥部命令后，要迅速到医疗卫生救援领导组办公室，听取灾害事故简单情况介绍。研究部署应急医疗救援工作，统一指挥和调遣各医疗队伍及医疗资源的动用，决定是否向上级医疗机构救援。应急救援现场急救小分队、伤员运送小分队、临床医疗小分队等各小分队成员立即整装待命，做好救治准备工作。

1．现场人员要根据现场受伤人员受伤原因和受伤情况，立即进行救治。

（1）遇重伤者，如呼吸、心搏骤停者立即给予心肺复苏，直到伤员清醒或医院、医疗组接手为止。

（2）遇烧伤时，将伤员撤离火灾现场，保护好烧伤创面，尽量避免污染，有利于以后的院内救治。

（3）遇中毒、窒息伤员，立即将中毒者从危险区运到新鲜风流中，并安置在顶板良好、无淋水和通风正常的地点。给予氧气吸入，必要时做人工呼吸。

（4）遇落顶等事故时，对于伤重者，如昏迷者应立即运送出井，入院检查、治疗。如遇脊柱、腰椎等骨折时，应使伤员仰卧，用担架、门板等硬物将其抬出现场，入院救治；如遇四肢骨折伤员，应用夹板做简单的固定，撤离现场，入院救治；如遇开放性血气胸时，应用无菌敷料填堵伤口，并用绷带包扎，使其变为闭合性，然后入院救治。

（5）遇水灾，伤员发生窒息等时，应把伤员仰卧，排出呼吸道异物，如有心搏、呼吸骤停者，应立即就地抢救。

2．现场急救小分队在接到指令后要立即下井，组织进行现场急救；伤员运送小分队要携带药品、抢救器件奔赴现场或指定地点，运送和急救伤员；临床医疗小分队做好救治伤员的准备工作。

3．现场小分队要本着"时间就是生命，先救命后治伤，先救重后救轻"的原则，立即实施现场急救措施，进行止血、包扎、固定及心肺复苏等紧急处理。按照国际统一标准对伤员进行检伤分类，分别用绿、黄、红、黑四种颜色，对轻、重、危重伤员和死亡人员作出标志，将标志条带扣系在伤员的手腕和脚踝部位，以便后续救治时辨认或采取相应的措施。

4．运送小分队在现场处于危险或伤员情况允许时，要尽快将伤员转运，对已经检伤分类待送的伤员进行复检，对有活动性大出血或转途中有生命危险的急危重症者，就地予以抢救、治疗，做必要的处理后在监护下进行转运。在转运过程中要科学搬运，避免造成二次损伤，并合理分流伤员，及时将伤员转运到指定医院救治。

5．临床急救小分队在医院内组织好接收伤员工作，对接收的伤员，按检伤分类实施临床救治。

6．医疗急救行动组要及时向指挥部和上级医疗机构汇报救治情况，并根据具体情况向上级医疗机构请求增援。

7．医院要将伤员进行分类组织救治，必要时将伤重人员送到上级医院救治。

三、各部位损伤的检诊

在现场急救处置后的观察、等待或转送途中，尽可能对伤员身体各部位的损伤作出初步诊断。

（一）外伤史

1．受伤时间　受伤时间至治疗时间的间隔是决定危重伤员生死的极重要因素。有些伤情随着时间的拖延，将从可逆性变为不可逆性。如休克，在早期经补充足够的血容量容易恢复。随着时间迁延，内稳态、血流动力学、细胞均发生严重变化，待发展至脏器衰竭期终至无法挽救。瓦斯爆炸致严重烧伤者，迅速发生体液丢失，其丧失速度以伤后 6 ~ 8 小时达到高峰，根据时间不同可能对休克的诊断及程度有所判断。

2．受伤原因　伤员如能诉说，其主诉是发现损伤的重要线索，医生对损伤机制方面的知识是导向检查的重要基础。瓦斯爆炸是复合伤因，该伤员以哪个部位伤为主？还是综合因素所致？受伤程度如何？应认真询问才有可能获得有价值的诊断资料。

3．受伤环境　煤矿井下作业环境本来就比较特殊，如阴暗、潮湿、粉尘、烟雾、噪声。瓦斯爆炸后使环境更加恶劣，对人体造成的危害及程度，由于缺乏深入的研究，难以准确描述。但伤员当时所处的方位对诊断很有价值。

4．症状、体征出现的情况　损伤后症状的出现和变化，在很多情况下，可作为诊断的线索和治疗的指针，如头部伤后，经一段意识清醒时间，然后逐渐意识模糊、昏迷，伤员可能没有脑挫裂伤，而有硬膜外血肿。但瓦斯爆炸伤员很多表现烦躁，对此首先要想到冲击伤及颅脑损伤，有可能是吸入性损伤或中毒所致，也可能与循环量不足有关，还有可能是缺氧或肺爆震伤继发性脑病等。

严重胸部伤一般到达院后几分钟内便可诊断，如浮动胸壁，反常呼吸，辅助呼吸肌参加的用力呼吸，肉眼可见的或触诊可扪及胸部或颈部皮下气肿。对不能以其他部位损伤解释的深度休克，应高度怀疑胸内严重脏器损伤，如心肌损伤、心包压塞、大量血胸等。

腹部损伤的症状和体征，是创伤外科医生都熟悉的，但不必要的死亡仍然时有发生，应当予以重视。

5．入院前救治情况　院前抢救的情况很重要。未经急救或由基层医务人员急救处理，或专业技术队伍院前急救处理的资料，都要认真收集。对当时上井的情况，急救过程，用药情况如止痛药、升压药、输液量及输液种类等，是否上止血带，开放气道情况，以及院前评分等，都应认真了解。

（二）全身物理检查

生命体征稳定后，应及时进行全身检查，运用常规视、触、叩、听等物理诊断方法，尽可能快速建立初步印象。瓦斯爆炸伤，除体表严重烧伤外，闭合性损伤可能很隐匿，要尽快查找，为早期发现，进一步作必要检查，一般可根据下列各项作出初步拟诊。

1．没有可见的大出血而血压偏低，应考虑胸膜腔内、腹膜腔内或腹膜后间隙有内出血。

2．意识障碍表示颅脑损伤，可用 GCS 评分记录昏迷深度，并进行神经系统检查，注意瞳孔大小及对光反应等。检查颅神经了解脑干有无损伤。瞳孔不等大是一危险信号。

3．颈椎疼痛或压痛是颈椎骨折或脱位常见症状。应即床旁拍摄侧位 X 线片。

4．能大声说话基本可排除胸部的严重损伤，叩诊和听诊可诊断出胸膜腔的积气、积液，X 线胸片有助于了解肺和纵隔有无损伤。

5．腹部检查主要发现腹膜刺激征，即腹部压痛、反跳痛、腹肌紧张，肠蠕动音减弱或消失，决定是否需剖腹探查。在急症时，对损伤的具体脏器不一定能得出结论。难以排除腹腔内脏损伤时，应做腹穿和（或）腹腔灌洗，穿刺抽吸出不凝固血液为阳性，穿刺抽吸阴性不能作为排除依据，腹腔灌洗价值较大。还可做床边 B 超，条件允许时做 CT 检查可能更有助于诊断。

6．肢体变形、不能自主运动时表示可能存在骨折或脱位，轻叩腕部或足跟部可诱发上肢或下肢的骨折疼痛，据此可以查明骨折部位。昏迷伤员可叩击桡骨茎突或内踝，同时在胸骨柄或耻骨联合听诊，骨折侧的音调和音量都较低，据此可以确定上下肢体有无骨折。当然拍摄床旁 X 线片更可靠。

7．桡动脉、足背动脉搏动有力，可排除上下肢严重的大血管损伤。

8．指、趾能自主活动，基本上可肯定周围神经没有大的损伤。

要注意严重多处损伤者，早期集中注意力于抢救生命，但非主要伤也不要忽略。

四、救治原则

1．煤矿瓦斯爆炸造成的伤员多，伤情复杂，治疗时间长，工作量大。救治体系的及时建立，可使救治工作有条不紊地迅速开展；正确组织救援，合理调配医疗资源，是救治成功的前提。视伤员的情况将医护人员合理分组，使伤员合理分布，组与组间相互协作，以及各科室间的通力协作，保证诊治工作及时有效。

2．一般原则

（1）瓦斯爆炸伤后，早期有效进行抗休克处理，减轻缺氧缺血性损害，可减少并发症的发生。

（2）瓦斯爆炸伤后早期，伤员呼吸系统多表现为进行性呼吸困难、发绀，双肺湿啰音、哮鸣音等，轻者予对症处理，中度以上的应尽早行气管切开，必要时可早期即可做预防性气管切开。

（3）加强抗感染和营养支持治疗，增强机体抵抗力，同时注意对合并症和并发症的防治，以降低死亡率。

3．肺爆震伤救治 瓦斯爆炸时所产生的冲击波的动压（高速气流冲击力）可以将人体抛掷和撞击，以及作用于其他物体后再对人体造成间接损伤。冲击波的高温还可引起体表或呼吸道烧伤。冲击波可使人体所有组织器官损伤，其中含气器官尤易损伤。组织器官损伤的程度取决于压力峰值的大小、正压作用时间长短以及压力上升速度快慢。冲击伤有如下临床特点。

（1）多处损伤：常为多发伤或复合伤，伤情复杂。

（2）外轻内重：体表可完好无损，但有明显的症状和严重内脏损伤。

（3）迅速发展：多在伤后 6 小时内，也可在伤后 1 ～ 2 天内发展到高峰，一旦机体代偿功能失调，伤情可急转直下，难以救治。

胸腔闭式引流是抢救血、气胸的主要手段，应尽早实施，以尽快扭转因呼吸困难所造成的全身性缺氧。肺挫伤既是胸部爆震伤的损伤结果，也可能是继发 ARDS 的病理基础，因此早期处理肺挫伤预防 ARDS 的发生亦非常重要。所采取的措施是在应用胸带包扎稳定胸壁、给氧、止痛和应用抗生素的同时，还可给予肾上腺皮质激素、山莨菪碱（654-2）治疗，以降低肺血管阻力，减轻肺水肿，降低右心负荷。

在液体复苏方面，因伤员不单纯有皮肤烧伤，故不能拘泥烧伤休克补液公式。值得推荐的是给予高张晶胶复合液体治疗。其主要成分为 5% 碳酸氢钠 250 ml，低分子右旋糖酐 500 ml，白蛋白 50 ml（或 20% 甘露醇 250 ml），在 1 小时内输完，一般情况下可重复治疗 2 ～ 3 次。此外还应注意补充平衡液及每日需水量。上述治疗方案不仅能把渗入肺泡、肺间质的液体迅速吸收入血循环，消除肺水肿，改善肺功能，而且可以迅速扩容，纠正休克，维持肾功能。关于烧伤的创面，可延迟处理，或在不影响肺损伤处理的前提下做相应处理。

第五节 矿山井下透水事故现场急救

一、透水事故的伤因及对人体的损害特点

透水事故（water-transmission accident）对人体的伤害及影响与水流的冲击方式、波及范围、受淹部位、浸泡时间等都有关系，但是并非受到相同或类似伤害的人都能产生同样或相似的影响，这与抗击程度及耐受性也有很大的关系。

（一）水流冲击浸泡

水流冲击是一种物理伤害，而水的浸泡是一种物理加化学双重伤害。前者的伤害往往是瞬间和一过性的，而后者的伤害则有可能是长时间甚至是致命的，两者危害程度各不相同，比较而言，后者的危害要大于前者。原因是冲击主要带来的是外伤，而浸泡既有损伤，更主要的是当水上升到一定高度时，伴随而来所危及的是生命。

（二）低温及热量丧失

在没有透水事故的情况下，井下的温度通常在 12.8 ~ 15.6℃之间。事故发生后，井下的温度会由于水对热量的吸收而有所下降，随着时间的推移则不断下降。有资料表明，人在 15.6 ~ 21℃的水中 2 ~ 7 小时就会失去知觉，2 ~ 40 小时就有可能丧失生命。即使那些没有被水浸泡但衣服湿透的人也会产生体温下降等一系列问题。

（三）缺少卫生饮水

就透水事故来讲，现场并不缺水，缺的是符合卫生标准的饮用水。但是，矿工们在井下为了生存，都曾迫不得已或多或少地饮用了井下的水。现在看来，虽然井下的水不卫生，但却是维持生命的重要因素。需要说明的是，有些工友得到了通过救援钻孔投送下去的营养液却喝不到，主要原因是没有力气把包装袋撕开，这是许多人事先都没想到的。因此，开展救援工作时必须站在被救者的角度来思考问题，如制作容易撕开或打开的包装等。

（四）热量摄取中断

透水事故发生后，遇险矿工由于没有食物来源，导致热量摄取中断，有些矿工在饥不择食的情况下搜寻所有能够充饥的物品，包括皮带、树皮、坑木，甚至煤块，这在很大程度上不是为了解决能量供给问题，而是为了缓解难以忍受的饥饿。

（五）心理压力

在透水事故中，遇险人员都有很大的心理压力，所有人都知道自己身处险境，但谁又都不知道自己最终能否获救。对于心理素质和适应调节能力差的人，心理压力所造成的伤害相对更大。

二、煤矿透水矿难救治程序与方法的特殊性

煤矿的透水事故与瓦斯爆炸和大的冒顶塌方所造成的伤害不同，一般情况下因为具备以下 5 个可以生存的条件，所以具备救援的时间与空间。

（一）生存条件

1. 有流动空气 矿难发生后，除了井下原有的空气和正常的通风系统外，所打通的救援通道和救援钻孔都确保了空气的流通，从而使遇险者具备了生存的基本条件。

2. 有能喝的水 虽然井下没有符合卫生标准的饮用水，但却有能够维持生存的水。因此，遇险人员才能超越生理极限存活下来，否则即使没有遇难，肾等重要器官也会由于缺水而受到严重损伤，获救人员的生存质量将受到严重影响。

3. 有依存温度 遇险后，矿工们通过搭建支架脱离积水是一个非常有意义的举措，没有水的浸泡能更好地保存体温。在此基础上依偎在一起相互取暖能使体温进一步保存，从而防止或减轻了由于低温所带来的损伤。

4. 有精神鼓励 透水事故遇险人员几乎都是分群聚集在一起，不仅能彼此照料，相互鼓励，还能与外界救援呼应互动，假如都是独自隔绝的话后果很难想象。

5. 有自救互救 透水事故发生时和发生后，工友们的自救互救使更多的人活了下来，无论是求生本能还是舍己救人，都体现在“一人为大家，大家为一人”的同生共死中。

（二）救治原则与程序

三级救治：凡矿难发生后，都是由矿山救护队和医疗救护队参与救治，分为现场救护、院前救治和院内救治三级。

1. 井下一级救护 按照矿山救援原则，事故发生后，由矿山救护队负责井下抢救，除按照救援程序进行处置外，对于被困人员应进行戴眼罩，保暖，平放平抬，使用苏生器等简单处置。

2. 院前二级救护 由矿山救护队抢救升井后，交由医疗救护队负责井上救治。院前救治包括井口救治和途中救治。

（1）井口救治：主要强调尽快建立静脉通道，并给予低流量吸氧，对生命体征进行初次检查，尤其要注意保持呼吸道通畅。

【程序与要点】

①简要询问有无不适。

②检查记录生命体征。

③注意保持呼吸道通畅，必要时吸痰。

④用 5% 葡萄糖盐水建立静脉通道，每分钟滴速≤ 30 滴。

⑤持续低流量吸氧。

⑥覆盖棉被给予保暖。

（2）途中救治：主要强调在用 5% 葡萄糖盐水维持静脉通道时，密切观察生命体征变化，转送途中应根据监测情况进行必要的处理，尽快将伤员安全送达所指定的接收医院。

【程序与要点】

①密切观察生命体征。

②注意静脉输液情况。

③根据病变妥善处理。

④尽快送达指定医院。

3. 院内三级救治 主要强调在采取积极有效治疗的同时，要防止过度医疗，尤其是非医疗干扰。把维护抢救生命与防止继发损伤放在同等重要的位置。在用药时要把握不需要用的坚决不用，可用可不用的要慎用，非用不可的要尽可能选择没有肾毒性或肾毒性低的药物，并密切观察用药效果及病情变化。

【程序与要点】

①与院前做好交接工作。

②按预案要求检查处理。

③询问伤员姓名、年龄等基本情况，重点是有无不适，有无外伤、饮水、排尿等情况，以及过敏史和既往病史等。

④不断复查并准确记录生命体征，要把心肺听诊，尤其是肺部听诊列为必查项目。

⑤获救人员的衣服无论湿了与否原则上都要脱掉。

⑥按照操作技术规范要求采集并送检标本。

⑦所有诊疗措施和医学记录的时间标注都要精准到分钟。

⑧严格准确地记录出入量。

⑨体温低于 36℃时可对所输液体适当加温。

⑩外伤患者视伤口等具体情况采取必要的治疗措施，预防破伤风或气性坏疽的发生。

⑪ 全流饮食首选米汤或鸡蛋汤，每次 100 ml 左右，间隔时间要大于 2 小时。服用后要注意听诊肠鸣音等有关情况。

（三）救治与护理方法

1. 吸氧　由被困状态获救的工人，除非有通气障碍或换气障碍时，可能存在低血容量性低血压或休克，通常给予低流量吸氧足矣，没有必要立即给予持续高流量吸氧。只有在缺氧症状、生命体征、血氧饱和度和血气分析综合判断基础上，才决定是否给予高流量吸氧。

2. 液体的补充

（1）静脉通道的建立：在进入医疗救援的阶段，首先是静脉通道的建立问题。由于脱水、周围静脉萎陷，通常选用易穿刺、易保留的股静脉穿刺 + 套管针留置的方法。只有在有条件的救护车上或到达医院后，采用锁骨下静脉穿刺的办法才能够达到补充液体和监测中心静脉压的作用。

（2）液体的选用：使用 5% 葡萄糖盐水是合理的。理由是：①遇险人员在井下既缺饮水更缺饮食，之所以能够坚持这么久的时间生存下来，不缺水是首要和主要原因。与其说是缺水不如说是缺少符合卫生标准的饮用水。在这种情况下，补充能量与补充水分同等重要，所以必须要给含糖液体。②遇险人员长时间不能正常饮水，极有可能导致肾前性肾功能不全，所以应该禁用或慎用盐水。③需要注意的是，无论是输葡萄糖水、输生理盐水或输糖盐水都有可能在已经发生低钾血症的基础上由于稀释性低钾而加重低钾血症。④特别注意的是，此时体内代谢异常的原因不是临床上常见的丢失所致，而是入量完全中断所致。

（3）液体补充的量：宏观指导的原则是液体以 5% 葡萄糖盐水和 10% 葡萄糖为主，每日入量在 2500 ml 左右，滴速控制在每分钟 30 ~ 50 滴。具体视每名伤员的情况而定，并随着饮水和饮食的逐步恢复而减少直至停止输液。液体入量视患者年龄、体重、尿量和肺部呼吸音，以晶体液为主，注意适时适量补充电解质，纠正和维持酸碱平衡。

院内救治阶段，可以根据体检情况和血压结果进行合理的液体复苏治疗。

3. 饮食的恢复　获救人员由于长时间不进食，会引起消化道黏膜脱落，消化能力下降。因此，恢复饮食必须循序渐进，从流质饮食、半流质饮食向正常饮食逐步过度。要少食多餐，细嚼慢咽，进食有营养、易消化、常食用的食物，不能吃生冷、产酸、产气、油腻及有刺激性的食物，如牛奶、豆腐、肉类、水果等。饮食性质和饮食结构以两天为阶梯递增：即前两天进流质食物，随后两天进半流质，如无异常就可以正常饮食，但不宜过多、过快、过饱。

4. 皮肤清洗　透水事故发生后，井下的生存环境和生存条件很差，在得不到正常的营养供给和睡眠保障的情况下，人体的抵抗能力大大下降，作为体表屏障的皮肤因新陈代谢的缺失、长时间被水浸泡及部分人外伤等原因，已不能正常抵御病原微生物的侵害，极易引发各种感染。所以，要根据脱险人员的具体情况及早用温水清洗或擦洗身体，更换新的棉质内衣，此举不仅能够减少细菌感染的机会，还能提高舒适度，有利于伤员休息和睡眠。同时还要妥善处理由于涉水、浸泡所导致的皮肤溃破、肿烂等情况。

5. 药物 经临床救治过的获救者入院后各种检查显示，他们普遍有电解质紊乱，低钾、低钠、低磷，代谢紊乱，尿液里出现过量蛋白，血尿酸偏高，肾功能损伤，饥饿性酮症等。同时，一些矿工出现上呼吸道感染症状，伴发热。因此，合理使用全身广谱抗生素和肠道抗生素，纠正酸中毒，纠正水和电解质紊乱，补充能量是非常重要的。

6. 护理

（1）病室：除保持温度、安静、清洁、暗光等条件外，为了防止过敏及外源感染，在病房内禁放鲜花。

（2）保暖：原则上不要把暖水袋直接放在身体上热敷，因为患者的感应力和感觉度已明显下降，稍有不慎就容易导致烫伤。当体温低于36℃时，除了采取保暖措施外可以给输注的液体适当加温。

（3）排尿困难与导尿：多数获救者出现排尿困难、少尿或无尿现象。在这种情况下，应该仔细分析原因，采取相应措施。

①矿难中获救人员排尿困难可能是因为能量供给不足，导致尿意感应下降，排尿反射迟钝，逼尿肌无力所致。通过改善环境条件，采取辅助诱导方式，多次促成排尿困难的患者自行排尿。

②卧床排尿和众人围观也是排尿障碍的原因之一。在确定膀胱充盈存在排尿困难后，通过采取局部按摩、局部热敷、改变体位、减少围观等措施后，大部分排尿困难的患者都可相继自行排尿。

③对神志清楚没有关联基础病的患者尽量不要采取导尿的方式排尿，除了刺激使患者不适外，更主要的是导尿会增加一个逆行感染的途径。

④对“无尿”的判断应该慎重，应该仔细询问其排尿史、分析液体输入量等，绝对不能妄下结论。

（4）血栓形成及血栓脱落：血栓形成及血栓脱落是获救者随时都有可能发生的潜在性危害。因为此时获救者都普遍存在形成血栓的基本条件：一是由于入量严重不足所导致的血液高度浓缩；二是部分人员有肢体外伤；三是因体力衰竭丧失或缺少活动；四是应激反应所产生的代谢变化和功能紊乱。鉴于既不能采取抗凝治疗，又没有有效的预防措施，只有在采取综合治疗促进身体康复的同时鼓励尽早下床活动。

7. 心理干预与治疗 获救矿工在井下被困数天，在漫长的等待救援时间中，经历了洪水袭击、躲避矿难的惊险，目睹工友离去产生巨大的恐惧、焦虑、悲伤、无助与绝望，饥寒交迫，不但挑战了生命的极限，而且挑战了心理的极限，因此在救援过程中实施心理干预有助于获救矿工身心状况的恢复及心理平衡的重建。

（1）询问方式与方法：对获救者的询问要有合理的程序和相应的技巧，不要使用诱导性语言，可以无所指地问“您哪里不舒服？”而不能有倾向性地询问：“您是否头痛？”或“头痛不痛？”等，以确保回答的真实性和可靠性，也可以避免和防止群体癔症的发生。

（2）心理评估：在获救者入院的第2天和出院前1天，由经过正规训练的心理治疗师采用汉密尔顿抑郁量表（HAMD）、汉密尔顿焦虑量表（HAMA）、事件影响量表（IES-R）对获救者的心理状况进行评估。评分标准：HAMD总分≥24分为严重抑郁，17～23分为轻中度抑郁，7～16分为可能抑郁；HAMA总分≥29分为严重焦虑，21～28分为有明显焦虑，14～20分为肯定有焦虑，7～13分为可能有焦虑。

心理评估中的注意事项：充分考虑获救者脱离险境后心身比较脆弱的心理特征，评估工作在确保获救者舒适、安全的前提下进行，用半结构式叙事方法，尊重其暴露的意愿，酌情逐步了解，切忌操之过急。评估内容要在获救者叙述的过程中顺势跟进了解，同时要对情绪及认知给予恰当的阳性赋义，并且要做到及时鼓励与支持。

（3）方案拟订

①全面掌握获救者的资料：通过半结构式访谈、系统评估、全面收集资料，包括行为、情感、感觉、认识、信念、药物、人际关系等，了解获救者目前身体的感受，睡眠情况，饮食情况，担忧的事情，在井下经历了什么，感受到了什么，事情是如何演变的，过去的工作经历以及对此事件的影响，同时了解获救者的性格特点等。在全面掌握材料的过程中一定要注意性格特征、年龄特征、问题特征、文化特征。如1名19岁的获救矿工，生性胆小，工作刚几个月，目睹工友沉入透出的污水中无力救助，入院后陷入悔恨、自责、恐惧中，表现得沉默寡言，闷闷不乐，医护人员通过心理干预使之逐步化解。

②判断问题的类型及重点问题：大部分获救矿工有不同程度的焦虑、抑郁、恐惧、睡眠的问题，程度根据性格及所经历的过程各异，压力源也不尽相同，危机干预小组成员要澄清获救者的真实想法，如因反复回想矿难当时恐惧的场景而影响睡眠，因肌肉和（或）神经疼痛对今后身体状况的忧虑等。

③心理干预方案的拟订：陪伴本身就是一种良药，陪伴是干预中贯穿始终的重要方法。陪伴的不同阶段贯穿了不同的心理学方法，包括叙述治疗、人本治疗、认知疗法、行为治疗、亲情治疗等。干预强调个性化，要因人因情而异，并相信他们是有责任、有意识、有自我实现愿望的，在医学允许的情况下，自己决定自己的行动，倡导其自我指导、自我选择；避免过度照护，限制获救者的自我表达与行为。

（4）心理干预过程

①建立治疗关系：心理干预的目标是让获救者感到安全，心理舒适。通过尊重获救者，真诚关心获救者，借助共情的力量，积极关注获救者恢复的过程，在点滴行为帮助及情感的关怀中传递仁爱的力量，在规范的心理技能实施中使获救者达到心理平衡。

②参与性技术应用：陪伴中认真倾听，积极参与，避免询问过多和概述过多和不恰当的情感反应，倾听时多用鼓励性的回应。刚接诊时获救者虚弱、沉默、疲惫、焦急，应该默默地守候在获救者身边，在细微中传递着关爱，先建立起安全信任的关系。当获救者精神逐渐好转，开始自己动手吃饭了，陪伴的重点可转为倾听，倾听他们讲述与危险机智搏斗的故事，交流中营造一个温馨、轻松的氛围。随后，鼓励并陪伴他们在床边活动，同时关注他们自己对自我照护的计划等。

③影响性技术的应用：针对获救者反映的问题，鼓励其表达自己的真实感受，心理治疗师应给予科学恰当的解释，传达有关透水事故抢救进展的积极信息、工友健康的消息，提出建议、忠告，给予力所能及的支持与保证，指导获救者做一些放松的、对自己身心有益的活动，如唱歌、读书、与工友交流等。整个治疗过程中，心理治疗师要用积极乐观的态度影响获救者。

④认知行为治疗技术的应用：获救者对事故的态度与价值观决定着获救者的反应，认知风格是个体在长期的认知活动中形成的、稳定的心理倾向，表现为对一定的信息加工方式的偏爱。不同认知风格的获救者对该次事件的认识各有差异，对自己身体的问题的认识也有所不同。发现并调整获救者对透水事故的认识，帮助其重构达到自我和谐的目的。情绪是对机体变化的知觉，机体的生理变化在情绪经验中处于第1位，个体的情绪是直接由生理变化引起的。获救者对事故情景的再现、闪回的感觉会直接导致不同的情绪反应及心理反应，如焦虑、抑郁、易激惹、恐惧、入睡困难、噩

梦等，所以，在最佳时期使用恰当的情绪稳定化技术是必要的。给予正性信息的传递，反复强化现实，首先从认识上入手，倡导顺其自然，接受现实并欣赏自己生命的顽强，感恩团队的力量，感谢领导指挥救援。其次，情绪稳定化技术的应用与训练，针对获救者在第 1 天出现的睡眠质量差、心烦、出汗、肌肉麻木的现象，在入院的第 2 天，进行对症呼吸放松法的处理，会收到良好的效果。第 3 天，部分获救者又进行了安全岛的构建，利用安全岛想象，自动排挤负面想象。如果获救者情绪稳定、乐观向上，则无需主动触碰其伤痛处，待其慢慢自动消退最为稳妥。

⑤饮食指导：为保证获救者的饮食安全，对获救者进行必要的指导，让其认识“由少到多、由慢到快、由稀到稠、少油多菜”循序渐进的进食原则。部分获救者出现情绪反应，会觉得“在地下没吃的，在这不让吃”，此时鼓励其提高对膳食指导的依从性，解释人体的耐受性、抵抗力、免疫力、应激能力、营养素和增减热能、差异性和人体适应功能的关系等，避免暴饮暴食引发各种并发症。

⑥房间设施对获救者的心理安慰：为消除获救者对黑暗、孤单而引起的恐惧、焦虑情绪，并希望获救者能够互相帮助和支持，可安排 2 人间或 3 人间病房，将有亲属关系的工友安排在一个房间，会对他们情绪的稳定起到很大的作用。

⑦出院指导：出院前进行科学指导，促进获救者康复及尽快回归社会，同时开发重要的社会支持系统，目标是调适获救者的情绪，使其保持良好心态，渐进饮食，恢复体重。指导获救者多晒太阳，增强体质，增强信心，早日回归工作岗位。随后建立联系，进行院外的追踪随访服务，使获救者得以心身康复。

第六节　井下有害气体中毒的应急救护

井下有害气体包括一氧化碳、二氧化碳、硫化氢、一氧化氮、二氧化氮、甲烷等。当大量的有毒有害气体在短时间内通过黏膜、呼吸道等途径进入人体，使人体受损伤并发生功能障碍时，就称为有毒有害气体中毒。这些有害气体的一种或多种混合被人过量吸入后均可造成中毒或窒息，其中主要是一氧化碳中毒。空气中一氧化碳浓度过高，人体吸入即可发生中毒。井下空气中一氧化碳浓度超过 0.0024%、硫化氢浓度超过 0.00066% 时，均会造成人员的急慢性中毒。空气中一氧化碳含量达 0.02% 时，人体吸入 2 ~ 3 小时即可发生中毒症状；含量达 0.08% 时，2 小时即可昏迷；含量达 0.4% 时，30 分钟内即可导致死亡。有毒有害气体浓度越高，危险越大。

一、中毒原因

中毒原因包括井下瓦斯、煤尘爆炸，煤层着火，煤和沼气突出，老塘透水等放出大量有毒气体；放炮装药过多，炮烟过浓，通风设备不良，使有害气体积聚超标；或误入积有大量有害气体的废巷道等，以上均可造成一氧化碳及其他有害气体中毒。

二、症状与体征

根据中毒程度不同，临床表现可分为轻度、中度、重度中毒。

1. 轻度中毒　症状有头痛、头晕脑涨、眼花、耳鸣、恶心、呕吐、全身无力及心率加快等。

硫化氢及炮烟中毒时，还会有呼吸道刺激症状，如咳嗽、流涕、胸闷，以及双眼灼热、刺痛、流泪、怕光等。

2. 中度中毒　一氧化碳中毒时颜面潮红，呈樱桃红色。中度中毒可见出汗、脉搏快而弱，中毒者烦躁不安，有窒息昏厥感，肌肉无力，下肢尤为明显，呼吸困难，感觉迟钝，嗜睡、痉挛等，但意识尚存。

3. 重度中毒　重度中毒呈中枢性麻痹，意识丧失，呼吸不规则，脉搏快而弱，血压下降，四肢瘫软，反射消失，呈昏迷状态，有时可造成瞬时死亡。

三、抢救要点

当井下发生爆炸、失火、透水等事故时，大都会有大量有毒气体生成。如不注意，就会发生中毒现象，在自救、互救中要做到以下几点。

1．当感到有刺激性气体，有臭鸡蛋气味或存在有毒气体中毒症状产生时，所有人员应立即戴好自救器，并立即向调度室汇报，迅速将中毒人员抬离现场，撤到通风良好而又比较安全的地方，并就地立即进行抢救。

2．井下放炮后，炮烟未吹散前最好不要抢先进入工作面，以防炮烟中毒。严禁在无防护措施的情况下，进入没有通风设施的废旧巷道。

3．中毒者需要安静休息，保持呼吸道通畅，必要时清除鼻腔、口腔内分泌物，并要吸入充分的氧气。

4．对中、重度中毒的工人应立即给予吸氧、保暖。严重窒息者，应在给予吸氧的同时进行人工呼吸。有条件时可予注射呼吸兴奋剂，如尼可刹米、洛贝林等。

5．有因喉头水肿致呼吸道阻塞而窒息者，应速用环甲膜穿刺器行环甲膜穿刺或行气管切开术，以确保呼吸道的通畅。

6．昏迷者可予针灸，针刺人中、内关、合谷等穴位，以促其苏醒。

7．若呼吸和心脏搏动都停止时，应立即行心肺复苏，直至伤员苏醒或救护人员的到来。

8．经抢救处理后病情平稳的中毒者，应尽快将其送医院以便进一步治疗。

9．凡进入有毒有害气体污染区域内的急救人员，必须戴防毒面具、防护眼镜、口罩等防护器具，保护自身免受伤害。

（杨德久　张军伟　白俊清）

第七章

矿山创伤自救与互救

第一节 矿山井下作业人员自救与互救的概念

一、组织现场自救、互救与现场急救的重要性

矿井发生事故后，矿山救护队不可能立即到达事故地点，实践证明，矿工如能在事故初期及时采取措施，正确开展自救、互救，可以减轻事故危害程度，减少人员伤亡。自救、互救的成效如何，决定于自救和互救的方法正确性。

二、自救与互救的概念

自救是指矿井发生意外灾害事故时，在灾区或受灾害影响区域的每个工作人员进行避灾和保护自己的方法。

互救是指在有效地自救前提下，妥善地救护他人及伤员的方法。

自救和互救的成效如何，决定于自救方法措施的正确性，其具体内容及要求主要包括以下几个方面。

1．熟悉并掌握所在矿井的灾害预防和处理计划。

2．熟悉矿井的避灾路线和安全出口。

3．掌握抢救伤员的基本方法及现场急救的操作技术。

第二节　现场的组织与领导

一、组织者与领导者

区长、班组长都是现场的组织者与领导者，如果没有区长、班组长，年龄大、工龄长、有威信者、能够成为被困井下矿工主心骨的人都是当然的组织者与领导者。

二、职责与义务

1．稳定情绪，思考所在方位，统一思想与认识。

2．逐个询问矿工伤情，做到心中有数。

3．按照自救与互救原则，施行救助。

4．指挥大家进入避难所或有顺序地退出。

5．制订值班表，注意节约矿灯用电，尽量减少矿工体能的消耗。

6．团结整个集体，树立“下定决心，排除万难、相信社会救助力、去争取胜利”的精神。

第三节　矿工自救与互救常识

一、发生事故时在场人员的行动原则

（一）稳定情绪、紧急避难

井下灾害事故发生后，一般都有一个由小到大的发展过程。做好现场抢救工作就能将事故对人员的伤害消灭于萌芽之中，具体做法如下。

1．出现事故时，在场人员一定要头脑清醒，沉着、冷静，尽量了解与判断事故发生的地点、性质、灾害程度和可能波及的区域，迅速向矿调度室报告。

2．在保证人员安全的情况下，利用附近的设备、工具和材料及时处理、消灭事故，当确实无法处理时，就应由在场的负责人或有经验的老工人带领，根据灾害地点的实际情况，选择安全路线迅速撤离危险区域。撤离时，不要惊慌失措、大喊大叫、四处乱跑。

3．在遇险人员暂时不能撤出灾区的情况下，应该尽快寻找避难硐室待救。

（二）矿工自救设施——自救器的使用

当井下发生火灾、瓦斯和煤尘爆炸、煤与瓦斯或二氧化碳突出等灾害时，井下人员应立即佩戴自救器脱险，免于中毒或窒息而死亡。

自救器有过滤式和隔离式两种。过滤式自救器实际是一种小型的防毒面具，它能吸收空气中的一氧化碳。隔离式自救器则是一种小型的氧气呼吸器，它能利用自救器内部配备的化学药品，通过化学反应产生氧气，供佩戴人呼吸。

佩戴过滤式自救器时，左手握住外壳下底，右手掀起红色开启扳手，扯开封口带，去掉外壳上盖，将药缸从外壳中取出。然后从口具上拉开鼻夹，把口具片塞进嘴内，咬住牙垫，嘴唇必须紧贴口具，用鼻夹夹住鼻子。取下矿帽，把头带套在头顶上，再戴上矿帽用嘴呼吸。

以下举例可以充分说明佩用自救器的重要性：1980 年，某矿的集中运输皮带发生火灾，31 人遇险，其中有 30 人携带了自救器。事故发生后，有 25 人佩用自救器安全脱险：3 人虽然带有自救器，但因不会使用而中毒死亡；1 人使用不正确，也中毒死亡；1 人使用自救器原地待救 3.5 小时，经抢救后脱险。这充分说明自救器在关键时刻，发挥了不可估量的作用。

（三）灾区作业人员正确选择撤退路线

事故发生后，灾区作业人员应根据事故通知信号以及事故发生时的特征，判断事故性质、地点，人员的分布位置，考虑巷道断面、坡度、风速及局部障碍等因素的影响，遵循在最短的时间内安全撤退的原则，选择正确的避灾撤退路线。一般来说，位于事故地点进风流中的人员，应顺风流撤出，但遇有转入进风流的贯通巷道时要迅速转入进风流中撤退。处在事故地点回风流的人员，如确认在不冒生命危险的情况下，逆着风流行走一小段路程即可到达新鲜风流中时，则可沿此捷径迅速撤到安全地点。灾区人员撤出路线选择的正确与否，决定自救和互救的成败。

（四）无法迅速撤离时的措施

在遇险人员无法撤出灾区时，应借助于独头巷道、各类硐室和两道风门之间等位置，利用现场的木板、风门、煤块、岩石、泥土、风筒等物资构筑隔离墙或风帐，隔绝有害气体，人员在内避难待救。

同时，应注意在隔离墙外留有明显标志，如挂矿灯、衣物、写粉笔字等，并经常有规律地敲击岩石或管道，发出呼救信号，使抢救人员容易发现，便于抢救。

（五）防止爆炸火源烧伤的措施

如果人员距离爆炸源很近无法撤出时，应面向下方就地卧倒，最好将湿毛巾捂在口鼻面部或将口鼻俯入水沟内，以免烧伤。

（六）在避难硐室待救

如果灾区人员没有撤退路线（如独头区、冒顶阻塞区），应迅速退到附近避难硐室或寻找适当地点建筑临时避难硐室待救。

避难人员在硐室避难时应静卧，不得走动与呼喊，以免消耗体力和氧气。特别要注意减少氧气的消耗，延长在硐室内的待救时间。

距离爆炸中心较近的作业人员，在采取上述自救措施后，迅速撤离现场，防止二次爆炸的发生。

瓦斯爆炸后，应立即切断通往事故地点的一切电源，马上恢复通风，设法扑灭各种明火和残留火，以防再次引起爆炸。所有生存人员在事故发生后，应统一、镇定地撤离危险区。遇有一氧化碳中毒者，应及时将其转移到通风良好的安全地区。如有心搏、呼吸停止，立即在安全处进行人工心肺复苏，不要延误抢救时机。

发生事故后，现场人员应尽量了解和判断事故的性质、地点和灾害程度，迅速向矿调度室报告。同时应根据灾情和现有条件，在保证安全的前提下，及时进行现场抢救，制止灾害进一步扩大。在制止无效时，应由在场的负责人或有经验的老工人带领，选择安全路线迅速撤离危险区域。

当井下掘进工作面发生爆炸事故时，在场人员要立即打开并按规定佩戴好随身携带的自救器，同时帮助受伤的工友戴好自救器，迅速撤至新鲜风流中。

井下发生火灾时，在初起阶段要竭力扑救。当扑救无效时，应选择相对安全的避灾路线撤离灾区。在烟雾中行走时须迅速戴好自救器。

当井下发生透水事故时，应避开水头冲击（手扶支架或多人手挽手），然后撤退到上部水平。

井下发生冒顶事故时，应查明事故地点的情况及人员埋压位置、人数和埋压状况。

二、矿工自救设施与设备

（一）避难硐室

避难硐室是供矿工遇到事故无法撤退而躲避待救的一种设施。避难硐室有两种：一是预先设在采掘区工作地点安全出口路线上的避难硐室（也称为永久避难硐室）；二是事故发生后因地制宜构筑的临时避难硐室。《<煤矿安全规程>执行说明》对永久避难硐室的要求是：设在采掘工作面附近和放炮器启动地点，距采掘工作面的距离应根据具体条件确定；室内净高不得低于 2 m，长度和宽度应根据同时避难的最多人数确定，每人占用面积不得少于 0.5 m^2；室内支护必须良好，并设有与矿（井）调度室直通电话；室内必须设有供给空气的设施，每人供风量不少于 0.3 m^3/min；室内应配备足够数量的隔离式自救器；避难硐室在使用时必须用正压通风。临时避难硐室是利用独头巷道或两道风门间的巷道，由避难人员临时修建的。为此应事先在这些地点备好所需的木板、木桩、黏土、砂子和砖等材料，在有压气条件下还应装有带阀门的压气管。若无上述材料时，避难人员可用衣服和身边现有的材料临时构筑，以减少有害气体侵入。

进入避难硐室时，应在硐室外留有衣物、矿灯等明显标志，以便救护队寻找。避难时应保持安静，避免不必要的体力和空气消耗。室内只留一盏矿灯照明，其余矿灯关闭，以备再次撤退时使用。在硐室内可间断敲打铁器、岩石等，发出呼救信号。

（二）压风自救装置

压风自救装置是利用矿井已装备的压风系统，由管路、自救装置、防护罩（急救袋）三部分组成。目前世界上几个技术比较先进的国家，如美国、英国、日本等已在煤矿普遍使用。1987 年，煤炭科学研究总院重庆分院研制了适合我国煤矿的压风自救装置系统，并在江西省英岗岭煤矿试用，效果良好。20 世纪 90 年代以来，我国不少矿井使用了压风自救系统。平顶山矿区在井下使用的压风自救装置系统如图 7-1 所示，它安装在硐室、有人工作场所附近、人员流动的井巷等地点。当井下出现煤与瓦斯突出预兆或突出时，避难人员立即去到自救装置处，解开防护袋，打开通气开关，迅速钻进防护袋内。压气管路中的压缩空气经减压阀节流减压后充满防护袋，对袋外空气形成正压力，使其不能进入袋内，从而保护避难人员不受有害气体的侵害。防护袋是用特制塑料经热合而成，具有阻燃和抗静电性能。每组压风自救装置上安装多少个头（开关、减压阀和防护袋），应视工作场所的人数而定。

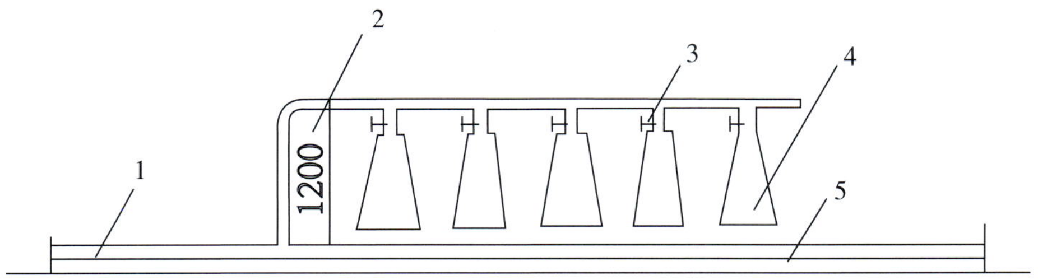

图 7-1 压风自救装置示意图

1—压风管路；2—压风自救装置支管；3—减压阀；4—防护袋；5—巷道底板

（三）自救器

自救器（self rescuer）是一种体积小、携带轻便，但作用时间较短的供矿工个人使用的呼吸保护仪器。主要用途是当煤矿井下发生事故时，矿工佩戴它可以通过充满有害气体的井巷，迅速离开灾区。因此，《煤矿安全规程》规定：“每一入井人员必须随身携带自救器。”

自救器分为过滤式和隔离式两类，隔离式自救器又有化学氧和压缩氧两种。

1. 过滤式自救器

（1）使用条件：有限制，当 CO 浓度不超过 1.5%、且 O_2 浓度不低于 18% 时，方可使用。可连续使用 40 ~ 60 分钟，为一次性的，只要打开后就不能再用。有效期为 3 ~ 5 年。

（2）工作原理：内装高效干燥剂（吸取潮气）、过滤 CO 的氧化用触媒剂为氧化铜（CuO）和二氧化锰（MnO_2）。

即，$2CO + O_2 = 2CO_2$ + 能量

（3）使用方法与步骤：佩戴过滤式自救器时，拆拉脱取、咬鼻戴帽要求在 30 秒内完成。

左手握住外壳下底，右手→掀起红色开启扳手→拉扯开封口带→脱去掉外壳上盖→将药缸从外壳中取出→从口具上拉开鼻夹，把口具片塞进嘴内→咬住牙垫，但嘴唇必须紧贴口具，用鼻夹夹住鼻子→取下矿帽，把头带套在头顶上→再戴上矿帽，用嘴呼吸。

2. 隔离式自救器

（1）隔离式化学氧自救器

①使用条件：无限制，与外界隔离，与井下环境无关，为一次性的，标有有效期。

②工作原理：人呼吸时呼出的水汽、CO_2 与自救器中的黄色粉末过氧化钠反应，生成可供人呼吸的 O_2，储于储存气囊，然后循环往复。多余的氧气可使气囊压力增高。

即，$2CO_2 + 2Na_2O_2 = 2Na_2CO_3 + O_2\uparrow$ + 热量

$2H_2O + 2Na_2O_2 = 4NaOH + O_2\uparrow$ + 热量

（2）隔离式压缩氧自救器

①使用条件：不受限制，用压缩氧供氧，可反复使用——主要供救护队员使用。

②工作原理：将其中用于吸收 CO_2 的 $Ca(OH)_2$ 更换和重新装上氧气（20 MPa）即可再次使用。

即，$Ca(OH)_2 + CO_2 = CaCO_3\downarrow + H_2O$

（3）隔离式自救器使用方法与步骤：要求在 30 秒之内完成拆分套口，拉鼻绑腰，吹鼻就走。

具体来说：拆断封口带→分盒→套背带→咬住口具（嘴唇紧闭，贴紧口具）→拉开启动装置→上鼻夹→绑腰带→绑头带。

3. 不同型号自救器使用方法

我国生产有 AZL-40 型、AZL-60 型、MZ-3 型和 MZ-4 型等过滤式自救器，AZH-40 型化学氧自救器，AYG-45 型和 AYG-60 型压缩氧自救器。

（1）AZL-60 型过滤式自救器：这种自救器是用于矿井发生火灾或瓦斯爆炸时防止 CO 中毒的呼吸保护装置，它适用于周围空气中 O_2 浓度不低于 18% 的条件下。当 CO 浓度低于 1.5%、环境温度在 50℃以下时，使用时间可达 60 分钟。该自救器的外形如图 7-2 所示，过滤药罐的结构如图 7-3 所示。自救器的滤罐密封在外壳内，外壳由上、下壳体、密封圈、封口带、开启扳手、腰带挂环、封印条和号码牌等组成，密封后可以长期携带（3 年）或存放（5 年）。

使用时，滤毒罐由口具（6）与人体肺部相通，含有 CO 的空气，首先经过滤尘层（14）进入干燥剂（12）药层除湿，以防止触媒剂中毒。经干燥的气体进入触媒层（10）进行氧化反应，将其中的 CO 气体转化为无毒的 CO_2 气体。这时滤毒罐完成滤毒作用，再经吸气阀（8）及降温网（4）由

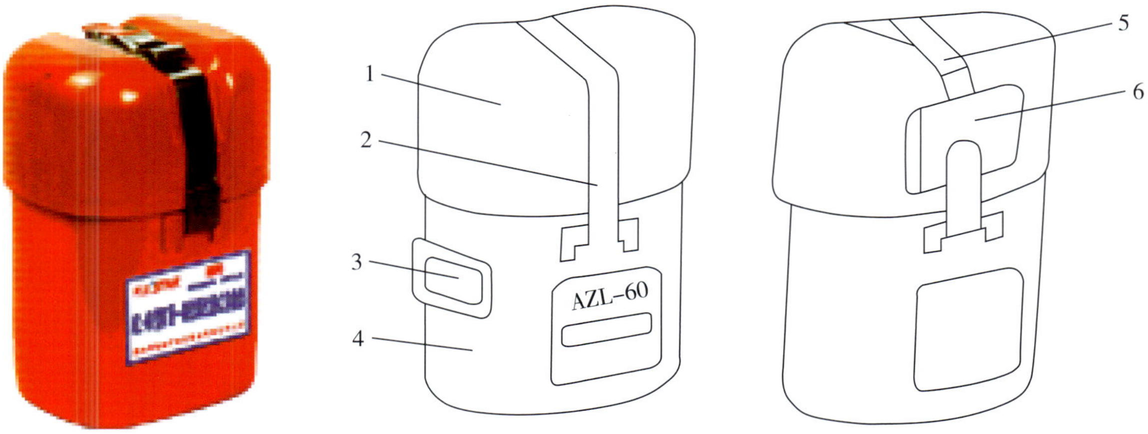

图 7-2　AZL-60 型过滤式自救器外形

1—上壳；2—封口带；3—号码牌；4—下壳；5—开启扳手；6—腰带环

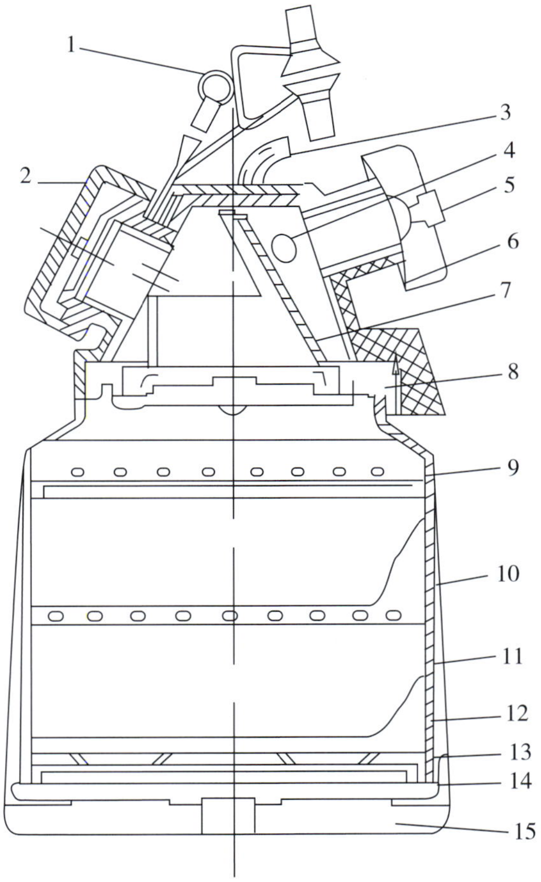

图 7-3　自救器滤毒罐结构示意图

1—鼻夹；2—呼气阀；3—头带；4—降温网；5—牙垫；6—口具；7—口水挡板；8—吸气阀；9—滤尘层；10—触媒层；11—隔热纱带；12—干燥剂；13—补偿弹簧；14—滤尘层；15—减振垫

口具（6）进入人的肺部，人体呼出的气体由呼气阀（2）直接排出（注：括号中的数字为图 7-3 中标示的部位）。

佩戴自救器的方法步骤：掀起保护罩，再用拇指掀起红色的开启扳手，拉断封印条；撕掉封口带，拨开外罐上部并扔掉；握住头带，把药罐从外罐中拉出，并扔掉外罐下部；从口具上拉开鼻夹，把口具片塞进牙齿与嘴唇之间，并咬住牙垫；用两手轻轻拉开鼻夹垫，夹在鼻子上，并立即用口呼吸；取下矿帽，把头带套在头顶上；戴上矿帽，撤离危险区。

（2）AZH-40 型化学氧自救器：这种自救器为隔离式自救器，可用于矿井发生各种灾害情况下矿工的自救。该自救器有效作用时间为：步行速度 5.5 km/h 或从事中等强度劳动（196 000N · m/h）时，不少于 40 分钟，静坐条件下大于 2 小时。

AZH-40 型化学氧自救器的结构原理如图 7-4 所示（以下数字为图中标示的部位）。人的呼气从口具（1）经呼吸软管（3）、带降温器的阀盒（4）、呼气阀（19）、呼气管（8）、药罐中心管（18）、再从药罐（11）的底部返上来，经过药罐中的生氧剂（13）（药片状或粒状超氧化钾），将呼气中的水汽及 CO_2 吸收掉并放出 O_2，富氧的空气再进入气囊（6）以供吸气时使用。吸气时，富氧空气经吸气阀（20）、带降温器的阀盒（4）、呼吸软管（3）、口具（1）而吸入人的肺部。当产生氧量超过人的呼吸需要时，气囊因积聚过多气体而膨胀，设在气囊上的拉绳遂将排气阀（7）拉开，见图 c，气囊中过剩的气体即从排气阀排到外界大气中去。

启动装置（图 7-4，图 7-5）是为了自救器在使用一开始即能产生氧气而设置的，其结构见图 7-5。当打开自救器后，拉动拉环（4），启动针（5）被拉出，滚珠（9）在弹簧作用下向中心滚动，冲击座（6）失去卡紧力，在弹簧（7）的作用下向下冲击，使硫酸瓶（11）直接与撞针孔板（12）相撞，在尖凸部分作用下被击破，其中酸液流出，经孔板上的小孔、引导硫酸引导漏斗（10）流入药剂筒（15）内，与其中的 Na_2O_2 启动生氧药剂相互作用产生出氧气（在 30 秒内可生氧 2 L 以上），溢出到生氧药罐中，继而进入气囊。使用时，当甩掉自救器外壳后，气囊应逐渐自动充气鼓起，药剂筒壁变热，这表明自救器已正常启动。如一旦气囊未鼓起，则应立即采取用嘴从口具向气囊内吹气，吹鼓后再戴好口具、鼻夹，先缓步撤退，待生氧剂放氧充足后再加快行走步伐。

这种化学氧隔离式自救器也存在一些问题：生氧剂中混入有机物时具有易燃易爆性；当湿气进入内罐时使生氧剂吸湿放氧，时间一长会使罐内压力升高，易引起自动着火爆炸；使用过（或报废）的自救器内部残存有相当数量的生氧剂，加之无外壳保护，易混进有机物而引起着火等缺点。因此，这种自救器应放置在不受碰撞和强烈冲击的地方，并定期进行气密性检查，对使用过或报废的自救器不能丢弃在井下，应带到地面妥善处理。

（3）AYG-45 型压缩氧自救器：AYG-45 型压缩氧自救器的原理及结构见图 7-6（以下数字为图中标示的部位）。其工作原理为：当佩戴使用时，人体呼出的气体经口具及呼吸软管（6）进入 CO_2 吸收剂盒中，呼气中的 CO_2 被盒中的吸收剂 [$Ca(OH)_2$] 吸收掉，经净化的气体再进入氧气袋（10）中与由减压器（3）送来的 O_2 混合，供再次呼吸使用。吸气时氧气袋（10）中的富氧空气经呼吸软管、口具进入人体肺部，完成呼吸循环。当氧气袋（10）中空气不足时，自动补给端杆（9）会自动工作，由氧气瓶经减压向氧气袋迅速补充氧气。当氧气袋空气储量超过人体需要时，袋中压力上升使排气阀（11）开启，将多余空气排到外界大气中，以使呼吸压力维持在规定范围内。

AYG-45 型自救器重 3.7 kg，在中等劳动强度时的使用时间为 45 分钟。AYG-60 型自救器总重 5 kg，在中等劳动强度时的使用时间为 60 分钟，其原理和结构与 AYG-45 型相同。

4. 自救器的选用原则 对于流动性较大，可能会遇到各种灾害威胁的人员应选用隔离式自救器；在有煤与瓦斯突出矿井或突出区域的采掘工作面，也应选用隔离式自救器。其余情况下，一般应选用过滤式自救器。

5. 自救器的佩戴注意事项

（1）戴上自救器后，吸气温度逐渐升高，表明自救器工作正常。决不能因吸气干热而把自救器

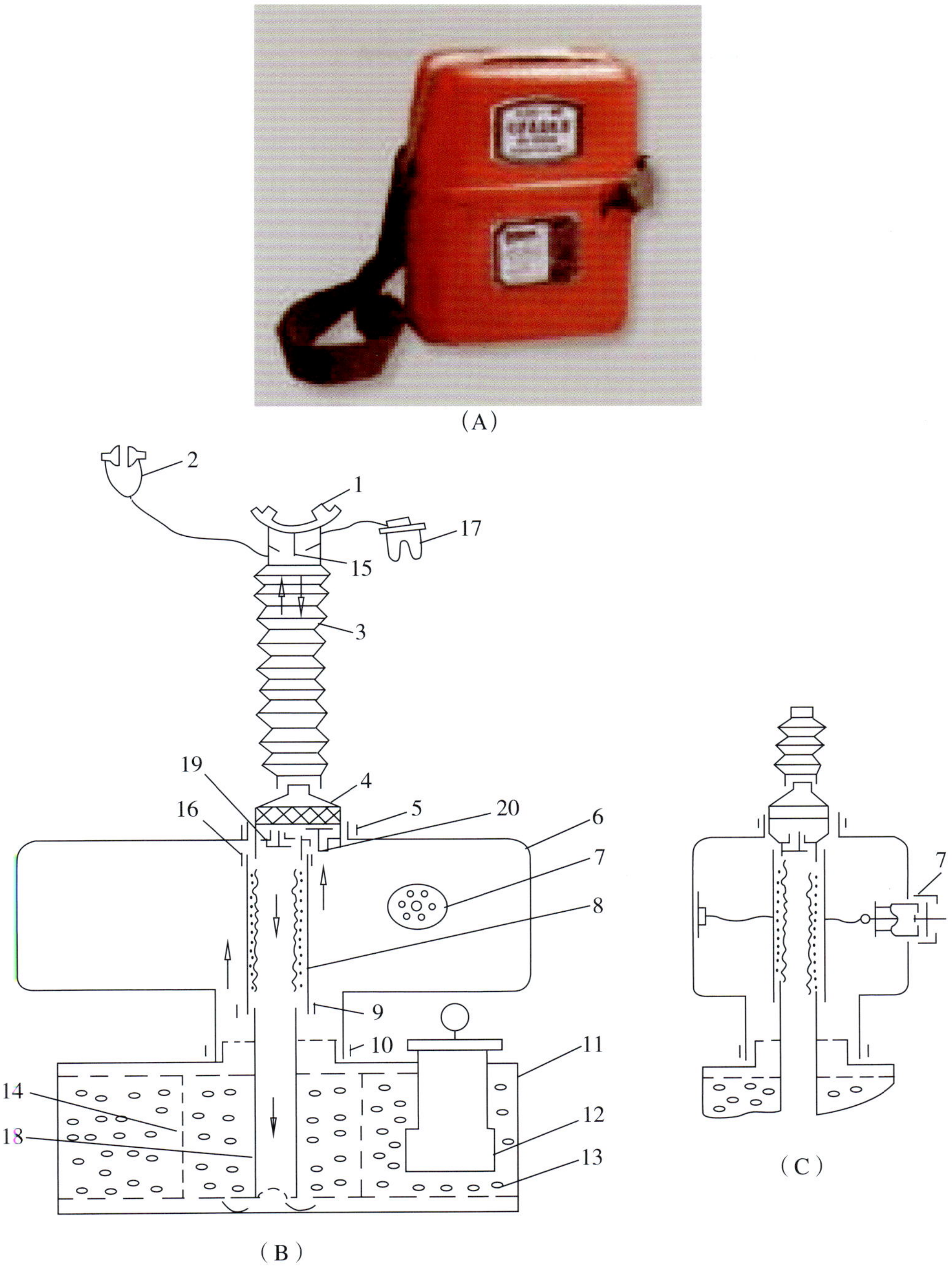

图 7-4　AZH-40 型化学氧自救器

图 A 为 AZH-40 型自救器；图 B、C 为其结构模式图。1- 口具；2—鼻夹；3—呼吸软管；4—带降温器的阀盒；5—上箍圈；6—气囊；7—排气阀；8—呼气管；9—下小箍圈；10—下大箍圈；11—生氧药罐；12—启动装置；13—生氧剂；14—散热片；15—口具衬管；16—中箍圈；17—口具塞；18—药罐中心管；19—呼气阀；20—吸气阀

取下。

(2) 化学氧自救器佩戴初期生氧剂放氧速度慢，如条件允许，应缓慢行走，等氧气足够呼吸时再加快速度。撤退时最好按每小时 4 ~ 5 km 的速度行走，呼吸要均匀，千万不要跑。

(3) 佩戴过程中口腔产生的唾液，可以咽下，也可任其自然流入口水盒降温器，严禁拿下口具往外吐。

(4) 在未到达安全地点前，严禁取下鼻夹和口具，以防有害气体的毒害。

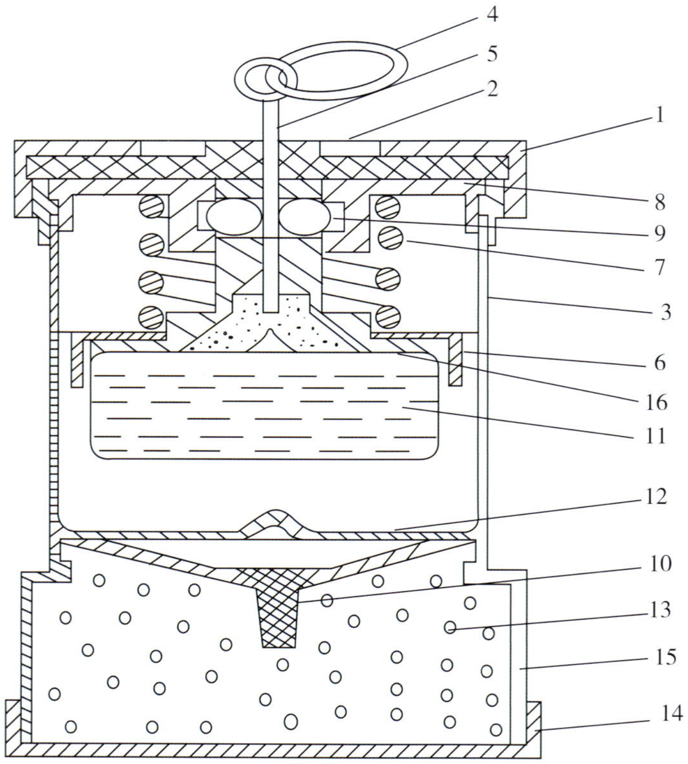

图 7-5　AZH-40 型化学氧自救器的启动装置

1—固定螺帽；2—密封胶垫；3—套筒；4—拉环；5—启动针；6—冲击座；7—弹簧；8—启动卡；9—滚珠；10—硫酸引导漏斗；11—硫酸瓶；12—撞针孔板；13—NaO_2 启动生氧药剂；14—底盖；15—药剂筒；16—胶结剂

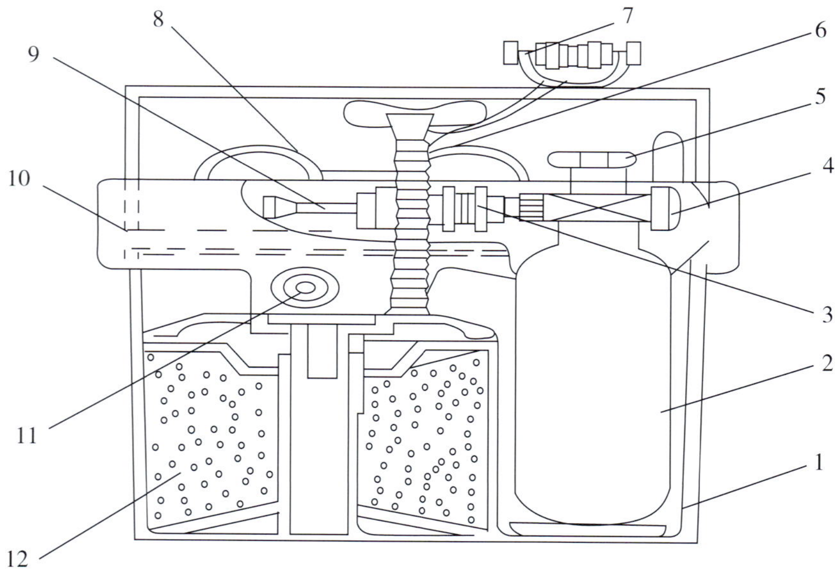

图 7-6　AYG-45 型压缩氧自救器原理结构

1—外壳；2—氧气瓶；3—减压器；4—压力计；5—氧气瓶开关；6—口具及呼吸软管；7—鼻夹；8—眼镜；9—自动补给端杆；10—氧气袋；11—排气阀；12—二氧化碳吸收剂

三、采面冒顶时的避灾自救措施

（一）自救措施

1. 迅速撤退到安全地点 当发现工作地点有即将发生冒顶的征兆，而当时又难以采取措施防止采掘面顶板冒落时，最好的避灾措施是迅速离开危险区，撤退到安全地点。

2. 遇险时要靠煤帮贴身站立或到木垛处避灾 从采掘面发生冒顶的实际情况来看，顶板沿煤壁冒落是很少见的。因此，当发生冒顶来不及撤退到安全地点时，遇险者应靠煤帮贴身站立避灾，但要注意煤壁片帮伤人。另外，冒顶时可能将支柱压断或推倒，但在一般情况下不可能压垮或推倒质量合格的木垛。因此，如遇险者所在位置靠近木垛时，可撤至木垛处避灾。

3. 遇险后立即发出呼救信号 冒顶对人员的伤害主要是砸伤、掩埋或隔堵。冒落基本稳定后，遇险者应立即采用呼叫、敲打（如敲打物料、岩块可能造成新的冒落时，则不能敲打，只能呼叫）等方法，发出有规律、不间断的呼救信号，以便救护人员和撤出人员了解灾情，组织力量进行抢救。

4. 遇险人员要积极配合外部的营救工作 冒顶后被煤矸、物料等埋压的人员，不要惊慌失措，在条件不允许时切忌采用猛烈挣扎的办法脱险，造成事故扩大。被冒顶隔堵的人员，应在遇险地点有组织的维护好自身安全，构筑脱险通道，配合外部的营救工作，为提前脱险创造良好条件。

（二）独头巷道迎头冒顶被堵人员避灾自救措施

1．正视已发生的灾害，切忌惊慌失措，坚信矿领导和同志们一定会积极进行抢救。应迅速组织起来，主动听从灾区中班组长和有经验老工人的指挥，团结协作，尽量减少体力和隔堵区的氧气消耗，有计划地使用饮水、食物和矿灯等，做好较长时间避灾的准备。

2．如人员被困地点有电话，应立即用电话汇报灾情、遇险人员数和计划采取的避灾自救措施。否则，应采用敲击钢轨、管道和岩石等方法，发出有规律的呼救信号。并每隔一定时间敲击一次，不间断地发出信号，以便营救人员了解灾情，组织力量进行抢救。

3．维护加固冒落地点和人员躲避处的支架，并经常派人检查，以防止冒顶进一步扩大，保障被堵人员避灾时的安全。

4．如人员被困地点有压风管，应打开压风管给被困人员输送新鲜空气，并稀释被隔堵空间的瓦斯含量。但要注意保暖。

（三）营救被冒顶埋压遇险人员的措施

1. 保障营救人员的自身安全 营救工作要在灾区中的领导和有经验老工人的指挥下进行。营救人员要检查冒顶地点附近的支架情况，发现有折损、歪扭、变形的柱子，要立即处理好，以保障营救人员的自身安全，并要设置畅通、安全的退路。

2. 因地制宜地对冒顶处进行支护 要根据顶板垮落的情况，在保证抢救人员安全和抢救方便的前提下，因地制宜地对冒顶处进行支护。在采面局部冒顶埋压人员时，可用掏梁窝，悬挂金属顶梁，或掏梁窝、架单眼棚等方法进行处理。

3. 营救埋压人员 在检查架设的支架牢固可靠后，要指派专人观察顶板，才能清理被埋压人员附近的冒落煤矸等，直到把遇险矿工从埋压处营救出来。在营救过程中，可用长木棍向遇险者送饮料和食物。在清理冒落煤矸时，要小心地使用工具，以免伤害遇险人员。如果遇险矿工被大块矸石压住，应采用液压起重气垫、液压起重器或千斤顶等工具把大块岩石顶起，再将人迅速救出。

四、防止瓦斯与煤尘爆炸时遭受伤害的措施

当瓦斯、煤尘爆炸时，在现场和附近巷道的工作人员千万不可惊慌失措。当听到爆炸声和感到冲击波造成的空气震动气浪时，应迅速背朝爆炸冲击波传来的方向卧倒，脸部朝下，把头放低些，在有水沟的地方最好侧卧在水沟里边，脸朝水沟侧面沟壁，然后迅速用湿毛巾将口、鼻捂住，同时用最快速度戴上自救器，拉严身上衣物，盖住露出的部分，以防爆炸的高温灼伤。在听到爆炸的瞬间，最好尽力屏住呼吸，防止吸入有毒高温气体灼伤内脏。

事故既然发生，就不要太紧张，冷静下来，想到自己所在的位置和巷道名称，迅速辨清方向，按照避灾路线以最快速度赶到新鲜风流方向。外撤时，要随时注意巷道风流方向，要迎着新鲜风流走。

用好自救器是自救的主要环节，当戴上自救器后，绝不可轻易取下而吸入外界气体，以免遭受有害气体的毒害，要一直坚持到安全地点方可取下自救器。

具体方法是：背向空气颤动的方向，俯卧倒地，面部贴在地面，以降低身体高度，避开冲击波的强力冲击，并闭住气暂停呼吸，用毛巾捂住口鼻，防止把火焰吸入肺部。最好用衣物盖住身体，尽量减少肉体暴露面积，以减少烧伤。爆炸后，要迅速按规定佩戴好自救器，弄清方向，沿着避灾路线，尽快撤退到新鲜风流中。若巷道破坏严重，不知撤退是否安全时，可以到棚子较完整的地点躲避等待救护。

五、煤与瓦斯突出时的自救与互救

发现煤和瓦斯突出预兆后，现场人员应注意以下避灾措施。

1．矿工在采煤工作面发现有煤和瓦斯突出预兆时，要以最快的速度通知人员迅速向进风侧撤离。撤离中快速打开过滤式自救器并佩戴好，迎着新鲜风流继续外撤。如果距离新鲜风流太远时，应首先到避难硐室，或利用压风自救系统进行自救。

2．掘进工作面发现煤和瓦斯突出的预兆时，必须向外迅速撤至防突反向风门之外，之后把防突风门关好，然后继续外撤。如自救器发生故障或佩戴的自救器有效作用时间内不能安全到达新鲜风流时，应在撤出途中到避难所或利用压风自救系统进行自救，等待救护队援救。

六、矿井火灾事故时的自救与互救

1．首先要尽最大的可能迅速了解或判明事故的性质、地点、范围和事故区域的巷道情况、通风系统、风流及火灾烟气蔓延的速度、方向以及自己所处巷道之间的关系，并根据矿井灾害预防和撤离计划及现场的实际情况，确定撤退路线和避灾自救的方法。

2．撤退时，任何人无论在任何情况下都不要惊慌、不能狂奔乱跑。应在现场负责人及有经验的老工人带领下有组织地撤退。

3．位于火源进风侧的人员，应迎着新鲜风流撤退。

4．位于火源回风侧的人员或是在撤退途中遇到烟气有中毒危险时，应迅速戴好自救器，尽快通过捷径绕到新鲜风流中去；或在烟气没有到达之前，顺着风流尽快通过，从回风口撤到安全地点。

5．如果在自救器有效作用时间内不能安全撤出时，应在设有储存备用自救器的硐室换用自救器后再撤退，或是寻找有压风管路系统的地点，以压缩空气供呼吸之用。

6．撤退行动既要迅速果断，又要快而不乱。撤退中应靠巷道有联通出口的一侧行进，避免错过

脱离危险区的机会，同时还要随时注意观察巷道和风流的变化情况，谨防火区风压可能造成的风流逆转。

7．如果无论是逆风或顺风撤退，都无法躲避着火巷道或火灾烟气可能造成的危害时，则应迅速进入避难硐室；没有避难硐室时应在烟气袭来之前，选择合适的地点就地利用现场条件，快速构筑临时避难硐室，进行避灾自救。

8．逆烟撤退具有很大的危险性，在一般情况下不要这样做。

七、瓦斯爆炸伤时的自救与互救措施

矿井内瓦斯爆炸，是指以沼气为主的多种易燃气体的爆炸，爆炸时除引起烧伤外，尚可发生各种有毒气体中毒、爆震伤、挤压伤、呼吸道烧伤和其他合并伤等。矿井内由于瓦斯爆炸，往往造成受伤人员较多，现场和伤情都很复杂，所以要求抢救人员有序科学地进行现场急救，以挽救更多的生命。那么，一旦发生矿井内瓦斯爆炸，现场人员应该如何自救呢?

1．事故发生后，应该立即卧倒，脸朝下，胸部贴地面。这是由于瓦斯气较轻，多在上层燃烧，并由于燃烧时矿井内空气压力的改变，火焰会往返来回，可赢得时间减少伤害，千万不要企图跑出，因为奔跑速度不及爆炸速度快。

2．瓦斯爆炸时间较短，故烧伤多在暴露部位，卧倒后尽快用厚的单子、衣服或其他物品将暴露部位遮盖，可避免或减少烧伤。掩住口鼻，以免呼吸道损伤。

3．瓦斯燃烧后的空气中，往往会有一些有毒气体，应迅速逃离现场。

4．瓦斯爆炸烧伤一般较浅，但是创面疼痛剧烈，且合并伤较多，抢救时必须注意。搬运时，一定要注意避免再次损伤皮肤创面及创面污染。

八、井下透水事故时的自救与互救措施

矿井在建设和生产过程中，地面水和地下水通过裂隙、断层、塌陷区等各种通道涌入矿井，当矿井涌水超过矿井排水能力时，就会造成矿井水灾，这通常称为透水。遇到透水事故时，井下的工人不应惊慌，应该有序撤退。

（一）透水现场人员撤退时的注意事项

1．透水发生时，应在可能的情况下迅速观察和判断透水的地点、水源、涌水量、发生原因、危害程度等情况，根据灾害预防和处理计划中规定的撤退路线，迅速撤退到透水地点以上的 水平，而不能进入透水点附近及下方的独头巷道。

2．行进中，应靠近巷道一侧，抓牢支架或其他固定物体，尽量避开压力水头和泄水流，并注意防止被水中滚动的矸石和木料撞伤。在水量大的情况下，可向高处撤离，或者抱紧支柱，坚持等待救援。

3．通过上山巷道方向撤退。

4．在撤退沿途和所经过的巷道交叉口，应留设指示行进方向的明显标志，以提示救护 人员的注意。

5．人员撤退到竖井，需从梯子间上去时，应遵守秩序，禁止慌乱和争抢。行动中手要抓牢，脚要蹬稳，切实注意自己和他人的安全。

6．如唯一的出口被水封堵无法撤退时，应有组织地在独头工作面躲避，等待救护人员的营救。

严禁盲目潜水逃生等冒险行为。

7．在有害气体的环境中要佩戴自救器。当透水为老窑水时，一般会使井下有害气体浓度增高，发现这种情况时，要佩戴好自救器，以防有害气体中毒。在未判定井下有害气体浓度时，救援人员不应冒险入井进行救援，以免发生危险。

（二）透水被围困时的避灾自救措施

1．当现场人员被涌水围困无法退出时，应迅速进入预先筑好的避难硐室中避灾，或选择合适地点快速建筑临时避难硐室避灾。

2．在避灾期间，遇险矿工要有良好的精神心理状态，情绪安定、自信乐观、意志坚强。要做好长时间避灾的准备，除轮流担任岗哨观察水情的人员外，其余人员均应静卧，以减少体力和空气消耗。

3．避灾时，应用敲击的方法有规律、间断地发出呼救信号，向营救人员指示躲避处的位置。如系老窑透水，则须在避难硐室处建临时挡墙或吊挂风帘，防止被涌出的有毒有害气体伤害。进入避难硐室前，应在硐室外留设明显标志。

4．被困期间断绝食物，即使在饥饿难忍的情况下，也应努力克制自己，决不嚼食杂物充饥。需要饮用井下水时，应选择适宜的水源，并用纱布或衣服过滤。

5．长时间被困在井下，发觉救护人员到来营救时，避灾人员不可过度兴奋和慌乱，以防意外。

九、电击伤的急救

（一）概述

当一定量的电流或电能量（静电）通过人体时所造成的组织损伤和功能障碍称为电击伤（electric injury），严重者可危及生命。

触电急救必须分秒必争，立即就地用心肺复苏法进行抢救，并坚持不断地进行。同时及时报告医疗部门并保持联系，争取医务人员接替救治。在医务人员没有到来接替救治之前，绝对不应放弃就地抢救，更不能只根据没有呼吸和脉搏就擅自判定伤员死亡而决定放弃救治，只有医生有权作出伤员死亡的诊断。

触电对人的伤害主要是电灼伤和电击伤。其中，电灼伤主要是局部的热、光效应，轻者只见皮肤灼伤，重者可伤及肌肉、骨骼，电流入口处的组织会出现黑色碳化。而电击伤则是指由于强大的电流直接接触人体并通过人体的组织及器官，使它们的功能发生障碍而造成的人身伤亡。不论是电灼伤还是电击伤，其造成的损害程度一般都与伤者触电时电流强弱、电压高低、电流接触时间长短，以及电流经过人体的途径和是否有绝缘保护（穿胶底鞋、站在干燥的木板上）有关。

电击伤后，轻者仅出现恶心、心慌、头晕和短暂的意识丧失，恢复后通常不会留下后遗症。严重电击伤可致休克、心搏骤停，甚至死亡。电休克恢复后可留有头晕、心慌、耳鸣、眼花、听力或视力障碍，多可自行恢复，但恢复时间较长。另外，电击伤还可引起内脏损伤和破裂。

（二）现场救护

触电时的急救包括两个阶段：使触电者摆脱电流的作用；在医生到达前对其进行医疗救护（图7-7）。触电的后果取决于电流通过人体的持续时间。因此，使触电者尽快摆脱电流，并立即给予医疗救护是十分重要的。这一点同样适用于触电即死的事故，因为诊断死亡期可延续数分钟。

1．脱离电源 触电急救，首先要使触电者脱离电源，越快越好，因为电流作用的时间越长，造成的伤害就越重。

（1）脱离电源就是要把触电者触电的那一部分设备的开关、刀闸或其他断路设备断开，或设法

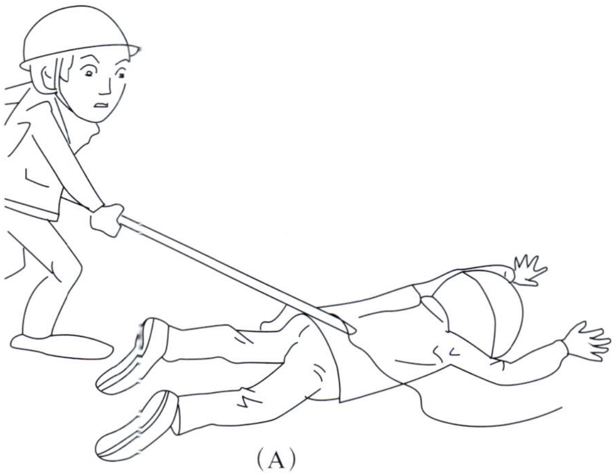
(A)

(B)

图 7-7 触电时急救的两个阶段

A．用木棍等使触电者摆脱电流的作用；B．在医生到达前对触电者进行医疗救护

将触电者与设备脱离。在脱离电源中，救护人员既要救人，也要注意保护自己。

（2）触电者未脱离电源前，救护人员不准直接用手触及伤员，因为有触电的危险。

（3）如果触电者处于高处，解脱电源后会从高处坠落，因此要采取预防措施。

（4）触电者触及低压带电设备，救护人员应设法迅速切断电源，如拉开电源开关或刀闸，拔除电源插头等；或使用绝缘工具、干燥的木板、木棒、绳索等不导电的东西解脱触电者；抓住触电者干燥而不粘身的衣服将其拖开，切记要避免碰到金属物体和触电者的裸露身躯；戴绝缘手套或将手用干燥衣服等抱起绝缘后解脱触电者；救护人员也可站在绝缘垫上或干木板上，绝缘自己后进行救护。

（5）如果电源通过触电者入地，并且触电者紧握电线，可设法用木板塞在其身下，与地脱离。也可用干木把的斧子或有绝缘柄的钳子将电线剪断。剪断电源要分相，一根一根地剪断，并尽可能站在绝缘的物体或木板上。

（6）触电者触及高压带电设备，救护人员应设法迅速切断电源，或用适合该电压等级的绝缘工具（戴绝缘手套、穿绝缘鞋并用绝缘棒）解脱触电者。救护人员在抢救过程中应保持身体与周围带电部分必要的安全距离。

（7）当触电发生在架空线塔上时，如为低压带电线路，能立即切断带电电源的，应迅速切断电源，或者由救护人员迅速登高，束好自己的安全带后，用带绝缘胶柄的钢丝钳、干燥不导电物体或绝缘物体将触电者拉离电源。如为高压带电线路，又不可能迅速切断电源开关的，可采用抛挂足够截面的适当长度的金属短路线方法，使电源开关跳闸。抛挂前，固定在铁塔或接地引下线上，另一端系重物，但抛掷短路线时，应注意防止电弧伤人或断线危及人员安全。不论是何级电压线路上触电，救护人员在使触电者脱离电源时，要注意防止发生高处坠落的可能和再次发生触及其他有电线路的可能。

（8）如果触电者触及断落在地上的带电高压线路，在尚未确定线路有无带电时，救护人员在未做好安全措施（如穿绝缘鞋或临时双脚并紧跳跃的接近带电者）前，不能接近断线点至 8 ~ 10 米范围内，防止跨步伤人。触电者脱离带电导线后，积极就地进行抢救。

（9）救护触电伤员切断电源时，有时会同时照明失电，因为应考虑事故照明、应急灯等应急照明，新的照明应符合照明场防火、防爆的要求，但不能因此延误切断电源盒急救。

2. 脱离电源后的处理

（1）伤员的应急处理：触电伤员如果神志清楚，应使其就地躺平，严密观测，暂时不要站立或走动。

触电伤员如果神志不清楚，应使其就地仰面躺平，且确保气道通畅，并用5秒时间呼叫伤员或轻拍其肩部，以判明伤员意识是否丧失，禁止摇动伤员头部呼叫。

（2）呼吸、心脏搏动的判定：触电伤员如果意识丧失，应在10秒内，用看、听、试的方法，判明伤员呼吸、心搏情况。

看——看伤员胸部、胸前有无起伏动作；

听——用耳贴近伤员的口鼻处，听有无呼吸的声音；

试——测试呼吸有无呼吸的气流，再用两手指轻试一侧（左或右）喉结旁凹陷处的颈动脉有无波动。

通过看、听、试结果，既无呼吸又无颈动脉搏动，可判断呼吸、心搏停止。

（3）心肺复苏：参见第八章第三节。

（4）其他原则

①症状较轻者：即神志清醒，呼吸、心搏均自主者，可就地平卧，严密观察，暂时不要站立或走动，防止继发休克或心力衰竭。

②处理电击伤时，应注意有无其他损伤。如触电后弹离电源或自高空跌下，常并发颅脑外伤、血气胸、内脏破裂、四肢和骨盆骨折等。如有外伤、灼伤均需同时处理。

③现场抢救时，不要随意移动伤员。移动伤员或将其送往医院，除应使伤员平躺在担架上并在背部垫以平硬阔木板外，应继续抢救。对心搏呼吸停止者要继续心肺复苏，在医院医务人员未接替前，救治不能中止。

④如果触电者有皮肤灼伤，可用净水冲洗拭干，再用纱布或手帕等包扎好，以防感染。

附：煤矿安全常识

一、入井须知

1．煤矿是高危行业，入井前要吃好、睡好、休息好，千万不能喝酒，以保持充沛精力。

2．明火和静电可导致瓦斯爆炸及火灾，不能穿化纤衣服和携带香烟及点火物品下井。

3．入井前要随身佩带矿灯、佩戴安全帽、携带自救器，配备不齐或设备不完好者不能入井工作。

4．携带锋利工具时，要套好护套，防止伤人。

5．按时参加班前会，通过班前会了解工作地点的安全生产情况、明确安全注意事项、掌握防范措施，保证作业安全。

6．自觉遵守《入井检身制度》，听从指挥，排队入井，接受检身。

二、安全乘车与行走

1．上下井乘罐、乘车、乘皮带要听从指挥，不能嬉戏打闹、抢上抢下。

2．要按照定员乘罐、乘车，并关好罐笼门、车门，挂好防护链。不能在机车上或两车厢之间搭乘。

3．人货混装十分危险，不要乘坐已装物料的罐笼、矿车和皮带。

4．开车信号已发出和罐笼、车没有停稳时，严禁上下。

5．运送火工品时，要听从管理人员安排，千万不能与上、下班人员同时乘罐、乘车。

6．乘罐、乘车、乘皮带行驶途中，不能在罐内、车内躺卧和打瞌睡，不能将头、手脚和携带的工具伸到罐笼和车辆外面；不能在皮带上仰卧、打瞌睡和站立、行走，不能用手扶皮带侧帮。

7．乘坐无级绳绞车（“猴车”）时，不触摸绳轮，做到稳上、稳下。

8．在巷道中行走时，要走人行道，不在轨道中间行走，不随意横穿电机车轨道、绞车道，携带长件工具时，要注意避免碰伤他人和触及架空线，当车辆接近时要立即进入躲避硐室暂避。

9．在横穿大巷，通过弯道、交叉口时，要做到“一停、二看、三通过”；任何人都不能从立井和斜井的井底穿过；在兼作行人的斜巷内行走时，按照“行人不行车，行车不行人”的规定，不要与车辆同行。

10．钉有栅栏和挂有危险警告牌的地点十分危险，不能擅自进入；爆破作业经常伤人，不可强行通过爆破警戒线、进入爆破警戒区。

11．严禁扒车、跳车和乘坐矿车，严禁在刮板输送机上行走；在带式输送机巷道中，不能钻过或跨越输送带。

三、灾害预防

1．矿井瓦斯是矿井中主要由煤层气构成的以甲烷为主的有害气体。有时单独指甲烷（沼气）。它是在煤的生成和煤的变质过程中伴生的气体。在成煤的过程中生成的瓦斯是古代植物在堆积成煤的初期，纤维素和有机质经厌氧菌的作用分解而成。另外，在高温、高压的环境中，在成煤的同时，由于物理和化学作用，继续生成瓦斯。

瓦斯是无色、无味、无臭的气体，但有时可以闻到类似苹果的香味，这是由于芳香族的碳氢气体同瓦斯同时涌出的缘故。瓦斯对空气的相对密度是0.554，在标准状态下瓦斯的密度为0.716 kg，所以，它常积聚在巷道的上部及高顶处。瓦斯的渗透能力是空气的1.6倍，难溶于水，不助燃也不能维持呼吸，达到一定浓度时，能使人因缺氧而窒息，并能发生燃烧或爆炸。瓦斯是矿井主要灾害之一。

瓦斯有四大危害：一是可以燃烧，引起矿井火灾；二是会爆炸，导致矿毁人亡；三是浓度过高时会导致人员缺氧窒息，甚至死亡；四是会发生煤（岩）与瓦斯突出，摧毁、堵塞巷道，甚至引起人员窒息死亡、瓦斯爆炸。

2. 矿井瓦斯等级是以相对瓦斯涌出量的大小来划分的。《煤矿安全规程》规定，在一个矿井中，只要有一个煤（岩）层发现瓦斯，该矿井即定为瓦斯矿井，并依照矿井瓦斯等级工作制度进行管理。

矿井瓦斯等级，根据矿井相对瓦斯涌出量、矿井绝对瓦斯涌出量和瓦斯涌出形式划分为以下几种。

（1）低瓦斯矿井：矿井相对瓦斯涌出量小于或等于10立方米/吨、且矿井绝对瓦斯涌出量小于或等于40立方米/分。

（2）高瓦斯矿井：矿井相对瓦斯涌出量大于10立方米/吨、且矿井绝对瓦斯涌出量大于40立方米/分。

（3）煤（岩）与瓦斯（二氧化碳）突出矿井。

煤（岩）与瓦斯突出（简称突出），是在一瞬间（几秒钟或几分钟）突然喷出大量瓦斯和煤炭（岩石），并伴随有强烈的声响和强大的冲击动力现象。

瓦斯突出是指随着煤矿开采深度的增加、瓦斯含量的增加，在煤层中形成了在地应力作用下，瓦斯释放的引力作用下，使软弱煤层突破抵抗线，瞬间释放大量瓦斯和煤而造成的一种地质灾害。煤矿开采深度越深，瓦斯瞬间释放的能量也会越大。煤和瓦斯突出主要发生在煤层平巷掘进、上山掘进和石门揭煤时，有的矿井在回采工作面也发生煤和瓦斯突出。瓦斯突出和瓦斯爆炸是两个概念，但灾害都来自于瓦斯。瓦斯突出是一种地质灾害，在大量的有害气体瞬间涌入后，会形成窒息，但不一定会发生爆炸事故。但如果出现以下三种情况后，会引发爆炸事故，一是空气中氧气含量达到12%以上，二是瓦斯浓度达到5%～16%之间，三是遇到明火，点火温度达到650℃以上。

矿井瓦斯爆炸就其本质来说，是一定浓度的甲烷和空气中的氧气在一定温度作用下产生的激烈氧化反应。

瓦斯爆炸的条件是：一定浓度的瓦斯、高温火源的存在和充足的氧气。瓦斯爆炸界限为5%～16%。当瓦斯浓度低于5%时，遇火不爆炸，但能在火焰外围形成燃烧层，当瓦斯浓度为9.5%时，其爆炸威力最大（氧和瓦斯完全反应）；瓦斯浓度在16%以上时，失去其爆炸性，但在空气中遇火仍会燃烧。瓦斯爆炸界限并不是固定不变的，它还受温度、压力以及煤尘、其他可燃性气体、惰性气体的混入等因素的影响。

瓦斯的引火温度，即点燃瓦斯的最低温度。一般认为，瓦斯的引火温度为650～750℃。

高温火源的存在，是引起瓦斯爆炸的必要条件之一。井下吸烟、电气火花、违章放炮、煤炭自燃、明火作业等都易引起瓦斯爆炸。实践证明，空气中的氧气浓度降低时，瓦斯爆炸界限随之缩小，当氧气浓度减少到12%以下时，瓦斯混合气体即失去爆炸性。这一性质对井下密闭的火区有很大影响，在密闭的火区内往往积存大量瓦斯，且有火源存在，但因氧的浓度低，并不会发生爆炸。如果有新鲜空气进入，氧气浓度达到12%以上，就可能发生爆炸。因此，对火区应严加管理，在启封火区时更应格外慎重，必须在火熄灭后才能启封。

3．瓦斯事故是可以预防的，只要认真贯彻执行《煤矿安全规程》和有关规章制度，防止瓦斯积聚和避免出现火源就可以预防瓦斯事故的发生。

4．监测监控是有效预防瓦斯积聚的重要措施，要爱护监测监控设备；不能因为监测监控系统报警、断电影响生产而擅自调高监测探头的报警值、破坏瓦斯监测探头或用泥巴、煤粉及其他物品将瓦斯监测探头封堵上。

5．矿井通风就是把地面空气连续不断地送往井下，同时连续不断地把井下污浊空气排出井外。通风有如下作用。

（1）供给井下人员足够的新鲜空气，满足人员呼吸需要。

（2）冲淡、排除井下有毒气体和粉尘，保证工作人员不中毒、保持空气的清洁度以防止瓦斯和煤尘爆炸事故。

（3）稀释、排除井下的热量和水蒸气，创造合适的气候条件，改善职工的劳动环境。

由此可见，保证人身安全和矿井安全生产的措施中，矿井通风有着非常重要的意义。

为了达到矿井通风的目的，每个矿井必须至少有两个井口，一个用于进风，一个用于回风，并在回风井口安装通风机，这就叫矿井口机械通风，矿井就是靠这种通风机将地面的新鲜空气送入井下各个工作地点，又靠它把井下的污浊空气和有害气体排到地面。

为了把新鲜空气按需要分送到各个工作地点，在井下各巷道中，根据通风的需要设置风墙、风门、风桥等通风构筑物。在有些巷道里还装有调节风窗，用来调节风量。这些通风构筑物是保证把新鲜风量按需要送到各个用风地点的必要手段，如进风与回风在同一地点交汇时，为了使进、回风分开，在这一地点必须设置风桥；为了隔断风流，在巷道某一地点需要设置风门等。所以任何人通过风门后，一定要随手把风门关好。当车辆通过风门时，切不可把相邻两道风门同时打开，否则就会造成风流短路，这样有些地点就得不到足够的新鲜空气了。

6. 井下的风筒、风门、风桥、风障等通风设施是为矿工提供新鲜空气和防止瓦斯积聚、预防瓦斯事故的最重要的基础设施，这些通风设施一旦被破坏，风流就可能紊乱，导致瓦斯事故，造成重大人员伤亡。所以，一是要自觉爱护井下通风设施；二是通过风门时，要立即随手关好，不能将两道风门同时打开，以免造成风流短路。发现通风设施破损、工作不正常或风量不足时，要及时报告，修复处理。

7．掘进工作面是最易发生瓦斯积聚、发生瓦斯事故的地点之一，保证局部通风机的正常运转可有效防范瓦斯事故的发生。局部通风机通常由专人负责管理，其他人不可随意停开。

8．工作面在瓦斯超限的情况下仍然坚持生产作业，极易引起重特大人员伤亡事故。各种规章规定，严禁瓦斯超限作业。

（1）当采区回风巷、采掘工作面回风巷风流中瓦斯浓度超过1%或二氧化碳浓度超过1.5%时，必须停止作业，从超限区域撤出。

（2）当采掘工作面及其他作业地点风流中、电动机或其开关安设地点附近20米以内风流中的瓦斯浓度达到1.5%时，必须停止工作，从超限区域撤出。

9．由矿灯、机电设备产生的火花都能引起瓦斯爆炸和矿井火灾，导致人员重大伤亡，所以在井下不能随意拆开、敲打、撞击矿灯，不准带电检修、搬迁电气设备，更不能使用明刀闸开关。

10．吸烟引发的瓦斯爆炸时有发生，为了确保井下全体矿工的人身安全，井下禁止吸烟和使用火柴、打火机等点火物品。

11．出现以下一种或多种征兆时，就可能发生煤与瓦斯突出，因此在观察到以下征兆时要立即停止作业、从作业地点撤出，并报告有关部门。

（1）无声征兆：工作面顶板压力增大，煤壁被挤出、片帮掉渣、顶板下沉或底板鼓起，煤层层理紊乱、煤暗淡无光泽、煤质变软、煤壁发亮，工作面风流中瓦斯忽大忽小，打钻时有顶钻、卡钻、喷瓦斯等现象。

（2）有声征兆：煤层发出劈裂声、闷雷声、机枪声、响煤炮，声音由远到近、由小到大，有短暂的、有连续的、间隔时间长短不一，煤壁发生震动或冲击，顶板、支架发出折裂声。

12．有些煤矿的煤尘具有爆炸性，一旦发生煤尘爆炸，会造成矿毁人亡，后果十分严重。通过认真执行《煤矿安全规程》和有关规章制度，有效实施煤层注水、湿式打眼、使用水炮泥、喷雾洒水、冲洗巷帮等综合防尘措施，煤尘爆炸是完全可以预防的。在井下工作时要爱护防尘设施、设备，不可随意拆卸、损坏。

13．顶板事故是最常见、最容易发生的事故，要注意防范。当出现以下一种或几种征兆时，要及时采取措施防范：顶板、支架发出响声；顶板掉渣；煤壁片帮；顶板出现裂缝；顶板脱层；直接顶漏顶等。

14．顶板是否会发生冒落，可采用以下方法进行观察。

（1）敲帮问顶：即用钢钎或手镐敲击顶板，声音清脆响亮的，表明顶板完好；发出“空空”或“嗡嗡”声的，表明顶板岩石已离层，有冒落的危险，应采取措施把脱离的岩块挑下来。

（2）打木楔：即在顶板裂缝中打入一小木楔，过一段时间如果发现木楔松动或松脱，说明裂缝在扩大，顶板有冒落的危险，应采取措施进行处理。

（3）震动观察：即一手扶顶板，一手持凿子或镐头等工具敲击顶板，若感到顶板震动，即使听不到破裂声也说明已有顶板岩石离层，有冒落的危险，应及时防范。

15．矿井火灾就是矿井井下或地面，威胁到井下安全生产，造成损失的非控制燃烧均称为矿井火灾。矿井火灾构成的基本要素归纳起来有热源、可燃物、空气三个方面。

根据引火的热源不同，通常将矿井火灾分为两大类：外因火灾、内因火灾。

矿井内因火灾主要是指煤炭自燃形成的火灾。煤炭自燃必须同时具备以下三个条件。

（1）煤炭具有自燃的倾向性，并呈破碎状态堆积存在。

（2）连续的通风供氧维持煤的氧化过程不断地发展。

（3）煤氧化生成的热量大量蓄积，难以及时散失。

16．井下火灾后果十分严重，会造成重大人员伤亡和财产损失，还会引发瓦斯、煤尘爆炸，导致灾害进一步扩大，应十分注意矿井火灾的防范。

（1）不能在井下用灯泡取暖和使用电炉、明火。

（2）在没有得到批准的情况下，不得从事电、气焊作业。

（3）不能将剩油、废油随意泼洒，也不能将用过的棉纱、布头和纸张等易燃物品随意丢弃。

17．火灾发生初期是灭火的最好时机，因而应主动学会使用灭火器具，掌握灭火知识。在发生火灾时，若火势不大，可直接组织身边人员灭火；若火灾范围大或火势太猛，现场人员无力抢救、自身安全受到威胁时，应迅速戴好自救器撤离灾区或根据领导指示行事。

18．矿井水灾事故是煤矿五大自然灾害之一，也会造成人员的重大伤亡，当观察到以下一种或几种征兆时，必须停止作业，判明情况，立即向领导或调度室报告，并从受水害威胁的区域撤出：工作面变得潮湿；顶板滴水、淋水；岩石膨胀，底鼓；矿压增大；片帮冒顶；支架变形；有水叫声；煤层挂汗、挂红；工作面有害气体增加，有时带有臭鸡蛋味等。

19．探水作业经常会发生意外，进行探水作业时，要预先开好躲避硐室，加强支护，规定好联络信号和避灾路线，并经常检查瓦斯。当钻进中遇到异常情况时，不要轻易移动或拔出钻杆、擅自放水，要及时向领导或调度室汇报，情况危急时，要立即撤出。

20．炸药在爆炸过程中会产生爆炸火焰，防范措施不当就会引起瓦斯爆炸，因爆破作业引发的瓦斯事故时有发生。为了防止因爆破作业引发的瓦斯事故，有关规章规定：爆破作业必须严格执行“一炮三检”制度（装药前、放炮前、放炮后检查瓦斯浓度），爆破地点附近 20 米以内风流中瓦斯浓度达到 1% 时，严禁装药，爆破；井下爆破作业必须使用专用发爆器，严禁使用明火、明刀闸（开关）、明插座爆破；炮眼必须按规定封足炮泥、使用水炮泥，严禁使用煤粉或其他易燃物品封堵炮眼，无封泥或封泥不足时严禁爆破。

四、紧急避灾

1．有效的自救和互救可减少事故伤亡，挽救自己和他人的生命，因而要主动学习和掌握矿井灾害预防知识和自救、互救知识，熟悉井下避灾路线。每个井下人员仅知道怎样防止和排除事故是不够的，还必须熟练地掌握怎样正确而又迅速地自救和互救，使自己和其他人员能安然脱险。自救就是井下发生意外灾变时，在灾区或受灾变影响的区域内的每个工作人员进行避灾和保护自己的方法。互救是在有效地进行自救的基础上，去救护灾区内受伤人员的方法。为了达到矿工自救和互救的目的，每个井下工作人员必须熟悉并掌握所在矿井的灾害预防，熟练地使用自救器，掌握发生各种灾害事故的预兆、性质、特点和避灾方法，抢救灾区受伤人员的基本方法，以及学会最基本的现场急救操作技术等。每个煤矿的领导者，应有计划地对所有煤矿工作人员进行相关培训。不能熟练地掌握自救、互救和现场急救操作技术的人员，就不能算是一名合格的矿工，都不允许下井工作。

2．井下灾害事故发生后，一般都有一个由小到大的发展过程。做好现场抢救工作就能将事故对人员的伤害减少到最低。及时报警可增加获救的机会，赢得抢救的时间。在事故发生后，在场人员一定要头脑清醒、沉着、冷静，尽量了解判断事故发生地点、性质、灾害程度和可能波及的地点，充分利用附近的电话或派出人员迅速将事故情况向领导或调度室汇报。

3．避灾过程中，在保证人员安全的条件下，利用附近的设备、工具和材料及时处理，消灭事故。当确认无法处理时，就应由在场的负责人或有经验的老工人带领，根据灾害地点的实际情况，选择安全路线迅速撤离危险区域。撤离时，要保持镇静、沉着应对，不要惊慌失措，大喊大叫，四处乱跑；要遵守纪律，听从指挥，决不可单独行动。

4．紧急避灾撤离事故现场时，要迎着风流、向进风井口撤离，并在沿途留下标记。

5．无法安全撤离灾区时，要迅速进入预先构筑的躲避硐室或其他安全地点暂避，在硐室外留下明显标记，并不时敲打轨道或铁管发出求救信号。撤离路线被封堵时，不要冒险闯过火区或泅过被水封堵的通道。

6．抢救窒息或心脏搏动、呼吸骤停的伤员时，要先复苏，后搬运；抢救出血的伤员时，要先止血，后搬运；抢救骨折的伤员时，要先固定，后搬运。

7．正确避灾，可避免或减少人员伤亡：遇到瓦斯、煤尘爆炸事故时，要迅速背向空气震动的方向、脸向下卧倒，并用湿毛巾捂住口鼻，以防止吸入大量有毒气体；与此同时要迅速戴好自救器，选择顶板坚固、有水或离水较近的地方躲避。

遇到火灾事故时，首先判明灾情和自己的实际处境，能灭（火）则灭，不能灭（火）则迅速撤离或躲避、开展自救或等待救援。

遇到水灾事故时，尽量避开突水水头，难以避开时，要紧抓身边的牢固物体并深吸一口气，待水头过去后开展自救和互救。

遇到煤与瓦斯突出事故时，迅速戴好隔离式自救器或进入压风自救装置或进入避难硐室。

井下自救器是用于在有毒危险场所逃离现场的呼吸防护用品，根据原理分为过滤式自救器和生氧式自救器两种。佩戴过滤式自救器时，左手握住外壳下底，右手掀起红色开启扳手，扯开封口带，去掉外壳上盖，将药缸从外壳中取出。然后从口具上拉开鼻夹，把口具片塞进嘴内，咬住牙垫，但嘴唇必须紧贴口具，用鼻夹夹住鼻子。取下矿帽，把头带套在头顶上，再戴上矿帽用嘴呼吸。

8．消防队员在火场救护时，除了要预防火焰的烧烤外，还要预防烟气的窒息性中毒。现代建筑物中，不少的装潢材料都是由可燃性、易燃性物质制成的，在燃烧或高温热解下，会产生大量的有毒烟雾和气体。如一气化碳、氢氰酸、丙烯醛、氯化氢、微粒碳等，对人危害极大。如果火灾场所是生产性建筑，内有生产性毒物，或有爆炸性毒气时，火场的危险性就更大了。

9．一氧化碳中毒　据有关资料表明：当空气中一氧化碳的浓度为 0.5% 时，人经 20 分钟就会死亡；浓度 1% 时，人只吸几口就会失去知觉，经 1 ～ 2 分钟就会严重中毒，甚至死亡。而一般火灾烟气中，一氧化碳浓度可达 4% ～ 5%，最高可达 10% 左右。氢氰酸气体的毒性更大，可以使人“闪电中毒”而致死。

煤矿井下的烧伤，多为瓦斯燃烧、爆炸的火焰以及电流等引起，也有因酸碱引起的化学性烧伤。

当煤矿井下发生烧伤事故后，救护人员应迅速将伤员救出现场，并注意在抢救过程中保护伤员的创面，不要忙于将伤员的衣服脱去或剪开去除，以免损伤创面和污染。另外，救护人员在将伤员送往医院抢救前，应对伤者进行一次全身检查，查看是否有合并损伤。一般来讲，烧伤一眼就可看到，但其他的损伤有时却难以发现，因此，在搬运伤员时若忽视检查，就会给伤员带来更大的痛苦，甚至会危及生命安全。对于受爆炸冲击烧伤的伤员，还须检查颅脑、脑腹腔内脏，以及呼吸道是否烧伤。若为化学性烧伤，救护人员还须重视伤员全身中毒的解救。

在伤员的急救过程中，若发现伤员因疼痛和恐惧而休克，应用针法止痛或服止痛药。若发生急性喉头梗阻窒息时，可用粗针头从环甲筋膜处刺入气管内，以保证通气，暂时缓解窒息的威胁。若伤者呼吸、心搏不好，甚至呼吸停止时，应就地进行心肺复苏。对于化学性烧伤的伤员，应首先用大量的清水持续冲洗，但对其他烧伤则一般不作处理，也不得弄破水泡。现场急救处理完毕，待伤员的伤情好转后应及时送往医院救治。值得注意的是，将伤员送往医院时，应轻轻、平稳地搬动伤员，救护车辆应尽量减少路上的颠簸，同时救护人员应随时观察伤员的伤情，不可大意。

10．一氧化碳中毒的治疗　由于一氧化碳中毒时，会造成人体红细胞携氧能力丧失，导致人体组织器官严重缺氧而对生命构成严重危害，在医院治疗的方法上，目前均以“高压氧治疗”为主要手段，即为中毒者提供高浓度的氧气，让一氧化碳尽早离开人体血红蛋白，让细胞得以重新呼吸到氧气。

通常人们呼吸含有 1% 一氧化碳的空气，大约只要 10 分钟的时间就会中毒，人若长期暴露在低浓度的一氧化碳下，会产生头痛、呕吐和其他不明显的症状；若暴露在高浓度的一氧化碳下，只要几秒钟就会因窒息而晕迷。如果人长期暴露在较低浓度的一氧化碳中，由于其中毒程度已和组织饱和，并且达到细胞酵素系统，他们经常会残留有长久不易痊愈的症状，临床上常见的症状为头痛和轻度呼吸困难、肌肉无力、心悸、无方向感、人格改变、眩晕及精神错乱等，而且会很快发生昏迷。皮肤颜色不是一个可靠的征象，它可能为粉红色、桃红色或发绀与苍白。

空气中 CO 浓度、吸入时间与中毒症状对应关系一般如下述。

- 0.02% 2 ~ 3 小时，前头部会有轻微的头痛。
- 0.04% 1 ~ 2 小时，前头痛、呕吐；2.5 ~ 3.5 小时后有后头痛。
- 0.08% 45 分钟，会头痛、眩晕、呕吐；2 小时就会意识不清。
- 0.16% 20 分钟，会头痛、眩晕、呕吐；2 小时就会死亡。
- 0.32% 5 ~ 10 分钟，会头痛、眩晕；30 分钟就会死亡。
- 0.64% 1 ~ 2 分钟，会头痛、眩晕；15 ~ 30 分钟就会死亡。
- 1.28% 1 ~ 3 分钟就会死亡。

五、煤矿工人的权利、义务与权利维护

1．享有对企业安全生产情况的知情权、监督权和建议权，有权要求煤矿企业提供企业的安全生产情况和了解作业场所、工作岗位存在的事故隐患、防范措施及应急方法。

2．享有煤矿企业依法提供岗前安全教育培训的权利，煤矿企业未能提供安全教育培训时，有权拒绝上岗作业。

3．有权抵制违章指挥和拒绝冒险作业，有权制止违章作业行为。

4．遇到直接危及人身安全的紧急情况时，有权停止作业，撤离作业场所，并采取紧急避险措施。

5．有自觉遵守国家有关法律、法规和各项规章制度的义务。

6．有爱护生产设备、设施和正确使用安全防护用品的义务。

7．有及时报告险情、参加抢险救灾的义务。

8．因工受到伤害时，有依法要求企业进行赔偿、并享受工伤和社会保险的权利。

9．发现违反国家安全生产法律、法规和规章制度的生产行为时，以及因监督、制止违规生产行为受到打击报复和迫害时，可向地方煤矿安全监管部门、国家煤矿安全监察机构和工会组织投诉举报。

（刘　昊　刘　勇　白俊清）

参考文献

[1] 中华人民共和国卫生部．职业性急性一氧化碳中毒诊断标准（GBZ23-2002）．

[2] 卫生部，中国共产党中央委员会宣传部，教育部，等．非职业性一氧化碳中毒事件卫生应急预案，2006．

[3] 陆再英，钟南山主编．内科学．7 版．北京：人民卫生出版社，2008．

[4] 岳茂兴，徐冰心，李铁等．硫化氢中毒损伤的特点、临床表现和紧急救治原则．中国全科医学，2004，7（14）：1079-1080．

[5] 中华人民共和国国家标准．职业性急性硫化氢中毒诊断标准及处理原则（GB8789-88）.
[6] 方仁声．硫化氢中毒的症状、预防及处理．中国沼气 ,2002，20(3)．38-39.
[7] 邱鸣磊．有害气体中毒 68 例救治分析．基层医学论坛，2010，14（34）：1087-1088.
[8] 董文生，聂富祥，李伟，等．井下有害气体中毒救治的探讨，中国实用神经疾病杂志．2009,12(15)：87-88.

第八章

部位伤自救与互救

第一节　四肢骨折现场急救外固定技术

一、肱骨（上臂）骨折固定法

（一）夹板固定法

用两块夹板分别放在上臂内外两侧（如果只有一块夹板，则放在上臂外侧），用绷带或三角巾等将上下两端固定。肘关节屈曲 90°，前臂用小悬臂带悬吊。

（二）无夹板固定法

将三角巾折叠成 10 ~ 15 cm 宽的条带，其中央正对骨折处，将上臂固定在躯干上，于对侧腋下打结，屈肘 90°，再用小悬臂带将前臂悬吊于胸前。

二、尺、桡骨（前臂）骨折固定法

（一）夹板固定法

用两块长度超过肘关节至手心的夹板分别放在前臂的内外侧（只有一块夹板，则放在前臂外侧）并在手心放好衬垫，让伤员握好，以使腕关节稍向背屈，再固定夹板上下两端。屈肘 90°，用大悬臂带悬吊，手略高于肘。

（二）无夹板固定法

采用大悬臂带、三角巾固定法。用大悬臂带将骨折的前臂悬吊于胸前，手略高于肘。再用一条三角巾将上臂带一起固定于胸部，在健侧腋下打结。

三、股骨（大腿）骨折固定法

（一）夹板固定法

伤员仰卧，伤腿伸直。用两块夹板（内侧夹板长度为上至大腿根部，下过足跟；外侧夹板长度为上至腋窝，下过足跟）分别放在伤腿内外两侧（若只有一块夹板则放在伤腿外侧），并将健肢靠近伤肢，使双下肢并列，两足对齐。关节处及空隙部位均放置衬垫，用 5 ～ 7 条三角巾或布带先将骨折部位的上下两端固定，然后分别固定腋下、腰部、膝、踝等处；足部用三角巾“8”字固定，使足部与小腿呈直角。

（二）无夹板固定法

即健肢固定法，用绷带或三角巾将双下肢绑在一起，在膝关节、踝关节及两腿之间的空隙处加棉垫。

四、胫、腓骨（小腿）骨折固定法

（一）夹板固定法

伤员仰卧，伤腿伸直。夹板长度超过膝关节，上端固定至大腿，下端固定至踝关节及足底。并将健肢靠近伤肢，使双下肢并列，两足对齐。关节处及空隙部位均放置衬垫，用 5 ～ 7 条三角巾或布带先将骨折部位的上下两端固定，然后分别固定大腿、膝、踝等处。足部用三角巾“8”字固定，使足部与小腿呈直角。

（二）无夹板固定法

伤员仰卧，伤腿伸直，健肢靠近伤肢，双下肢并列，两足对齐。在关节处与空隙部位之间放置衬垫，用 5 ～ 7 条三角巾或布条将两腿固定在一起（先固定骨折部位的上、下两端）。足部用三角巾“8”字固定，使足部与小腿呈直角。

四肢骨折是人们在生活中常见的损伤，为了避免骨折断端对血管、神经、肌肉及皮肤等周围组织的损伤，减轻伤者的痛苦，便于搬动与转运伤员，故凡发生骨折或怀疑有骨折的伤员，均必须在现场立即采取骨折临时固定措施。

五、脊柱骨折固定

将伤员仰卧于木板上，用绷带将脖、胸、腹、髂骨及脚踝部等固定于木板上。

1．如为开放性骨折，必须先止血、再包扎，最后再进行骨折固定。

2．下肢或脊柱骨折，应就地固定，尽量不要移动伤员。四肢骨折固定时，应先固定骨折的近端，后固定骨折的远端。夹板必须托扶整个伤肢，骨折上下两端的关节均必须固定。绷带、三角巾切忌绑扎在骨折处。

3．夹板等固定材料不要与皮肤直接接触，要用棉垫、衣物等柔软物垫好，尤其是骨突部位及夹板两端。

4．固定四肢骨折时应露出指（趾）端，以便随时观察血液循环情况，如有苍白、发绀、发冷、麻木等表现，应立即松开重新固定，以免造成肢体缺血、坏死。

第二节 断肢的急救

一、脱离现场

1. 工人如被运转的机械卷入，须立即停止机械的运转，设法将伤者解脱。

2. 如果肢体有一部分组织轧在机械中，不可急躁地将组织割开或撕下，以致造成无法弥补的损失。

3. 判断有无致命的合并伤 在严重的损伤中，有时不仅是肢（指）体离断，还可合并头、胸、腹等损伤，应快速判断有无呼吸道阻塞、心肺功能、血压等，并进行相应的急救。

二、止血固定

（一）止血

1. 指压法

（1）上肢止血：上肢止血时在锁骨上窝凹陷处向下向后摸到搏动的锁骨下动脉，用拇指按压。前臂出血时，在上臂肱二头肌中段内侧压迫肱动脉。手掌部出血，压迫手腕内外侧的尺、桡两动脉。

（2）下肢出血：下肢出血时在腹股沟韧带中点股动脉走行处，用拇指或手掌垂直压迫。足部出血时，压迫踝关节外下侧的胫后动脉和足背的胫前动脉。

2. 填塞止血法 用消毒的纱布或敷料、棉垫等填塞在伤口内，再用绷带紧紧包扎，也能起到止血作用。此法的缺点是止血不够彻底，且增加感染的机会。

3. 加压包扎止血法 用无菌纱布、敷料或干净毛巾、布料等折成比伤口略大的垫子，盖住伤口，再用绷带、三角巾等适当加压包扎，以压迫止血。此法多用于静脉出血止血。

4. 加垫屈肢止血法 前臂出血时，在肘窝部加一棉垫，屈肘；上臂出血时，在肘窝部加一棉垫，上臂紧贴胸壁；小腿出血时，在腘窝部加垫，屈膝；膝部或大腿出血时，在大腿根部加垫，屈髋。然后用绷带或三角巾将位置固定，即可止血。此法对伤员痛苦较大，不宜选用。怀疑骨折时忌用。

5. 止血带止血法 用止血带止血虽然能有效地制止四肢出血，但用后可能引起或加重肢端坏死、急性肾功能不全等并发症，因此要慎重使用。主要用于经其他方法而不能控制的出血。

（1）止血带的选择：气囊止血带最佳，其压迫面积大，对组织损伤小，可以调节控制压力，定时放松也较方便。其次为橡皮管、带，具有弹性好，易勒闭血管，对肢体组织损伤小等特点。其他还可以用较宽的布带、绷带、皮带做止血带。忌用铁丝、电线、绳索等代用。

（2）缚扎前的准备：先将受伤肢体抬高，使血液回流，然后在缚扎止血带处的肢体外加 1 ～ 2 层布垫或衣服保护皮肤。不要将止血带直接缚扎在皮肤上，也不要扎在棉衣棉裤外面，衬垫太厚会使止血带达不到止血目的。

（3）缚扎部位：止血带尽量靠近出血的伤口，以减少组织缺血的范围。上臂避免扎于中下 1/3 处，以免损伤桡神经。大腿宜扎在上 2/3 处。前臂和小腿因是双骨骼部位，血管在两骨骼间走行，止血带起不到勒闭血管的作用，故不宜扎在前臂和小腿。如一部位已缚扎 1 ～ 2 小时后，应换在稍高 2 ～ 3 cm 处缚扎。

使用止血带须注意以下事项。

①松紧适度：适当勒紧，以出血停止为度。

②缚扎时间：扎止血带的时间越短越好，一般不超过 1 小时，如必须延长，应每隔 40 分钟放松 1 次。放松时间以恢复局部血流，组织略有新鲜渗血为止。

③缚扎标记：凡是缚扎止血带的伤员必须挂上有色的标记，并加强交接班，如缚扎时间、部位等，防止因缺血时间长而发生严重并发症。

（二）固定

1. 固定方法　对尚未完全断离的肢体，伤口包扎后应用夹板妥善固定，以免在搬运时增加伤员的疼痛，引起再度损伤。夹板的形式不一，可就地取材，只要达到制动的目的即可。下肢有骨折时一般用直木板，上肢有骨折时可用直角夹板，维持肘关节屈曲于 90°。

2. 固定时注意事项

（1）应先进行有效止血和伤口包扎后再行固定。对露出伤口的骨端不可送回。

（2）尽可能就地固定而不移动伤肢，以免增加伤员痛苦。

（3）固定器材不能直接与皮肤接触，应用柔软的衬垫垫好，确保固定效果，避免损伤皮肤。

（4）固定时注意捆扎松紧要适度，松则起不到固定作用，紧则影响血液循环。

3. 迅速转移　用最快速的交通工具将伤员转移到有条件的医院治疗。转移前后注意与有关医疗单位联系，以便他们做好准备工作。

第三节　小夹板外固定方法

一、概述

四肢长管状骨骨折是创伤骨科最常见及最多发的损伤。小夹板固定（small splint fixation）是治疗骨折的一种常用方法，经常用于单纯的四肢骨折，如前臂骨折、小腿骨折等。小夹板固定以其特有的优势，被国内骨科医师及广大患者所接受，并得到国际同行学者的认可。但是，长期以来，小夹板固定一直存在一个问题，即扎带松紧度的调整全凭医生的经验及手感，上下活动 1 cm 为松紧度合适，经测定，一般为 800 ~ 1000 g 拉力。但这毕竟只是医生的主观感觉，非常容易造成失误，其结果必然导致夹板固定松紧度的差异，影响骨折固定及愈合，甚至容易造成严重的并发症。为此，长期以来对于小夹板固定的材料、可塑性、坚固性、固定压力可监控性进行了研究。形成了现在常用的传统型小夹板、铝制可塑性小夹板、医用高分子型小夹板、医用自动恒力小夹板、医用自动监测小夹板系统等。

二、传统型小夹板

（一）夹板外固定的原理

夹板固定是从肢体的生理功能出发，通过扎带对夹板的约束力，压垫对骨折断端防止或矫正成角畸形和侧方移位的效应力，充分利用肢体肌肉收缩活动时所产生的内在动力，使肢体内部动力因骨折所致的不平衡重新恢复到平衡（图 8-1）。

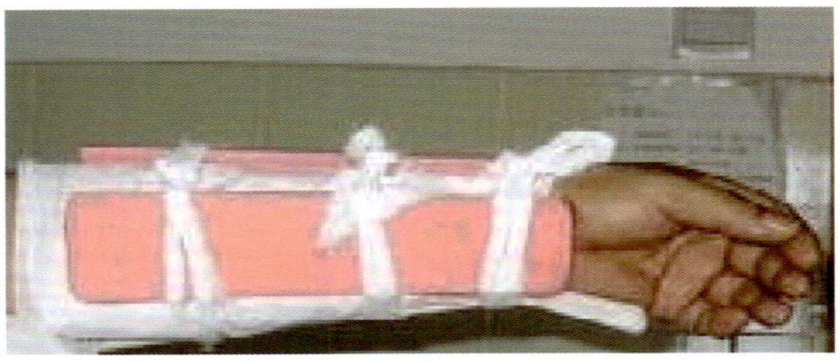

图 8-1 前臂骨折夹板固定

（二）夹板固定的适应证

1．不全骨折。

2．稳定性骨折。

3．四肢闭合性管状骨骨折。但股骨骨折因大腿肌肉较为丰富，肌肉拉力大，常需结合持续骨牵引。

4．四肢开放性骨折，创口小，经处理后伤口已闭合者。

5．陈旧性四肢骨折仍适合于手法复位者。

6．用石膏固定的骨折虽已愈合，但尚不坚固，为缩小固定范围，可用夹板代替石膏固定。

（三）禁忌证

1．较严重的开放性骨折。

2．感染或软组织损伤，肿胀严重，甚至有水泡的四肢骨折。

3．难以整复的关节内骨折。

4．躯干骨折。

5．错位明显之不稳定性骨折。

6．昏迷或肢体失去感觉功能者。

（四）小夹板的类型

小夹板可用木板、竹片或树皮作材料等（图 8-2），根据伤肢长度和肢体形状制成。厚度一般为 3 mm，四边刨光，棱角修圆，肢体面衬以毡垫，外包纱套。小夹板因应用部位不同而有不同的规格和形状（图 8-2）。

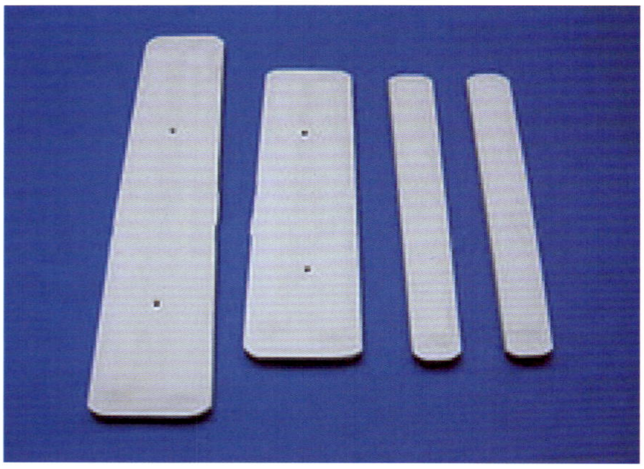

A．木质夹板

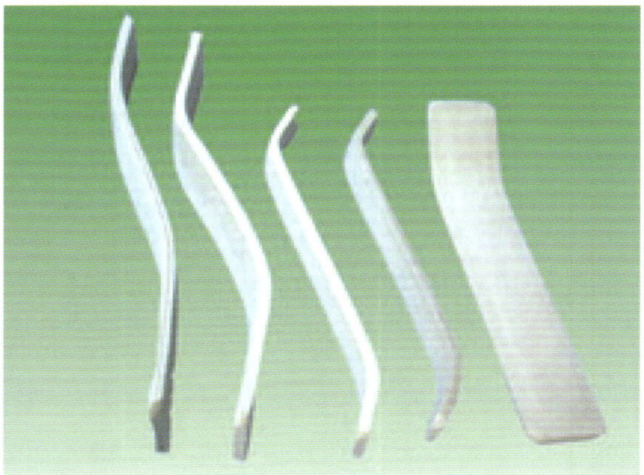

B．可塑型夹板

图 8-2 小夹板的类型

1．肱骨骨折固定用的小夹板 一号夹板在外侧，二号夹板在前侧，三号夹板在后侧，四号夹板在内侧。

2．尺、桡骨骨折固定用的小夹板 一号夹板在背侧，二号夹板在掌侧，三号夹板在尺侧，四号夹板在桡侧。

3．桡骨远端骨折固定用的小夹板 一号夹板在背侧（到掌骨头部），二号夹板在掌侧（到腕关节），三号夹板在桡侧（到第 1 ～ 2 掌骨），四号夹板在尺侧（到尺骨小头）。

4．股骨骨折固定用的小夹板　一号夹板在外侧，二号夹板在内侧，三号夹板在后侧，四号夹板在前侧。

5．胫、腓骨骨折固定用的小夹板　一号夹板在后侧，二号夹板在外侧，三号夹板在内侧，四、五号夹板在前侧（胫骨的两侧）。

6．踝部骨折固定用的小夹板　踝部骨折有内翻和外翻两种。

（1）内翻骨折：一号夹板在内侧，二号夹板在外侧。

（2）外翻骨折：一号夹板在外侧，二号夹板在内侧。

压力垫是用多层软纸或棉纸叠成不同形状的垫子，用于纠正骨折移位或维持已复位骨折的对位。例如在尺、桡骨骨折时，骨间筋膜部位即可用分骨压力垫撑开。

（五）小夹板固定前准备工作

1．根据骨折的具体情况，选择适当的夹板、纸压垫（图 8-3）、绷带、棉垫和束带（图 8-4）等。

2．向患者及家属交代小夹板固定后的注意事项。

3．清洁患肢，皮肤有擦伤、水泡者，应先换药或抽空水泡。

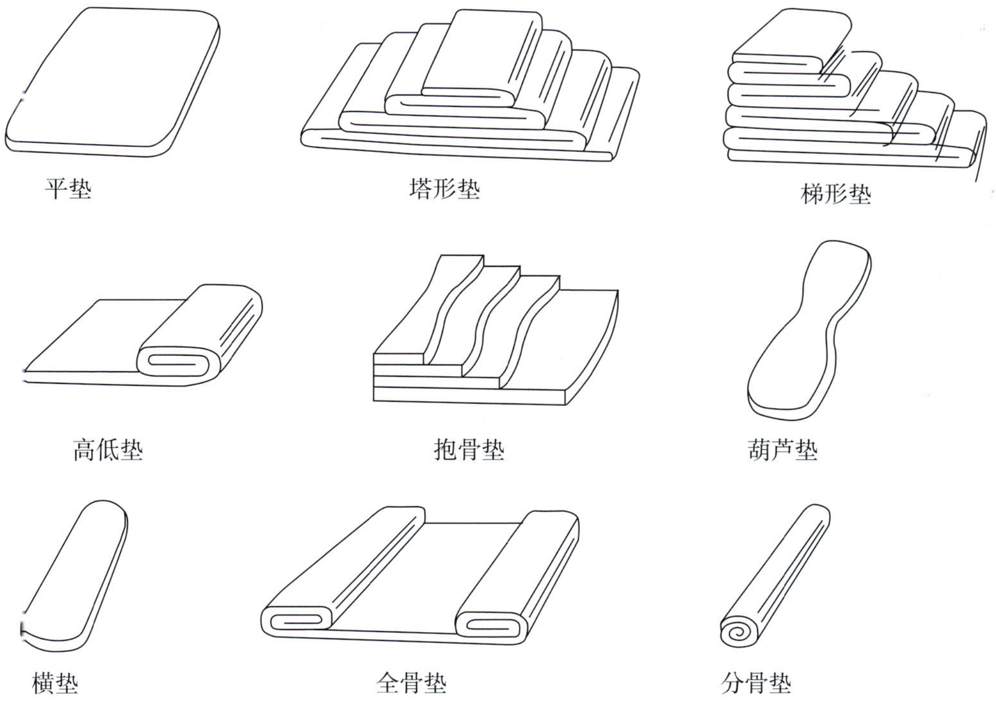

图 8-3　常用的纸压垫类型

（六）操作方法

1．在适当麻醉下，使骨折闭合性复位。

2．于固定的肢体部位放置医用棉衬垫，以防压疮。

3．纸压垫要准确地放在适当位置上，并用胶布固定，以免滑动。

4．安放夹板。

5．用束带捆扎固定。捆绑束带时用力要均匀，其松紧度应使束带在夹板上可以不费力地上下推移 1 cm 为宜。

附：纸压垫使用方法（图 8-5）

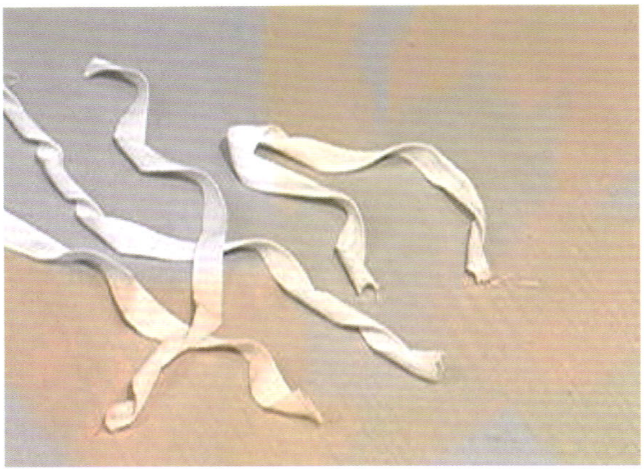

图 8-4 束带

(1) 两垫固定法：适用于有侧方移位的横断骨折。骨折复位后，两垫分别置于两骨折端原有移位的一侧，以骨折线为界，两垫不能超过骨折线，以防骨折再发生侧方移位（图 8-5A）。

(2) 三垫固定法：适用于有成角移位的骨折。骨折复位后，一垫置于骨折成角移位的角尖处，另两垫置于尽量靠近骨干两端的对侧，三垫形成杠杆力，防止骨折再发生成角移位（图 8-5B）。

(3) 分骨垫法：有防止并排列骨折再移位作用，如尺骨、桡骨、指骨、趾骨骨折（图 8-5C）。

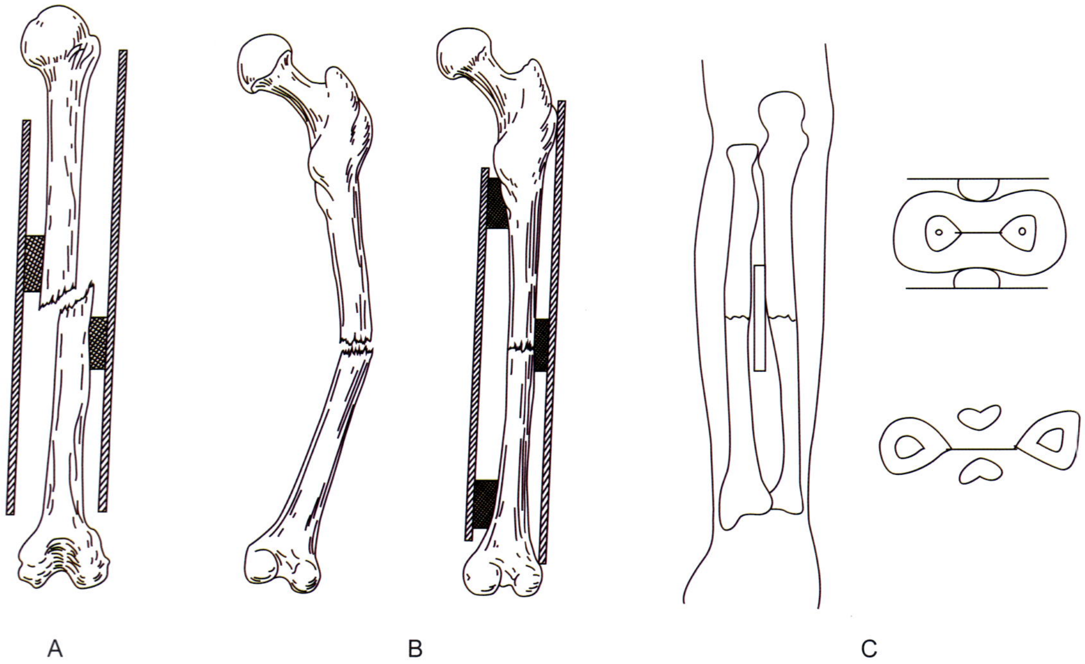

图 8-5 纸压垫安放原则

（七）夹板固定后的注意事项

1．抬高患肢，密切观察患肢血运，以利肢体肿胀消退，如发现肢端严重肿胀、青紫、麻木、剧痛等，应及时处理。可用软枕垫高。

2．在麻醉未失效时，搬动患者时应注意防止骨折再移位。

3．骨折复位后 4 天以内，可根据肢体肿胀和夹板的松紧程度，每日适当放松一些，但仍应以能上下推移 1 cm 为宜；4 天后如果夹板松动，可适当捆紧。

4．密切观察患肢的血液循环情况，特别在固定后 1 ~ 4 天内更应注意肢端动脉的搏动，以及温度、颜色、感觉、肿胀程度，手指或足趾主动活动等。若发现有血液循环障碍，必须及时将扎带放松，如仍未好转，应拆开绷带，重新包扎。

5．若在夹板内固定垫处、夹板两端或骨骼隆突部位出现固定的疼痛点时，应及时拆开夹板进行检查，以防发生压迫性溃疡。

6．注意经常调整夹板的松紧度。患肢肿胀消退后，夹板也将松动，故应每天检查扎带的松紧度，及时予以调整。

7．定期做 X 线透视或摄片检查，了解骨折是否再发生移动，特别在复位后 2 周内要勤于复查。若再发生移位，应再次进行复位。

开始每周酌情透视或拍片 1 ～ 2 次，如发现骨折发生移位，应及时纠正或重新复位。必要时改做石膏固定。

8．2 ～ 3 周后如骨折已有纤维连接，可重新固定，以后每周在门诊复查 1 次，直至骨折临床愈合。

9．及时指导患者进行功能锻炼活动。

（八）桡骨远端骨折夹板外固定示范

临床上常用的桡骨远端骨折简单分类为 Colles 骨折，Smith 骨折，掌、背侧 Batton 骨折。

1．仔细阅读 X 线片　正位片主要看桡骨短缩程度，尺偏角度，是否累及关节面，关节面塌陷程度。侧位片看骨折掌背侧移位情况，掌倾角度，掌、背侧皮质粉碎情况（图 8-6）。

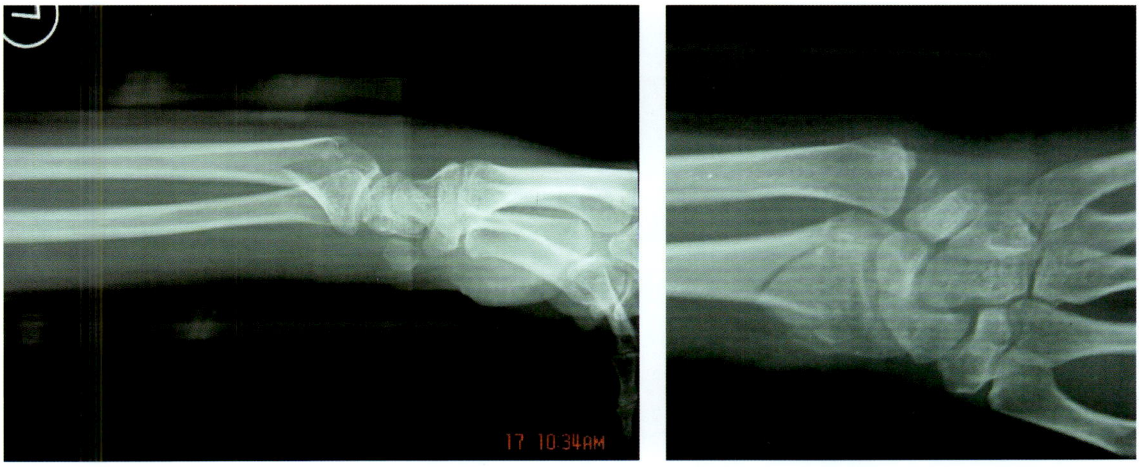

图 8-6　桡骨远端骨折 X 线征象

2．手法复位　各种骨折复位第一步是持续的牵引（图 8-7），腕关节分为三柱：桡侧柱、中间柱和尺侧柱。用力要均匀，保证每个柱都有牵引力量，利用韧带的张力恢复桡骨长度。术者两只手分别牵引拇指、环指、小指，均匀用力，持续牵引，有效牵引需要 5 ～ 10 分钟，利用术者自身重量牵引，避免暴力，一般骨折都能听到骨折复位声响，牵引过程中常用一些技巧，比如抖动法、折顶法等（图 8-8），根据患者情况选择，恢复长度后纠正尺偏角度，可用拇指挤压，然后反方向折顶，恢复掌倾角度（图 8-9）。

3．小夹板固定　手法整复后，按照图 8-9 的方法与步骤，用 4 块夹板超腕关节固定，将前臂置中立位，屈肘 90°，悬吊于胸前（图 8-10 至图 8-15）。

（1）小夹板的作用

①利用力量相等而方向相反的外固定力抵消骨折端移位倾向力。

②以外固定装置的杠杆来对应机体内部的杠杆。

③在夹板有效固定的同时，通过肌肉的主动收缩活动增强内在的固定力，矫正残余的畸形。

（2）小夹板固定后的注意事项

①随时调整束带，保持能来回移动 1 cm 的松紧度，若手部肿胀疼痛严重，手指麻木，肤色变紫，应即刻到医院复查。

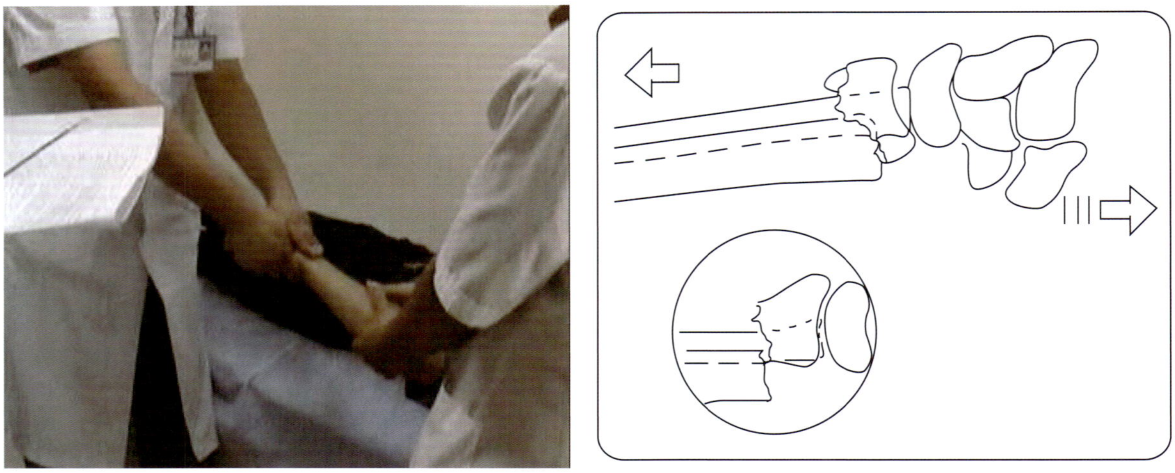

图 8-7 牵引

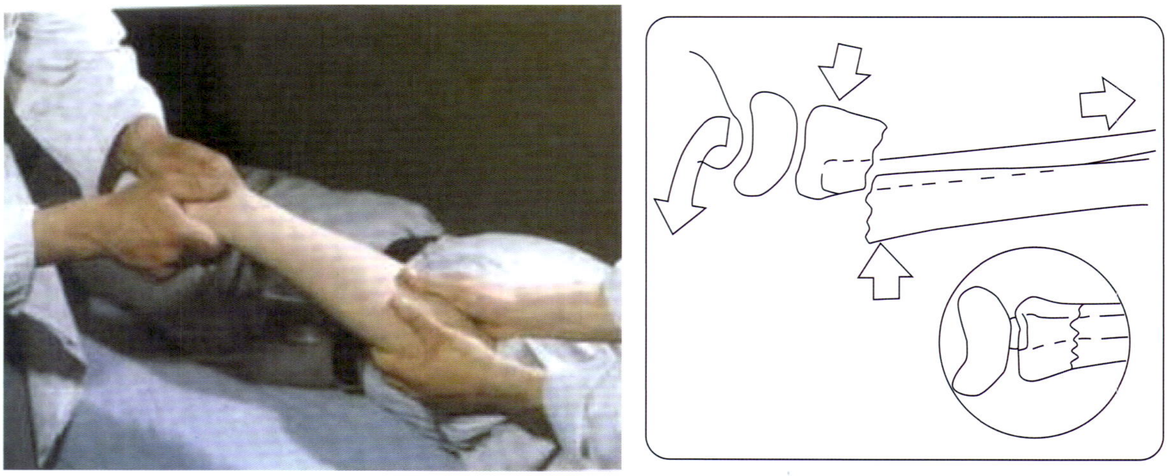

图 8-8 抖动

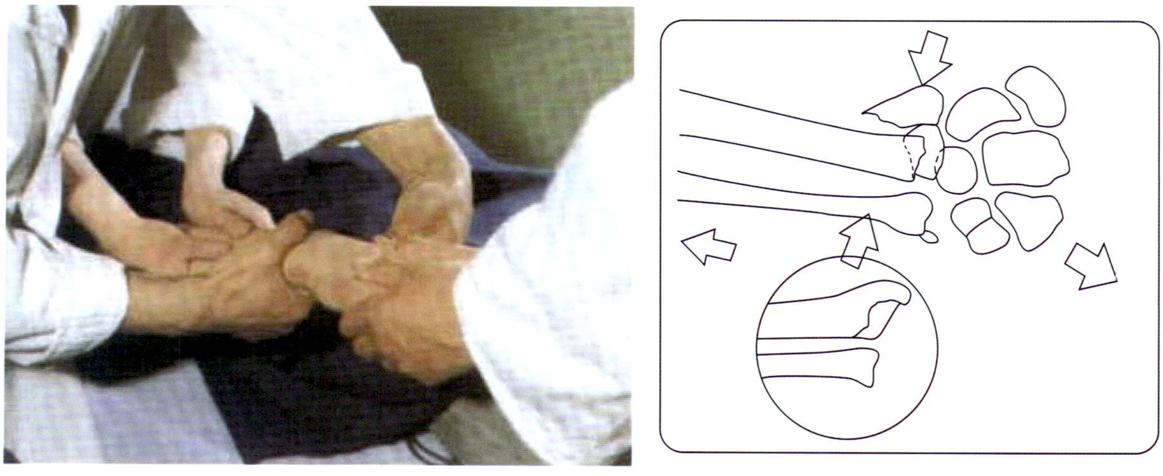

图 8-9 向尺偏复位

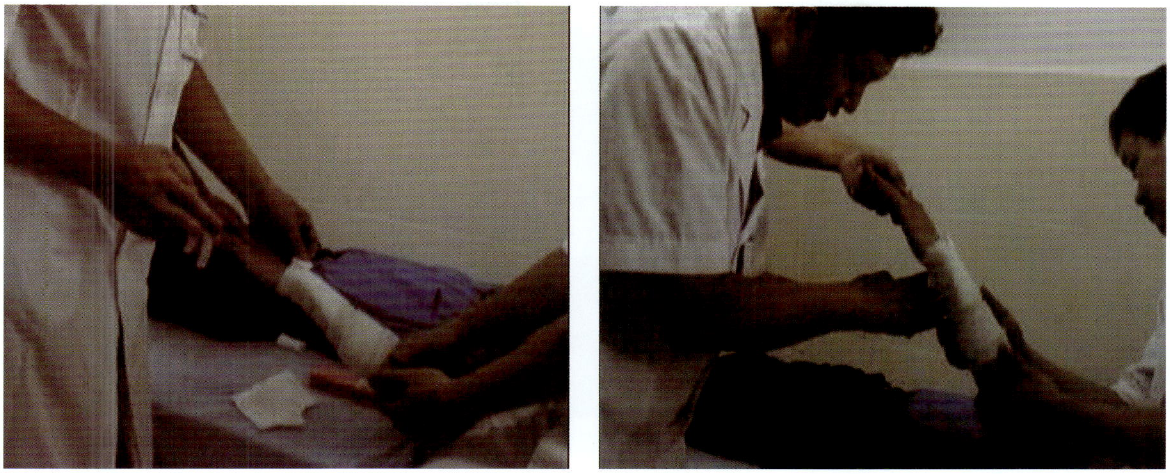

图 8-10　放置压垫（1）

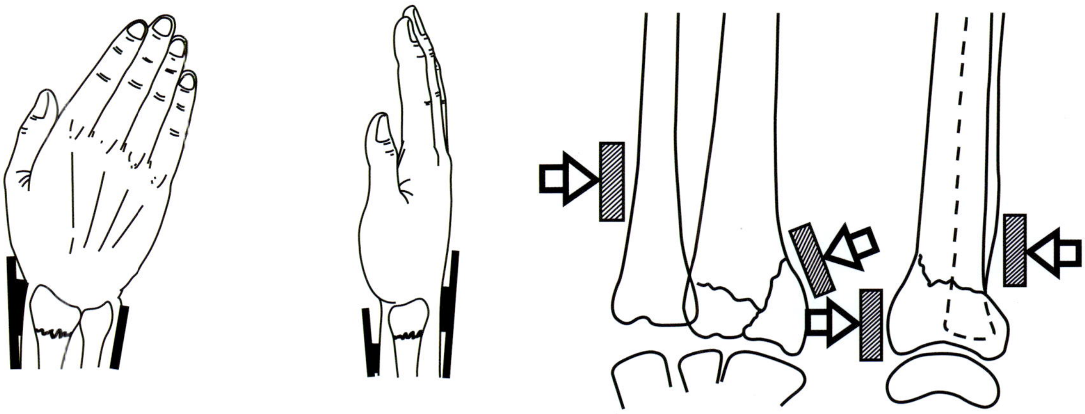

图 8-11　放置压垫（2）。小夹板加纸垫固定（示意图）

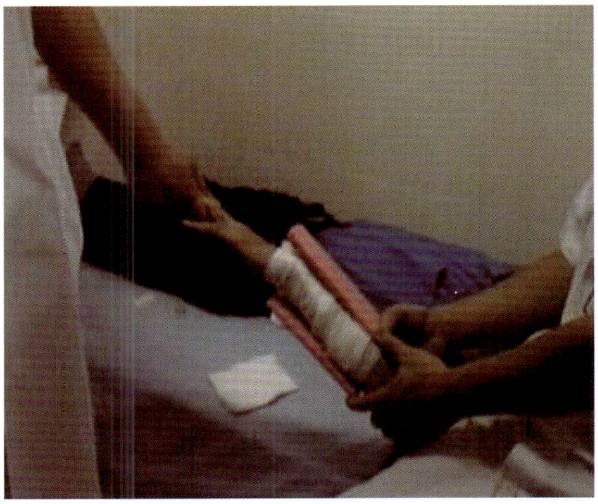

图 8-12　先放前后夹板（1）

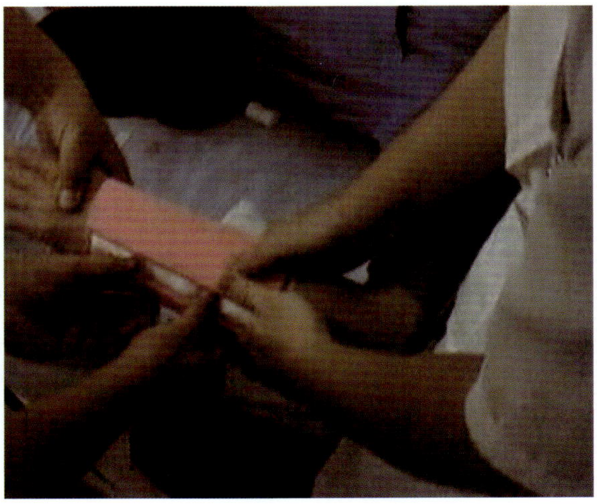

图 8-13　再放侧方夹板（2）

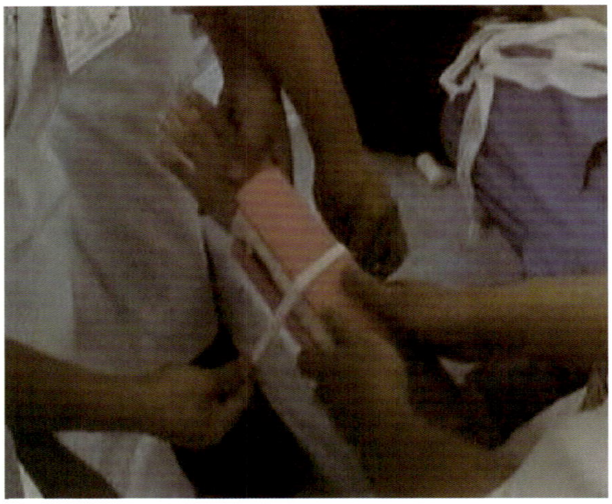

A．先绑中部

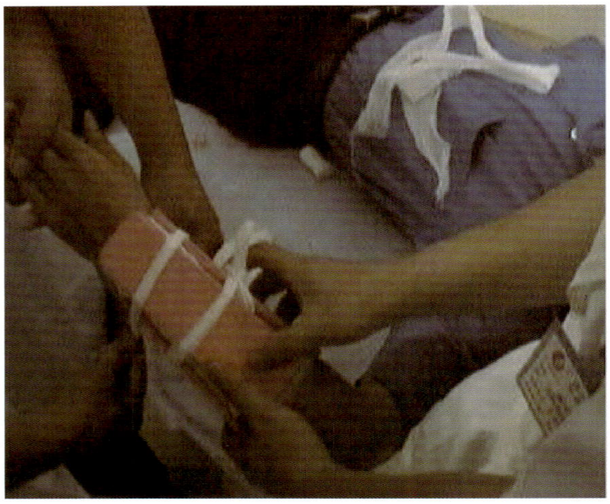

B．再绑远端

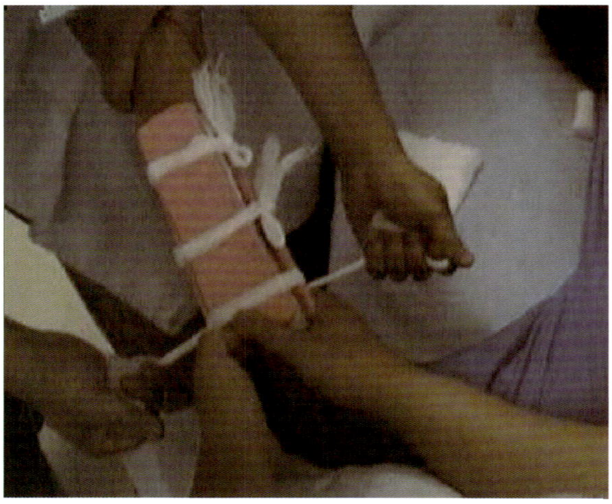

C．最后绑近端

图 8-14　绑束带

②患肢在固定期间应保持中立位。

③若在夹板两端或骨突处出现疼痛，应拆开夹板检查，以防发生压迫性溃疡。

④骨折固定的次日应来门诊复查，第 1 周复查 2 ～ 3 次，以后每周一次，以便保持骨折对位良好。

⑤视骨折愈合情况解除小夹板固定。

（九）功能锻炼

1．骨折复位固定后，即鼓励患者开始积极进行指间关节、掌指关节屈伸锻炼及肩、肘关节的各方向活动。

2．老年患者常见肩关节僵硬的并发症，即肩手综合征，应注意肩关节活动，加强锻炼，预防合并症发生。

3．粉碎骨折易继发创伤性关节炎，应尽早进行腕关节的功能锻炼。

4．解除固定后，做腕关节屈伸、旋转及前臂旋转活动。

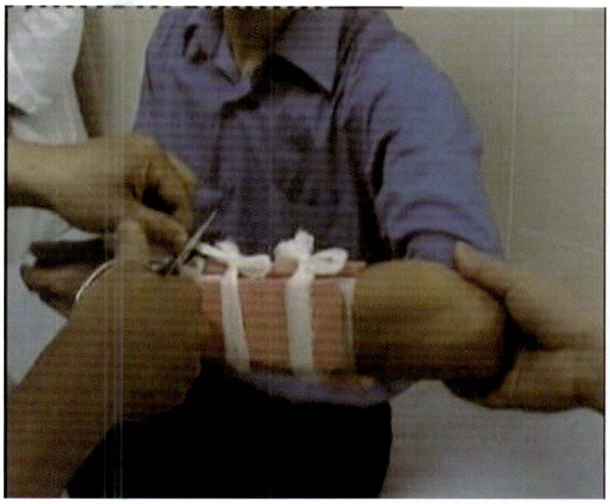

A．修剪扎带长度

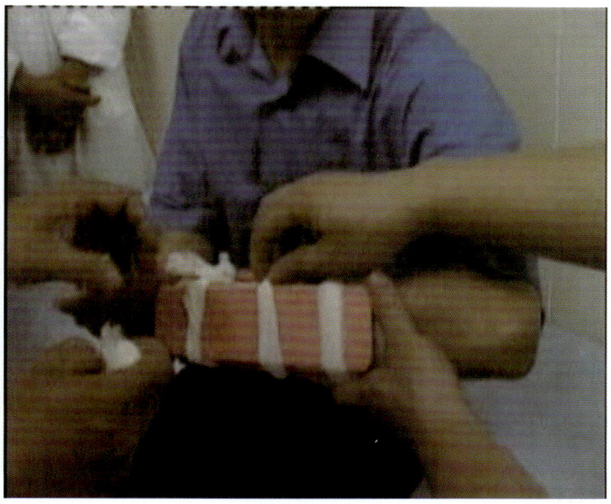

B．调节束带松紧度

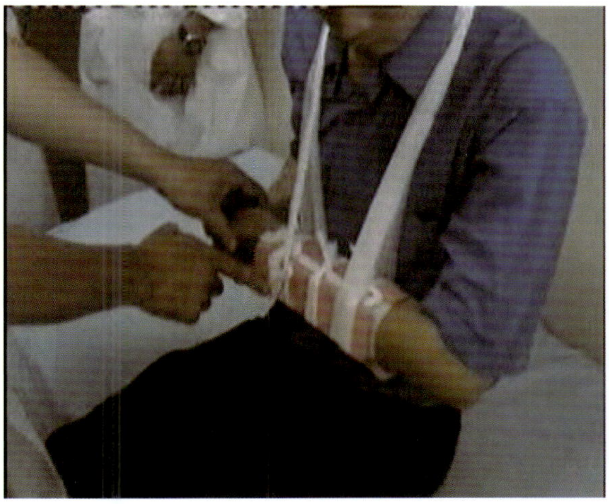

C．悬吊在胸前

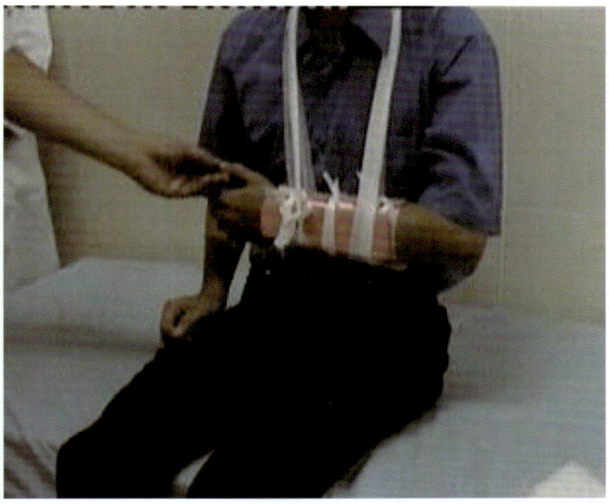

D．观察远端甲床血液循环

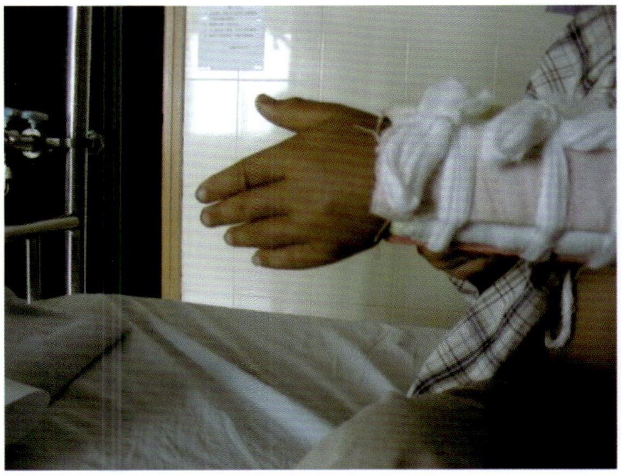

E．指间关节功能活动

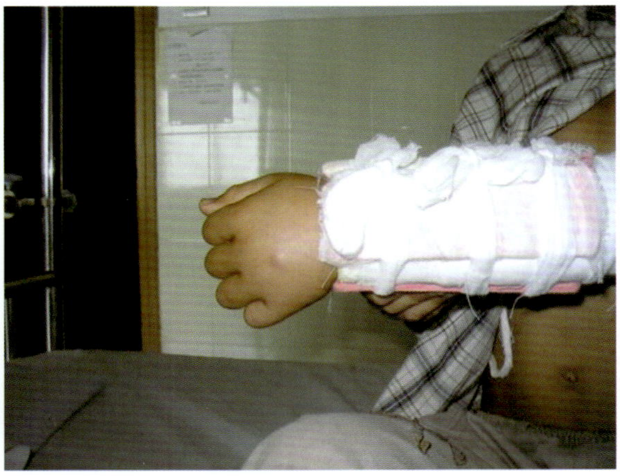

F．掌指关节功能活动

图 8-15　调整束带松紧度，进行功能锻炼

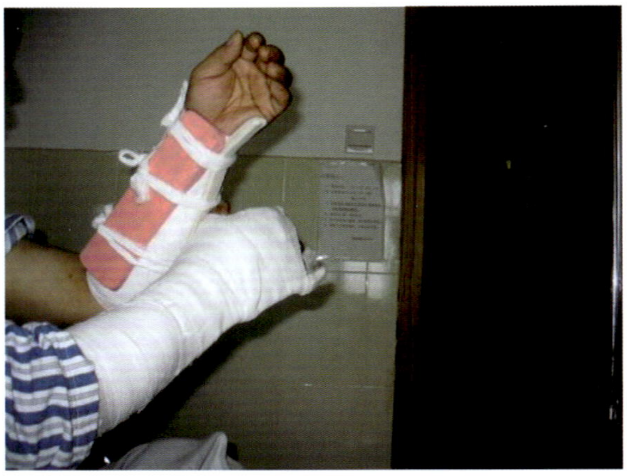

G．肘关节活动

图 8-15 （续）

三、现代型小夹板

（一）材质不同的小夹板

见图 8-16。

A．铝制可塑性小夹板

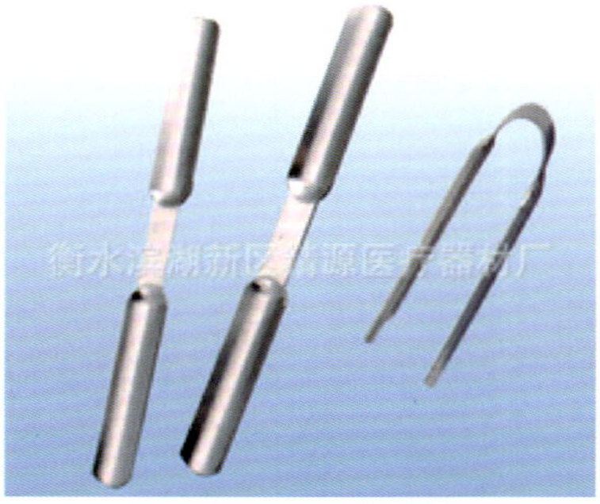

B．铝制可塑性小夹板

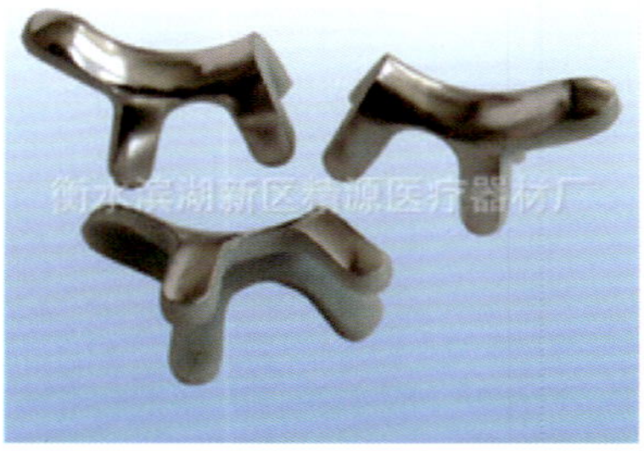

C．自敷衬垫式夹板

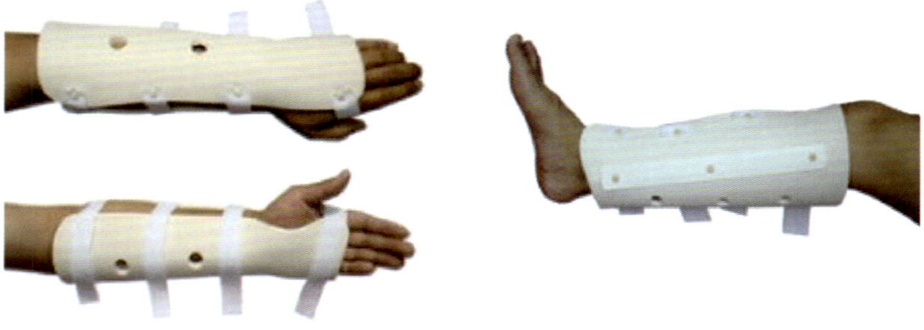

D．医用高分子型小夹板

图 8-16　现代性小夹板类型

（二）医用自动恒力小夹板

通过空气管与充气装置、放气装置和压强采集模块连接，压强采集模块频率输出端与控制器的计数器输入端连接，控制器的输出口分别与充气装置和放气装置的控制输入端连接，控制器的键盘接口与功能键盘连接，控制器的输出口与LCD显示模块控制输入端连接。优点包括：实时测控束带松紧度，使压力值基本保持恒定，克服传统上靠医生经验调节的局限性，提高诊治长骨干骨折的科学性。其操作技术简单、易学。

（三）医用骨科自调整体式夹板

为医用骨科松紧自调装置小夹板，用硬性及软性塑料制成，配尼龙绳。依各生理弧度成型，板面开设透气孔，各块安上绳孔及固定齿，其适当主块上安绳索松紧自调装置，以手动旋钮来掌握夹板捆绕松紧度。可随时调节，使各板更具生理贴合性，也使夹板联结成一个牢固适宜的整体。

（四）医用自动监测小夹板系统

为一种新的自动监测方法，有效地克服了传统上单纯依靠医生经验的局限性，提高了骨折治愈的科学性。硬件设计部分采用先进的触力传感器，解决了力学测量问题，保证了测量的精度要求。传感器获得的信号经调理放大后，送给高精度A/D转换器，转换后的信号交由单片机处理，实现对信号的高精度测量。同时设计了键盘电路和显示电路，实现了对系统的在线预值和实时数值显示。系统软件和硬件的有机结合，实现了自动监测小夹板的所有功能，主要包括：自动监测小夹板的系统自检、紧固力数值的实时显示、基值门限报警、电源报警等。该系统设计了软件数字滤波器，采用滑动平均算法，有效地克服了系统误差，保证系统的测量精度和可靠性。

第四节　枕颈损伤

枕颈损伤的发生率并非罕见，且伤者多在现场死亡，能够存活来诊之典型病例极少。

一、损伤机制

由于枕颈关节周围有多根坚韧组织及发达的肌群，一般情况下不易造成此处骨折脱位，但如果作用于头颅部的横向暴力来得突然而迅猛，以致这股剪应力集中至枕颈关节处时，则可引起这一对椭圆形关节的移位。这种移位如超过寰椎处椎管缓冲间隙最大限度（超过椎管矢状径的1/3），并对延髓形成压迫时，伤者多立即死亡。如仅引起半脱位，尚未对延髓造成致命性压迫时，伤者则有可能存活下来。

二、分型

1. 完全脱位型　主要引起四肢瘫痪及生命中枢危象，伤者多在受伤当时或短期内死亡。入院后死亡原因主要是呼吸及循环系统功能衰竭。伤后立即死亡者则系伤及延髓之故。

2. 枕寰失稳型　即外伤仅引起部分韧带及肌群的受损，此时主要表现为：颈痛、活动受限、被迫体位及枕颈交界处压痛等。严重者可能有四肢电击感（当体位不正时出现）或突发性四肢瘫。

三、诊断

1．有较明显的外伤史和临床症状。

2．X 线平片除显示椎前阴影增宽外，主要是用于除外其他类型的上颈段损伤。

3．MRI 对诊断具有决定作用。

四、治疗

1．头颅固定 一旦怀疑此损伤，应立即采用最稳妥的办法行颅骨牵引，或用新型头环石膏背心治疗。将头颈部确实固定。

2．呼吸机应用 伴脊髓损伤者，多需立即以呼吸机控制呼吸，并对心脏及全身状态进行监护。

3．脱水剂 用量稍大于一般颈椎损伤，持续时间亦不少于 5 天。

4．其他疗法 包括酌情气管切开，预防压疮、尿路感染及坠积性肺炎。

5．后期治疗 指伤后 3 个月以上者，如枕寰不稳，可行枕颈框架植骨融合术、头环牵引外固定架固定。

第五节 常见眼外伤的急救处理

常见的眼外伤有角膜或巩膜穿孔、破裂，虹膜、玻璃体脱出，前房积血，外伤性白内障，睫状体损伤等。

一、眼撞伤急救法

立即给予冰敷，大约 15 分钟，可减少疼痛及肿胀。若眼眶变黑或视物模糊，可能是眼球内出血或其他伤害，须立刻送医院请眼科医师检查治疗。

二、眼睑裂伤急救法

当眼睑裂伤时，有时因损伤血管而导致大量出血，这时伤者不要惊慌失措，可用消毒纱布或其他消过毒的物品如餐巾纸等覆盖于创口处，再用绷带加压包扎，一般都能暂时止血。若现场无绷带，亦可用长手帕或长毛巾替代绷带加压捆扎，然后再送往医院进行清创缝合处理。

三、角、巩膜穿孔伤和眼内容物（如虹膜、玻璃体等）脱出急救法

对于有角、巩膜穿孔伤和眼内容物（如虹膜、玻璃体等）脱出时，更应行加压包扎后再送往医院。如果未经加压包扎，就乘汽车送往医院，会造成伤员因路途遥远和汽车的长时间颠簸，致使玻璃体等内容物全部脱失，不得不将眼球摘除。所以，那些有眼球穿孔伤和有眼内容物脱出的伤员，一定要加压包扎后再送往医院，否则，将会造成无法挽救的后果。眼外伤患者，原则上清创缝合应在创伤后 24 小时以内进行，否则，将严重影响手术的效果。

四、眼内异物急救法

不可揉，以防异物滚动损伤眼球。可将眼皮向前拉，让眼泪将异物冲走或用冷开水冲洗以冲走异物，也可使用生理盐水或瓶装饮用水冲洗。若无效，则应闭眼，尽快送医院由眼科医师处理。

五、眼球破裂伤急救法

用纱布将眼部轻轻包扎。不可尝试拿掉粘在眼周或眼皮之内的任何物体，并避免碰压眼球或揉擦眼球。

如果伤情较重，如眼球破裂伤、眼内容物脱出等，不要强行扒开眼睑或去除脱出眼外的组织，应以清洁纱布或毛巾覆盖后立即送医院。

六、化学性眼外伤

化学性眼外伤是由于化学物质所引起的眼部损伤，主要是眼部组织和化学性致伤物质直接接触所致，常见的为酸性与碱性化学物质，如发生在化工厂，农、林、畜牧场所，实验室及医疗单位的人员接触酸性或碱性化学物质易致眼部损伤。

（一）酸、碱对眼球组织损伤的特点

眼部化学性损伤，其损伤的严重程度及预后取决于致伤物的种类、性质、物理状态、浓度、接触的时间、伤后急救措施等原因，特别是及时而正确的急救措施。

化学物质溶液一般分为脂溶性和水溶性两种。由于眼的角膜上皮、角膜内皮、结膜基质层和巩膜都是嗜水性的，因此只有水溶性的溶液才容易透过。当浓度较大的酸碱物质进入眼内时，眼球壁组织极易被破坏。

（二）立即冲洗是酸、碱损伤眼时的首要方法

1. 争分夺秒地冲洗 一旦有酸、碱化学物质进入眼内，不论在何处，如工厂、学校、实验室或家中，立即用大量的清水冲洗，冲洗液可是凉开水、自来水、河水或井水，此时分秒必争最重要。冲洗时要开大眼睑，使水能直接冲洗眼球，要反复冲洗，时间至少 15 分钟。

2. 取出残留的化学物质 冲洗后，要仔细查看眼睑结膜内是否还有残留的小物质。如果有固体的小颗粒，要用棉签或夹子去取，不可用手拿取。

3. 到医院就诊 经上述方法处理后，任何一种酸、碱化学物质引起的眼部受伤者都要到医院去，让医生做进一步的检查和诊治，这点对预后非常重要，切不可忽视。

七、眼外伤的应急处理

眼是人体最重要的感觉器官之一，当眼受外伤后，应从以下几个方面进行应急处理。

（一）急救措施

1. 当眼受外伤后，绝对不能用自来水洗眼，因为自来水不是无菌的，很容易引起细菌感染。应急处理时，处理人自己要把手洗干净，然后用干净纱布盖上眼，松松固定。如果用力包扎，压迫刺激伤口会发生感染。

2. 如果有异物刺入眼内，千万不要自己取出，要用干净酒杯扣在有异物的眼上，再盖上纱布，

用绷带固定去求医，尽量少走路，多乘车。

（二）注意事项

1．当眼发生外伤时，最怕发生细菌感染，一只眼感染会引起另一只眼的感染，这叫交感性眼炎，是一种危险的症状。医生们把这称为“同情失明”，有时一夜之间两眼会双双失明。为了避免发生上述症状，即使微小的伤口，也必须尽快去医院诊治。

2．当眼受外伤后，在去医院的途中，尽量不让头面部特别是眼球转动，走路时应当尽量慢。

3．为了防止眼外伤，要教育儿童在平时不要玩弄尖锐的物体，如锥子、剪子、针和骨针等。弹弓和能够弹出石头块的玩具也要禁止儿童玩。还要教育儿童注意爱护眼睛，在制作玩具和航空模型时，使用剪刀、锥子或用剪刀剪铁丝时，更应注意防止刺伤眼睛。

（孙泽林　刘　昊　刘　勇　杨杉杉）

第九章

矿山灾害事故发生后的心理自救

第一节　矿山灾害事故发生后矿工的生理心理反应

矿山灾害事故发生后，矿工的生理心理反应范围非常广泛，包括感觉“发疯了”，或者与以前的感觉迥然不同。有的人退缩不语，有的人寻求支持，或者迫切需要讲述刚才所发生的事情。有的人感觉精疲力竭，总是得不到充足的睡眠；有的人则觉得精力充沛，很难独自一个人安静下来。有的人沉湎于设想当初应该做些别的什么来防止矿山灾害事故发生；有的人则对矿山灾害事故发生在自己身上的不公怀着满腔愤怒，或者从内心里感到无可奈何。

每个人都会以自己独特的方式对矿山灾害事故作出不同的反应，这取决于矿山灾害事故的细节和程度，以及每个人独特的自我和经历。在矿山灾害事故发生期间和以后，其情绪特点、个人和家庭、年龄、社会关系，既往的遇事经验、以前及以后可能得到的援助等，所有这些因素都会影响到矿山作业人员的反应，甚至还可能会动摇一个人的生活基础。总之，矿山灾害事故可以影响到包括身体、智力、情绪和行为的改变。

一、矿工对矿山灾害事故的常见反应

表 9-1 所列出的是仅局限于有限调查脱难后矿工的自我回忆，有很多人对自己当时的一些情绪、想法或体验记忆不清，这能说明事故后可能出现的反应太多，无法全部一一列出。

（一）身体反应

矿山灾害事故是一个特殊的应激，身体通常会作出反应。遇险人员可能会有一些身体症状，如心率加快、肌肉紧张、神经过敏、睡眠困难，或者如表中所列出的其他反应。另外，其身体也可能是感觉麻木，甚至失去感觉和知觉。

（二）认知反应

1．看待自己的方式有所改变　以前可能认为自己是坚强、独立、乐观、开朗的，但是矿山灾害事故发生后，经历者可能会认为自己再也不能控制自己的命运了。现在可能觉得自己比以前胆小、脆弱、悲观得多了。甚或能够掌控自己命运的感觉可能会荡然无存。

表 9-1 矿山灾害事故常见的心理反应

身体反应	认知反应	情绪方面	行为方面
精力旺盛、颤抖、肌肉紧张；消化不良、胃部不适；心率快；头晕；失眠、做噩梦、易醒；无力、疲劳、容易疲倦；呼吸困难、窒息感；容易出汗、口干等	看待自己的方式改变；看待世界的方式改变；考虑他人的方式改变；对环境的警觉性增强；警觉性下降，与自我失去联系；难以集中注意力，注意力差或记忆力出现问题；难以做出决定等。表现为否认、自责、罪恶感、自怜、不幸感、无能为力感、敌意、不信任他人等	害怕，恐惧，没有安全感；悲观，忧愁，抑郁；内疚；愤怒，易怒；麻木，没有感觉；失落，什么事情都不喜欢；失去信心；失去自尊；感觉无助；与他人感情疏远；强烈或极端的情感；长期感觉空虚，先是迟钝、后变成极端的情感；紧张、焦虑、沮丧等	逃避，喜欢独处，退缩或远离他人；容易受惊吓；回避某些地方或场合；打架、骂人，变得敌对或好攻击；饮食习惯改变；体重减轻或增加；坐立不安；性活动改变；注意力不集中；常想起灾害事故发生的情形；过度依赖他人等

2. 看待世界的方式有所改变 总认为“别人为什么都好好的，我为什么就遇上这么倒霉的事故了呢？我也没有做对不起人的事啊！”认为世界、社会、人都是不公平的。

3. 思想崩溃 矿山灾害事故的影像可能会在遇险矿工脑际中萦绕，甚至相当长的时间内，当时矿山灾害事故的影像会在大脑中一遍一遍地重演。由于有些矿工对矿山灾害事故发生时间和感知出现混乱，也有的弄不清矿山灾害事故的发生顺序，更不清楚实际发生的事情的某些细节，所以那些萦绕在脑际之中的“影像”可能是道听途说或杜撰出来的综合。

4. 对工作环境以及周围的环境的警觉性增强 在矿山灾害事故发生之后，有的矿工对周围的事物极度警觉。比如，当走进某间屋子时，先对四周进行仔细的观察，看看有没有潜在的危险，然后再选择靠近出口的位置站立或坐下，而且始终很难消除戒心，让全身放松。

5. 警觉性下降，与自我失去联系 有的人说，感觉到自己的精神是游离于自己的身体“外面”的，常常感觉到是从身体外面专注地看着自己，难以注意到周围发生的事情。例如，听不见别人对他说的话，更想不起矿山灾害事故发生时的具体情况。

（三）情绪反应

1. 感到害怕，没有安全感 经历过矿山灾害事故的人有一种求助无望、不安全感，既感到无力保护自己，也难以得到他人的保护。

2. 对自己或任何人都失去信任 不管矿山灾害事故是偶然的事件，还是因违章操作而导致的突发事件，都可以导致深刻的不信任感。有可能觉得自己对人、对事不会有特别的指望，也可能不再相信自己的能力或判断。

3. 失去自尊 自己觉得痛恨自己 矿山灾害事故幸存者可能觉得，自己对所发生的矿山灾害事故负有责任。悔恨当初只要遵守规则一些，灵敏一些，就可能略微好一些，矿山灾害事故也可能就不会发生。

4. 感觉无助 常常感觉到自己的能力是多么渺小，自己的行为不可能改变任何现状。尤其是面对重大矿山灾害事故，更会感觉自己的行为是那样的无助。

5. 长期感觉空虚 经历矿山灾害事故后的人，有可能会感觉空虚、精疲力竭和麻木，无法具体描述自己的感受。先是迟钝，以后变成极端的情感。作为矿山灾害事故的幸存者，对于发生在自己身上的事情，可能只是迟钝或麻木地感觉到恐惧、惊骇、害怕或愤怒，但又觉得无法表达这些情绪。而后可能会突然地、意想不到地涌起强烈甚至破坏性的情绪，以至于难以控制。也可能会在这两个极端情绪之间摇摆不定：当情绪太强烈且无法控制时，有可能将它表达出来；当被强烈的情绪压倒时，也可能将情绪彻底隔离起来。一般情况下，都可能会发现自己的感情很难得到自我控制。

（四）行为反应

1. 变得退缩或远离他人 幸存者可能开始退缩，回避他人。原因可能是一个人待着可能会感觉更安全，更舒服。

2. 回避发生矿山灾害事故的工作场所 寻找各种各样的理由不去工作单位，尽管其结果有可能导致自己的工作和生活受到破坏。

3. 变得敌对或好攻击 有时可能发生经常向别人或亲人挑衅，或激怒。比如挑头吵架的次数可能会比以前增多。

4. 饮食方式改变或其他行为改变 表现为吃得比以前多了或少了，结果体重可能会增加或减少。其他行为，如睡眠习惯和性活动也可能会改变。

总之，目睹工友离去，经历矿山灾害事故产生巨大的恐惧、焦虑、悲伤、无助与绝望，饥寒交迫，不但挑战了矿工生命的极限，而且挑战了他们心理的极限，因此对获救矿工的救治工作不仅要重视机体代谢平衡的重建，更要重视心理平衡的重建。

二、矿山灾害事故发生后伤病矿工的心理活动表现

（一）精神紧张反复无常、思想矛盾痛苦

经过突发事故的惊吓和手术创伤，受伤矿工的神经系统处于高度敏感状态，任何不良刺激都会导致明显的情绪波动，出现各种精神症状。尤其是在严重致残的伤员中，生活不能自理，悲观绝望，认为社会地位降低，前途渺茫，丧失生活信心，有时甚至产生轻生的念头。

（二）自责、自罚与迁怒别人

有些伤员会对自己受伤前在工作岗位上的作为和周围环境进行回忆和检讨，有时会因为自己操作失误或有违章作业现象而自责，还有部分伤员是因别人失误或违章作业所致，因而对他人产生怨恨情绪，心中闷闷不乐，气郁在心。严重时影响治疗效果。

（三）担心与牵挂

部分伤员精神萎靡、情绪低落，特别是年轻人，未婚的担心致残后将来找对象困难，已婚的担心老人的赡养、妻子和孩子的生活问题等，心理上有很大的压力，影响饮食、睡眠和治疗。

（四）需要治疗和安全

大多数受伤矿工在住院后，有恐惧感，怕打针、怕手术、怕感染、怕出血、怕病情恶化等。在治疗过程中，他们总希望由资深的医生诊疗、手术，由有经验的老护士值班。

第二节 矿山灾害事故发生后矿工的心理自救

一、心理自救原则

（一）不要拒绝帮助

我们每个人在一生中都需要帮助他人，也需要他人帮助自己。将这些体会、感受和经验说给其

他人听，学会倾诉，不隐藏自己的情绪，与有共同经历的人们一起分担悲痛。心理治疗的一个常用的方法就是将一些有类似问题的人组成一个小组，让大家一起说出各自内心的体会。

（二）多跟自己的亲人或有类似经历的人在一起。

不要封闭自己，要多和亲人、朋友或有类似经历的人保持联系，多与他们交流，学会倾诉和倾听。

（三）不要不好意思哭泣

眼泪可以治疗心灵的创伤，借助一些悲伤的音乐、电影让自己痛哭一场，把积压在内心的悲痛发泄出来。

（四）多鼓励自己

多鼓励自己，当然也别忘记鼓励别人。让大家互相加油，尽自己所能，帮助别人，同时也接受别人真心实意的帮助和支持。不要勉强自己遗忘痛哭。伤痛会停留一段时间，这是不可避免的。

（五）尽可能保证睡眠、休息和基本饮食

良好的体力、营养储备是人体战胜伤痛、康复的物质保证。相反，体力虚弱会加强心理创伤的负面影响。尽量做些力所能及的事情，每天为自己安排一些具体的、可以做的事情，尽快恢复自己的正常生活作息。

（六）积极寻找专业的心理帮助

对于心理咨询和心理治疗，有些人可能会有所顾虑，认为看心理医生是丢人的，是有精神疾病的表现，这些是错误的认识。当矿山灾害事故使幸存者很长时间不能进行心理平复的时候，建议找专业的心理咨询师，寻找专业的帮助。

二、心理自救方法

（一）写日记法

心理学有一个术语叫做“未完成事件”，它是指未表达出来的情感。虽然这些情感没有表达出来，但它却与鲜明的记忆及想象联系在一起。由于这些情感在知觉领域里并没有被充分体验，因此就会在潜意识中徘徊，并在不知不觉中被带入现实生活中，从而妨碍自己与他人之间的有效接触。未完成事件常会一直持续存在，一直到勇于面对并处理这些未表达的情感为止。写日记可以完成这种“未完成事件”，学会正视自己的情感。日记中可以复述曾经发生的矿山灾害事件，复述经历除了能调节人的心情，也可以改变人的思想观念。矿山灾害事故发生后，矿工可能处于情感崩溃的边缘，越早描述出发生的事情，越能及时宣泄积压在心中的负性情绪能量。日记中也可以叙述矿山灾害事故带给你的情绪感觉。面对苦难，最好的办法是表达出来，用自己的语言描述可能有一些困难，用写的方式表达可能更容易一些。也可以写一些自我积极暗示的日记，就是写出自己的有力的、积极的叙述，这样可以开始用一些更积极的思想和概念来替代过去的否定性的思维模式，它可以在短时间内改变我们对生活的态度，人需要不断地激励才能最大限度的发挥潜能，心理学研究认为，一个没有受激励的人，仅能发挥其能力的 20 %～ 30 %，一旦受到激励，其能力可以发挥到 80 %～ 90 %，相当于激励前的 3 ～ 4 倍。

（二）自我暗示法

心理学研究表明，暗示作用对人的心理活动和行为具有显著的影响，内部语言可以引起或抑制人的心理和行为。自我暗示就是通过内部语言来提醒和安慰自己，如提醒自己“不要灰心”“不要着急”“一切会过去的”“事情不像我想象的那么糟”等，以此来缓解心理压力，调整不良情绪。也可

以用生活中的哲理或某些明智的思想来安慰自己，鼓励自己同逆境进行斗争。一个人在痛苦和打击面前，只要能够有效进行自我鼓励，就会感到有力量，就能在痛苦中振作起来。

（三）幽默法

幽默法是摆脱心理困境极有效的自救策略之一。据说，著名哲学家苏格拉底的夫人是一位脾气非常暴躁的女人。有一次，苏格拉底正在与一群学者谈论学术问题，夫人突然冲进了，先是大骂，接着又往苏格拉底身上浇了一桶水，面对如此难堪的局面，苏格拉底笑着说道："我早就料到，打雷之后，定会下雨。"经此幽默，即把事情化解了。笑是精神消毒剂，幽默是走出心理困境的阶梯，幽默的行为，幽默的语言，常常使困境和窘迫转化为轻松和自然，使精神紧张得到放松。

（四）宣泄法

心理学认为，当矿山灾害事故发生后，用意志力压抑情绪，表现出正常情况下的谈笑自若，这种做法虽可以减轻焦虑，但只能缓解表面的紧张，却难以压抑内在的情绪纷扰，这样不仅不能从根本上解决问题，还会陷入更深的心理困境，带来更大的身心危害，产生心理和躯体疾病。善于自救的人，总能选择合理的方式宣泄心中的痛苦。例如不断地反省，大哭一场，找人倾诉发生的灾害事故，甚至愤怒时大声吼叫、高声唱歌等。

（五）升华法

把负性心理激起的能量引导到对社会、对自己都有利的方面，确实难得又可贵，如司马迁遭到宫刑而著《史记》，居里夫人在丈夫横遭车祸后，用努力工作克制自己的悲痛，这与一个人的修养、觉悟密切相关。

总之，可以告诉受害者，矿山灾害事故发生后的日常生活可能对于你来说很难，但是你可以试图让你的生活变得容易一些，尤其是当你牢记本章节中介绍的一些方法，并试图适用它时。在恢复的这段时间里，可以对一些平时的事情提前做好计划，这样可以帮助你处理事情更从容一些。此外，在这个过程中你也要避免做出一些冲动性的改变，冲动性的改变可能会再次将你置于危险之中，尽量在做出改变以前将事情考虑全面，也不要同时做出太多的改变，即使良好的改变也会再次增加你的压力和焦虑情绪。在这个阶段，你可以试图多注意你的感觉和反应，与其他有过类似经历的人交谈，寻求可以给予你支持的人，允许自己为曾经的遭遇悲伤。从灾害事故的创伤中恢复意味着重建你的生活，而要做到这一点需要时间，不要着急。要认识到，不管你现在的身体和情绪状况如何，你幸存下来这个事实本身就反映了你的力量，不管以后的路途多么困难，你已经能够生存了，这是一个事实，你会慢慢地认识到你的力量和恢复力，你会慢慢地发现你比你想象的更坚强。

（白俊清　黄秀江）

参考文献

[1] 宋丽萍，杨辉，罗锦秀，等．3·28透水事故获救矿工住院期间的心理干预．护理研究，2011，25(2B)：420-422．

[2] 田文生．矿工心理问题易酿成安全事故．安全与健康（警钟长鸣），2005，12：8．

[3] 李栗，王晓燕．灾害事故后矿工创伤的心理状况及护理．中国煤炭工业医学杂志，2009，12（8）：1293．

[4] 刘占全．“成长日记”引领学生走出心灵的阴霾——如何辅导地震灾区学生进行心理自救．中小学心理健康教育（一线快递），2009：34-35．
[5] 马云龙，王海名．濒危矿工自救与互救概述．学术探讨，2010，10：260-261．
[6] 陈丽华．面对困境学会心理自救．心理世界，2002，4：23．

第十章

矿山救护队的培训

第一节 概 述

一、矿山救护队

矿山救护队（mine rescue party；mine rescue crew；mine rescue team）是矿山发生灾害时，能迅速赶赴现场抢救人员和处理灾害的专业救护组织。它是一支按照《煤矿安全规程》《矿山救护规程》等法规建立的，处理和抢救矿井火灾、矿山水灾、瓦斯与煤尘爆炸、瓦斯突出与喷出、火药爆破炮烟中毒等矿山灾害的职业性、技术性、军事化的专业队伍。

根据我国煤矿矿山救护队的特点和煤炭行业的管理职能，原煤炭工业部在煤炭系统建立了军事化救护总队—支队—区域大队—中队—辅助队的救护管理体制。跨省（区、市）调动，由总队统一指挥；省（区、市）内调动，由支队统一指挥；区域内调动由大队统一指挥。

（一）区域矿山救护大队

各省（区、市）煤炭管理机构将本省（区、市）的产煤地区，以 100 km 为服务半径，合理划分为若干区域。在每个区域选择一个交通位置适中、战斗力较强的矿山救护队，作为重点建设的矿山救护中心，即区域矿山救护大队。

区域矿山救护大队设大队长 1 人，副大队长 2 人，总工程师 1 人，副总工程师 1 人，工程技术人员数人。

（二）矿山救护中队

矿山救护中队距服务矿井一般不超过 10 km 或行车时间一般不超过 15 分钟。矿山救护中队是独立作战的基层单位，由 3 个以上的小队组成，直属中队由 4 个以上的小队组成。

矿山救护中队设中队长 1 人、副中队长 2 人、工程技术人员 1 人。中队应配备必要的管理人员及汽车司机、机电维修、氧气充填、电台话务等人员。

（三）辅助矿山救护队的组织

辅助矿山救护队应根据矿井的生产规模、自然条件、灾害情况确定编制，原则上应由 3 个以上的小队组成。

辅助矿山救护队应设专职队长及专职仪器装备维修工，负责日常工作。辅助救护队直属矿长领导，业务上受矿总工程师（或技术负责人）和矿山救护队领导。

二、特点

（一）职业性

矿山救护队的职业性在于经常处于战备状态，时刻保持高度警惕，严格管理，严格训练，常备不懈，平时下井熟悉巷道路线，检查消除隐患，并有不少于6人的当值小队执行昼夜值班，一经接到事故通知警报后，要在1分钟内登车出动，专业服装及仪器装备均在车上。行进途中，队员在车内着装佩械，下车后可立即奔赴灾害现场。

（二）技术性

矿山救护队的技术性在于每个矿山救护队指战员必须熟悉矿井采掘、通风、机电各专业知识；熟练掌握急救、抢险、救人、灭灾的技术业务知识；了解救护技术装备的性能、构造、维修、保养，并能熟练操作，排除故障；掌握各种救灾工艺技术，能在窒息区抢救时得心应手。

（三）军事化

所谓军事化，是指矿山救护队实行军事化管理，开展军事训练，以灾区为战场，以矿灾为消灭之敌，以呼吸器械为武器，严肃队容风纪，提高组织性、纪律性，每个指战员都要坚决服从命令，听从指挥。

矿山救护队分大队、中队、小队三级组织，大队由2个以上中队组成，中队由3个以上小队组成，小队至少由8～9人组成。中队是独立作战单位，小队是基层作战单位。

军事化矿山救护队，为保证行动迅速，经常处于备战状态，分别以小队为单位担任值班队、待机队和休息队。值班队时刻处于备战状态；待机队可以进行学习、训练、下井检查；休息队可以回住宅休息。救护队员的家宅必须靠近队部，可就近来队当值。

矿山救护队除了有专业队伍之外还有辅助救护队。

辅助矿山救护队是不脱产的矿山救护队。它是专业化矿山救护队的助手和后备军。

辅助矿山救护队是由从事井下通风、消防、安装、运输、瓦斯检验测定、瓦斯抽放等工作，有实践经验，身体符合专职矿山救护队员标准的工人，以及工程技术人员所组成。

辅助矿山救护队员由矿长或矿总工程师直接领导，设专职队长及专职仪器装备维修工。

三、任务与职责

（一）主要任务

1．抢救矿山遇险遇难人员。

2．处理矿山灾害事故。

3．参加排放瓦斯、震动性爆破、启封火区、反风演习和其他需要佩用氧气呼吸器作业和安全技术性工作。

4．参加审查矿山应急预案或灾害预防处理计划，做好矿山安全生产预防性检查，参与矿山安全检查和消除事故隐患的工作。

5．负责兼职矿山救护队的培训和业务指导工作。

6．协助矿山企业搞好职工的自救、互救和现场急救知识的普及教育。

（二）兼职职能

1．引导和救助遇险人员脱离灾区，协助专职矿山救护队积极抢救遇险遇难人员。

2．做好矿山安全生产预防性检查，控制和处理矿山初期事故。

3．参加需要佩用氧气呼吸器的作业和安全技术工作。

4．协助矿山救护队完成矿山事故救援工作。

5．协助做好矿山职工自救与互救知识的宣传教育工作。

（三）队员职责

1．救护队指战员职责

（1）热爱矿山救护工作，全心全意为矿山安全生产服务。

（2）加强体质锻炼和业务技术学习，适应矿山救护工作素质需要。

（3）自觉遵守有关安全生产的法律、法规、标准和规定。

（4）爱护救护仪器装备，做好仪器装备的维护保养，使其保持完好。

（5）按规定参加战备值班工作，坚守岗位，随时做好出动准备。

（6）服从命令，听从指挥，积极主动地完成各项工作任务。

2．大队长职责

（1）对救护大队的救援准备与行动、技术培训与训练、日常管理等工作全面负责。

（2）组织制订大队长远规划，年度、季度和月度计划，并组织实施，定期进行检查、总结、评比等。

（3）负责组织全大队的矿山救护业务活动。

（4）事故救援时的具体职责

①及时带队出发到事故矿井。

②在事故现场负责矿山救护队具体工作的组织，必要时亲自带领救护队下井进行矿山救援工作。

③参加抢救指挥部的工作，参与事故救援方案的制订和随灾情变化进行方案的重新修订，并组织制订矿山救护队的行动计划和安全技术措施。

④掌握矿山救护工作进度，合理组织和调动战斗力量，保证救护任务的完成。

⑤根据灾情变化与指挥部总指挥研究变更事故救援方案。

3．副大队长职责

（1）协助大队长工作，主管救援准备及行动、技术训练和后勤工作。当大队长不在时，履行大队长职责。

（2）事故救援时的具体职责

①根据需要带领救护队伍进入灾区抢险救灾，确定和建立井下救灾基地，准备救护器材，建立通信联系。

②经常了解井下事故救援的进展，及时向救援指挥部报告井下救护工作进展情况。

③当大队长不在或工作需要时，代替大队长领导矿山救护工作。

4．大队总工程师职责

（1）在大队长领导下，对大队的技术工作全面负责。

（2）组织编制大队训练计划，负责指战员的技术教育。

（3）参与审查各服务矿井的矿井灾害预防和处理计划或应急预案。

（4）组织科研、技术革新、技术咨询及新技术、新装备的推广应用等项工作。

（5）负责事故救援和其他技术工作总结的审定工作。

（6）事故救援时的具体职责

①参与救援指挥部事故救援方案的制订。

②与大队长一起制订矿山救护队的行动计划和安全技术措施，协助大队长指挥矿山救护工作。

③采取科学手段和可行的技术措施，加快事故救援的进程。

④必要时根据抢救指挥部的命令，担任矿山救护工作的领导。

5. 中队长职责

（1）负责本中队的全面领导工作。

（2）根据大队的工作计划，结合本中队情况制订实施计划，开展各项工作，并负责总结评比。

（3）事故救援时的具体职责

①接到出动命令后，立即带领救护队奔赴事故矿井，担负中队救援工作的领导责任。

②到达事故矿井后，组织各小队做好下井准备，同时了解事故情况，向抢救指挥部领取救护任务，制订中队行动计划并向各小队下达救援任务。

③在救援指挥部尚未成立、无人负责的特殊情况下，可根据矿山灾害事故应急预案或事故现场具体情况，立即开展先期救护工作。

④向小队布置任务时，应讲明完成任务的方法、时间，应补充的装备、工具和救护时的注意事项和安全措施等。

⑤在救护工作过程中，始终与工作小队保持经常联系，掌握工作进程，向工作小队及时供应装备和物资。

⑥必要时亲自带领救护队下井完成任务；需要时，及时召请其他救护队协同救援。

6. 副中队长职责

（1）协助中队长工作，主管救援准备、技术训练和后勤管理。当中队长不在时，履行中队长职责。

（2）事故救援时的具体职责

①在事故救援时，直接在井下领导一个或几个小队从事救护工作。

②及时向救援指挥部报告所掌握的事故救援和现场情况。

7. 中队技术人员职责

（1）在中队长领导下，全面负责中队的技术工作。

（2）事故救援时的具体职责

①协助中队长做好事故救援的技术工作。

②协助中队长制订中队救护工作的行动计划和安全措施。

③记录事故救援经过及为完成任务而采取的一切措施。

④了解事故的处理情况并提出修改补充建议。

⑤当正、副中队长不在时，担负起中队工作的指挥责任。

8. 小队长职责

（1）负责小队的全面工作，带领小队完成上级交给的任务。

（2）领导并组织小队的学习和训练，做好日常管理和救援准备工作。

（3）事故救援时的具体职责

①小队长是小队的直接领导，负责指挥本小队的一切救援行动，带领全队完成救援任务。

②接受上级布置的任务，了解事故类别、矿井概况、事故简要经过、井下人员分布、已经采取

的救灾措施等。

③向队员布置救护任务，说明灾情类型、与其他队的分工、任务要点、行动路线、联系方式、安全措施、注意事项等。

④必须保持与上级指挥员或救援指挥部经常联系。

⑤带领队员做好救灾前检查和下井准备工作。

⑥进入灾区前，确定在灾区作业时间和撤离时氧气呼吸器最低氧气压力。

⑦在井下工作时，必须注意队员的疲劳程度，指导正确使用救护装备，检查队员和本人氧气呼吸器的氧气消耗。

⑧有人出现自我感觉不良、氧气呼吸器发生故障或受到伤害时，应带领全小队人员立即撤出灾区。

⑨带领小队撤出灾区后，经过检查气体情况符合安全规定，确定摘掉氧气呼吸器面罩（或口具）的地点。

⑩从灾区撤出后，应立即向指挥员（指挥部）报告灾区状况和小队任务完成情况。

9. 副小队长职责 协助小队长工作。当小队长不在时，履行小队长职责并指定临时副小队长。

10. 队员职责

（1）遵守纪律、听从指挥，积极主动地完成领导分配的各项任务。

（2）保养好技术装备，使之达到救援准备标准要求。

（3）积极参加学习和技术、体质训练，不断提高思想、技术、业务、身体素质。

（4）事故救援时的具体职责

①在事故救援时，应迅速、准确地完成指挥员的命令，并与之保持经常的联系。

②了解本队的救援任务，熟练运用自己的技术装备。

③积极救助遇险人员和消灭事故。

④在行进或作业时，时刻注意周围的情况，发现异常现象立即报告小队长。

⑤注意自己携带仪器的工作情况和氧气呼吸器的氧气压力，发生故障及时报告小队长。

⑥在工作中帮助队友，在任何情况下都不准单独离开小队。

⑦撤出矿井后，应迅速整理好氧气呼吸器及个人分管的装备。

四、矿山救护工作原则

具体内容参见第一章。矿山救护队必须认真执行国家的安全生产方针，坚持“加强战备，严格训练，主动预防，积极抢救”的原则，时刻保持高度的警惕，并做到“招之即来，来之能战，战之能胜”。

矿山救护队接到事故召请电话时，应问清事故地点、类别、通知人姓名，立即发出警报，迅速集合队员。必须在接到电话 1 分钟内出动，不需乘车出动时，不得超过 2 分钟出动，赶到事故矿井。

五、其他

矿山救护队为进行实战演习训练，必须修建演习巷道。演习巷道可以是地下巷道硐室，也可以在地面修筑一密封构筑物来模拟井下情况。

演习巷道应设有平巷、斜巷、窄巷、立井、高温硐室等，并装有绞车、轨道、风机、正反双向风门、反风装置及排水泵等。

预防性检查是矿山救护队的一项重要任务。应有计划地派出小队到所服务的矿井，熟悉井下巷道的布置、各采掘工作面、硐室、库房的分布情况；要了解和掌握井下通风、排水、运输、输配电、压缩空气、消防管路等系统的现实状况；检查矿井重大事故隐患；检查矿井灾害预防和处理计划的执行情况、井下安全出口畅通情况。针对上述存在问题，预先采取防治措施。

第二节　矿山救护队培训内容

一、应急救援相关法律与法规

参见附录。

二、矿山应急救援体系

参见第一章。

三、矿山救护队的管理

参见本章末附件。

四、矿山灾害救灾技术

矿井顶板事故救灾技术、矿井通风及灾变时期的控风技术、矿井水灾救灾技术、矿井瓦斯煤尘灾害救灾技术、非煤矿山主要事故的救灾技术、矿山抢险救灾的决策与指挥参见全国矿山救护培训教材：王志坚．矿山救护指挥员，北京：煤炭工业出版社，2012。

五、矿山应急救援新技术、新装备

参见第一章。

（一）氧气呼吸器

氧气呼吸器是一种与外界空气隔绝的个体防护装置。国内生产的有 AHG-2、AHG-3、AHG-4 和 AHY-6 等型号，它们的工作原理基本相同，有效使用时间分别为 2 小时、3 小时和 4 小时。

（二）自动苏生器

自动苏生器是一种自动进行正负压人工呼吸的急救装置，适用于抢救胸部外伤、中毒、溺水、触电等原因造成的呼吸抑制或窒息的伤员。

（三）氧气充填泵

氧气充填泵是将大储量氧气瓶中的氧气充入小氧气瓶内，使后者压力提高到 20 ~ 30 MPa 的设备。它主要用于矿山救护队，也广泛用在消防、航空、医疗和化工部门。目前使用的有 ABD-200 型（电机功率 1 kW）、CT-250 型（电机功率 3 kW）和 AE-120 型（电机功率 2.2 kW）电动氧气充填泵。

（四）氧气呼吸器校验仪

氧气呼吸器校验仪可检查呼吸器的整机及其组件的以下性能：

（1）呼吸器在正、负压情况下的气密程度。

（2）自动排气阀和自动补给阀的启闭动作压力。

（3）呼吸器定量供氧流量。

（4）自动补给氧气流量。

（5）呼气阀在负压（吸气）和正压（呼气）情况下的气密程度。

（6）清净罐的气密程度。

（7）清净罐装药后的阻力。

（五）矿山救护通信设备

矿山救护通信设备（俗称灾区电话），是矿山救护队在抢险救灾过程中不可缺少的通信设备。目前使用的有 PXS-1 型声能电话机和 KJT-75 型救灾通信设备。

（六）冰冷防热服

冰冷防热服（也叫冷却服）用于救护队员在高温地区工作时免受高温危害和提高工作效率。普通冰冷防热服由冰衣和冰袋组成。冰衣有三层：内层为尼龙编织物，中层为隔热聚酯毡，外层为镀铝玻璃纤维服。根据作业环境的温度不同，一般可用 1 ～ 2 小时。

（七）寻人仪

我国研制成功的 KXY 型矿井寻人仪，由微型发射器和测向机等组成，可测定遇险遇难人员的方位和距离。微型发射器安装在矿工佩戴的矿灯内，矿灯充电后即可发出呼救信号，其耗电功率小，不影响矿灯的正常照明。测向机用于探测发射器发出的信号，确定遇险遇难人员的方位。

第三节　现场急救

一、对中毒、窒息人员的急救原则

参见第六章。

在井下发现有害气体中毒者时，一般可采取下列措施。

1．立即将伤员抢运到新鲜风流中，安置在安全、干燥和通风正常的地点。

2．立即清除患者口、鼻内中的污物，解开上衣扣子和腰带，脱掉胶鞋。并用衣被等物盖在伤员身上以保暖。

3．根据心跳、呼吸、瞳孔、神志等方面，判断伤情的轻重。

4．人工呼吸持续的时间以伤员恢复自主呼吸或真正死亡时为止。

二、心肺复苏方法

参见第四章。

三、对外伤人员的急救原则

参见第六章。

（一）对烧伤人员的急救

1．尽快扑灭伤员身上的火，缩短烧伤时间。

2．检查伤员呼吸和心脏搏动情况，查是否合并有其他外伤、有害气体中毒、内脏损伤和呼吸道烧伤等。

3．要防止休克、窒息和创面污染。伤员发生休克或窒息时，应进行人工呼吸等急救。

4．用较干净的衣服把伤口包裹起来，防止感染。

5．把重伤员迅速送往医院。搬运伤员时，动作要轻柔，行进要平稳。

（二）对出血人员的急救

参见第五章。

1．出血的种类

（1）动脉出血：血液鲜红，随心脏搏动频率从伤口向外喷射。

（2）静脉出血：血液暗红，血流缓慢均匀。

（3）毛细血管出血：表现为创面渗血，像水珠似地从伤口流出。

（4）出血较多者：一般表现为脸色苍白，出冷汗、手脚发凉，呼吸急促。

2．指压止血法 在伤口的上方（近心脏一端），用拇指压住出血的血管以阻断血流。根据出血位置，采用不同的压迫部位，如图 5-6 至图 5-13 所示。采用此法，不宜过久。在指压止血的同时，应寻找材料，准备换用其他止血方法。

3．加压包扎止血法 先用消毒纱布（或干净毛巾）敷在伤口上，再用绷带（或布带、三角巾）紧紧包扎起来。对上臂和小腿的止血，也可在肘窝或膝窝内加垫，然后使关节弯曲到最大限度，再用绷带（或布带）将其固定，以利用肘关节或膝关节的弯曲压迫血管达到止血的目的。

4．止血带止血法 用橡皮止血带（或三角巾、绷带、布胶带等）把血管压住，达到止血目的。扎止血带的部位距出血点不宜过远，松紧要适宜。止血时间不宜过长，每 30 ～ 60 分钟放松一次，若仍然出血，可压迫伤口，过 3 ～ 5 分钟再缚好。

（三）对骨折人员的急救

对骨折人员首先用毛巾或衣服做衬垫，然后根据现场条件用木棍、木板、竹笆等材料做成临时夹板，对受伤的肢体临时固定后，抬运升井，送往医院。

四、对溺水者的急救原则

参见第七章。

对溺水人员应迅速采取下列急救措施。

1．把溺水者从水中救出后，要立即送到比较温暖和空气流通的地方，脱掉湿衣服，盖上干衣服，不使其受凉。

2．立即检查溺水者的口鼻，如果有泥沙等污物堵塞，应迅速清除，擦洗干净，以保持呼吸道通畅。使溺水者取俯卧位，用木料、衣服等垫在溺水者肚子下面；或将左腿跪下，把溺水者的腹部放在救护者的右侧大腿上，使头朝下，并压其背部，迫使其体内的水由气管、口腔里流出。

3．上述方法控水效果不理想时，应立即做俯卧压背式人工呼吸或口对口吹气式人工呼吸，或体外心脏按压。

五、对触电者的急救原则

参见第七章。

当触电者脱离电源后，应根据触电者的具体情况，迅速组织现场救护工作。要视触电者身体状况，确定护理和抢救方法。

人触电后不一定会立即死亡，出现神经麻痹、呼吸中断、心脏停搏等症状，外表上呈现昏迷的状态，此时要看做是假死状态，如现场抢救及时，方法得当，有时人是可以获救的。现场急救对抢救触电者是非常重要的。

国外一些统计资料指出，触电后 1 分钟开始救治者，90% 有良好效果；触电后 12 分钟开始救治者，救活的可能性就很小。这说明抢救时间是个重要因素。因此，争分夺秒，及时抢救是至关重要的。平时要对职工进行触电急救常识的宣传教育，对与电气设备有关的人员还应进行必要的触电急救培训。

发生触电时，最重要的抢救措施是先迅速切断电源，然后再抢救伤者。切断电源拨开电线时，救助者应穿上胶鞋或站在干的木板凳子上，戴上塑胶手套，用干的木棍等不导电的物体挑开电线。

触电者失去知觉后进行抢救，一般需要很长时间，必须耐心持续地进行。只有当触电者面色好转，口唇潮红，瞳孔缩小，心脏搏动和呼吸逐步恢复正常时，才可暂停数秒进行观察。如果触电者还不能维持正常心脏搏动和呼吸，则必须继续抢救。触电急救应尽可能就地进行，只有条件不允许时，才可将触电者抬到可靠地方进行急救。在运送医院途中，抢救工作也不能停止，直到医生宣布可以停止为止。

抢救过程中不要轻易注射强心针，只有当确定心脏已停止搏动时，才可使用。

（一）救护方法

1．触电者神志清醒，但有些心慌、四肢发麻、全身无力或触电者在触电过程中曾一度昏迷，但已清醒过来。应使触电者安静休息、不要走动、严密观察，必要时送医院诊治。

2．触电者已经失去知觉，但心脏还在搏动、还有呼吸，应使触电者在空气清新的地方舒适、安静地平躺，解开妨碍呼吸的衣扣、腰带。如果天气寒冷要注意保持体温，并迅速请医生到现场诊治。

3．如果触电者失去知觉，呼吸停止，但心脏还在搏动，应立即进行口对口（鼻）人工呼吸，并及时请医生到现场救援。

4．如果触电者呼吸和心脏搏动完全停止，应立即进行口对口（鼻）人工呼吸和胸外心脏按压急救，并迅速请医生到现场。应当注意，急救要尽快进行，即使送往医院的途中也应持续进行。

（二）抢救过程中注意事项

1．在进行人工呼吸和急救前，应迅速将触电者衣扣、领带、腰带等解开，清除口腔内义齿、异物、黏液等，保持呼吸道畅通。

2．不要使触电者直接躺在潮湿或冰冷的地面上急救。

3．人工呼吸和急救应连续进行，换人时节奏要一致。如果触电者及有微弱自主呼吸，人工呼吸还要继续进行，但应和触电者的自主呼吸节奏一致，直到其呼吸正常为止。

4．对触电者的抢救要坚持进行。发现瞳孔放大、身体僵硬、出现尸斑应经医生诊断，确认死亡方可停止抢救。

（三）心肺复苏法

触电者一旦出现呼吸、心脏搏动突然停止的症状时，必须立即对其施行心肺复苏急救。心肺复苏法是指伤者因各种原因（如触电）造成心脏搏动、呼吸突然停止后，他人采取措施使其恢复心脏搏动、呼吸功能的一种系统的紧急救护法，主要包括气道畅通、口对口人工呼吸、胸外心脏按压及所出现的并发症的预防等。

1．呼吸、心脏搏动情况的判定方法 如触电者失去意识，救护人员应在最短的时间内判定伤者的呼吸、心脏搏动情况。方法是：看触电者的胸部、腹部有无起伏动作；听触电者的口鼻处有无呼气声音；用手试测口鼻处有无呼气的气流，或用手指测试喉结旁凹陷处的颈动脉有无搏动。如果既没有呼吸，又没有颈脉搏动，可判定触电者呼吸、心脏搏动停止。

2．气道通畅 凡是神志不清的触电者，由于舌根回缩和坠落，都可能不同程度堵住呼吸道入口处，使空气难以或无法进入肺部，这时就应立即开放气道。如果触电者口中有异物，必须首先清除，操作中要注意防止将异物推到咽喉深部。采用“仰头抬颏法”使气道畅通，具体步骤如下：抢救者一手放在触电者前额，另一只手将其下颌骨向上抬起，使其头部向后仰，舌根随之抬起，气道通畅。

注意：禁止用枕头或其他物品垫在触电者头下，头部抬高前倾，会加重气道阻塞，而且会使得胸外心脏按压时流向脑部的血流减少，甚至消失。

3．口对口（鼻）人工呼吸 触电者仰卧，肩下可以垫些东西使头尽量后仰，鼻孔朝天。救护人员在触电者头部左侧或右侧，一手捏紧鼻孔，另一只手掰开嘴巴（如果患者张不开嘴，可以用口对鼻人工呼吸，但此时要把口捂住，防止漏气），深吸气后紧贴触电者嘴巴大口吹气，吹气时要使触电者胸部膨胀，然后很快把头移开，让触电者自行排气。儿童只能小口吹气，以胸廓上抬为准。抢救一开始的首次吹气两次，每次时间 1 ～ 1.5 秒。

4．胸外心脏按压法 让触电者仰面躺在平硬的地方，救护人员立或跪在触电者一侧肩旁，两手掌根相迭（儿童可用一只手），两臂伸直，掌根放在心口窝稍高一点地方（胸骨下 1/3 部位）；掌根用力下压（向触电者脊背方向），使心脏里面血液挤出。成人压陷 3 ～ 4 cm，儿童用力轻些，按压后掌根很快抬起，让触电者胸部自动复原，血液又充满心脏。胸外心脏按压要以均匀速度进行，每分钟 100 次左右。每次放松时，掌根不必完全离开胸壁。做心脏按压时，手掌位置一定要找准，用力太猛容易造成骨折、气胸或肝破裂，用力过轻则达不到心脏恢复搏动和血液循环的作用。应当指出，心脏搏动和呼吸是相关联的，一旦呼吸和心脏搏动都停止了，应当及时进行口对口（鼻）人工呼吸和胸外心脏按压。如果现场仅一个人抢救，则两种方法应交替进行，救护人员可以跪在触电者肩膀侧面，每吹气 2 次，再按压 30 次。按压吹气一分钟后，应在 5 ～ 7 秒内判断触电者的呼吸和心脏搏动是否恢复。如触电者的颈动脉已有搏动但无呼吸，则暂停胸外心脏按压，而再进行 2 次口对口（鼻）人工呼吸，接着每 5 秒钟吹气一次，如脉搏和呼吸都没有恢复，则应继续坚持心肺复苏法抢救。在抢救过程中，应每隔数分钟再进行一次判定，每次判定时间都不能超过 5 ～ 7 秒。

人工呼吸和胸外心脏按压不得中途停止，要一直进行，等到急救医务人员到达，由他们采取进一步的急救措施。如经抢救后，伤员的心脏搏动和呼吸都已恢复，可暂停心肺复苏操作。因为心脏搏动和呼吸恢复的早期有可能再次骤停，所以要严密监护伤员，不能麻痹，随时准备再次抢救。

对触电者，如发现有其他损伤（如跌伤、出血等），应进行相应的急救处理。

第十一章

矿工自救互救知识培训

一、安全教育知识

（一）煤矿从业人员三级安全教育培训的内容是什么？

煤矿新工人入矿后必须进行以下三级安全教育培训。

1. 入矿教育 对新入矿的工人必须接受入矿安全教育。

入矿安全教育的主要内容有：煤矿安全生产方针和基本法律、法规，煤矿安全生产的特殊性，本矿安全生产的基本状况，矿内特殊危险地点介绍，一般入矿安全须知和预防事故的基本知识。

2. 车间、区队教育 是指新工人接受入矿教育后，分配到车间、区队时所接受的安全教育。

车间、区队教育的主要内容包括：本车间、区队生产情况、劳动纪律和生产规则，必须遵守的安全规章制度、安全注意事项，车间、区队的危险区域，尘毒危害情况等。

3. 岗位教育 岗位教育是新工人到达岗位开始作业前，在班组所接受的安全教育。

岗位教育的主要内容包括：班组安全生产概况、工作性质和职责范围、机械设备安全操作方法，各种防护设施的性能和作用，作业地点可能出现的安全隐患、事故预防和控制方法，发生事故时安全撤退路线和紧急救灾措施，个体防护用品的使用方法。

（二）贯彻实施《煤矿安全规程》的意义是什么？

1.《煤矿安全规程》是煤炭工业主管部门制定的在安全管理、特别是在安全技术上总的规定，是煤炭工业行业贯彻落实《中华人民共和国安全生产法》《中华人民共和国矿山安全法》《中华人民共和国煤炭法》和《煤矿安全监察条例》等法律、法规的具体体现。

2.《煤矿安全规程》是保障煤矿职工安全与健康，保护国家资源和财产不受损失，促进煤炭工业健康发展必须遵循的准则。

3.《煤矿安全规程》是煤矿职工从事生产与指挥生产最重要的行为规范。

所以，全国所有煤矿企、事业单位及其主管部门都必须严格执行《煤矿安全规程》。

（三）《煤矿安全规程》的特点是什么？

《煤矿安全规程》有以下 4 个特点。

1. 强制性 《煤矿安全规程》是煤矿安全法律、法规体系的组成部分，所有煤矿企、事业单位和职工的生产行为都不能与之相背离。否则，视情节或后果严重程度给予行政处分、经济处罚，直至由司法机关追究刑事责任。

2. 规范性 《煤矿安全规程》规定了煤矿生产、建设中哪些行为被允许，哪些行为被禁止，哪些行为是必需的，哪些行为是采取什么措施后才允许的，具有很强的规范性。同时，它也是认定煤矿事故性质和应承担法律责任的重要依据。

3. 科学性 《煤矿安全规程》是长期煤炭生产经验和科学研究成果的总结，是广大煤矿职工用生命和汗水换来的教训，它的每一条规定都是在某种特定条件下可以普遍适用的行为准则。

4. 稳定性 《煤矿安全规程》在一段时间内相对稳定，不得随意修改。经执行一段时间后再由国家安全生产监督管理总局和国家煤矿安全监察局负责组织修订。

（四）制定、贯彻《作业规程》有什么具体规定?

在制定、贯彻《作业规程》时应遵守以下 4 个方面的具体规定。

1．每一个采掘工作面开工以前，必须按照一定程序、时间和要求，坚持“一个工作面一个规程”的原则编写《作业规程》，不得沿用、套用其他采掘工作面的《作业规程》，严禁无《作业规程》组织采掘生产作业。

2．采掘工作面《作业规程》的贯彻学习，必须在工作面采煤和掘进施工以前完成。由施工单位负责人组织施工人员学习，由编制本规程的工程技术人员负责贯彻。参加学习的施工人员必须经考试合格后方可上岗作业。考试成绩应登记在本规程的学习记录簿上，并由本人签名，存入本单位的安全培训档案。考试成绩不合格的，要进行补课学习和补考。

3．从开工之日起，至少应每个月学习一次《作业规程》，遇到工作面的地质、施工条件发生变化，必须及时补充修改安全技术措施。补充安全技术措施也必须履行审批和贯彻程序。

4．对于违反《作业规程》所造成的各类事故，要坚持“四不放过”的原则，即事故原因查不清不放过，事故责任没处理不放过，事故责任者和群众没受到教育不放过，整改措施没落实不放过。严格进行追查处理，还要对《作业规程》进行补课学习。

（五）为什么必须熟悉并掌握《操作规程》?

1.《作业规程》的性质 《作业规程》是煤矿企、事业单位或其他主管部门根据《煤矿安全规程》和有关质量标准等文件的规定，结合岗位工人的工作环境条件和使用的工具等具体情况，以保证人员、设备的安全为目的，指导工人在本岗位进行生产工艺操作的行为目标，具有法规性质。

2.《作业规程》的基本内容 《作业规程》的基本内容一般包括：一般规定、准备、检查和处理、操作和注意事项，以及工作收尾等部分。每一部分都对岗位工人生产作业中的具体操作程序、方法、安全注意事项等做了具体、明确的规定。

3. 必须熟悉并掌握《操作规程》 现场作业人员只有严格按照本工种、本岗位的必须熟悉并掌握的《操作规程》去操作、作业，才能保证人员、设备和设施的安全，保证生产的正常进行。违反必须熟悉并掌握的《操作规程》就可能导致事故发生，造成设备、设施损坏、人员伤亡、生产中断，甚至发生矿井重大灾害事故。所以，煤矿从业人员必须熟悉并掌握《操作规程》，严格执行本工种、本岗位的《操作规程》。

（六）采掘工作面发生瓦斯爆炸的原因是什么?

瓦斯爆炸主要发生在采掘工作面，其次是采煤工作面，最主要的原因有以下几个方面。

1. 掘进工作面 掘进工作面的瓦斯爆炸事故约占总事故次数的 80%，主要原因如下。

（1）掘进工作面局部通风机供风的距离大，如果管理不善，漏风量大，风量不稳定、不可靠，往往造成掘进工作面迎头风量不足，不能有效地冲淡和排除瓦斯。

（2）掘进工作面及其巷道内瓦斯涌出量大，如果出现停风或微风，积聚或流动的瓦斯很快就会达到爆炸浓度界限。

（3）掘进工作面大多数采用电钻打眼，装药爆破，机电设备较多、且频繁移动，稍有管理不善，就可能产生引爆火源。

2. 采煤工作面

（1）采煤工作面上隅角是瓦斯容易积聚的地点，也是最容易发生瓦斯爆炸的地点。

（2）采空区往往积聚大量瓦斯，特别是放顶煤开采时，高冒处的瓦斯很难排出。

（3）采煤工作面需要经常爆破，机电设备较多，很容易造成引爆火源。

（七）突出煤层采掘有哪些安全防护措施?

煤与瓦斯突出既有危险性，又有突发性，目前在很大程度上具有不可知性，所以，要预防和预知它们的产生还是难以实现的。在目前的技术条件下，要防止突出事故带来的人员伤亡，首先要弄清它们发生的地区、范围，再采取必要的可行性防止措施，以使其不突然发生，降低突出程度，保证作业人员的安全，必须采取“四位一体”的综合防突措施。

井巷揭穿突出煤层和在突出煤层中进行采掘作业主要有以下 5 种安全防护措施：

1. 远距离爆破　在井巷揭穿突出煤层和在突出煤层中进行放炮作业时，必须采用远距离放炮。

石门揭穿突出煤层远距离爆破时，必须制定专项安全技术措施，包括以下几条。

（1）爆破地点、避灾路线及停电、撤人和警戒范围等。

（2）在尚未构成全风压通风的矿井，石门揭穿突出煤层远距离爆破时，井下全部人员必须撤出至地面，井下必须全部断电，立井口附近地面 20 米范围内或斜井口前方 50 米、两侧 20 米范围内严禁火源。

（3）远距离爆破的操纵地点应设在进风侧反向风门之外的全风压通风的新鲜风流中或避难硐室内，煤巷掘进工作面爆破地点距工作面的距离根据现场实际情况而定，但不得小于 300 米。采煤工作面爆破地点距工作面的距离根据现场实际情况而定，但不得小于 100 米。

（4）远距离爆破时，回风系统的采掘工作面以及有人作业的地点，都必须停电撤人。

（5）放炮 30 分钟后，方可进入工作面检查，具体时间根据现场实际情况而定。

（6）禁止采取震动爆破：震动爆破的实质是一种诱导突出的措施，在以往是作为一种安全防护措施加以采用的。经实践经验证明，在井巷突出煤层和在突出煤层中进行采掘作业过程时，采取震动爆破。往往由于炸药的巨大能量改变工作面附近的煤岩体中应力的状态而引起煤与瓦斯突出，甚至造成人员伤亡。这些教训是沉痛的。所以《煤矿安全规程》在修改时删除了这一条措施。

但是，由于薄煤层一般瓦斯含量较少，即使发生突出，强度也不大。所以，《煤矿安全规程》规定，在厚度小于 0.3 米的突出煤层，可采用震动爆破揭穿。震动爆破必须有独立的回风系统，其进风侧应设置两道坚固反向风门，回风系统严禁人员通行或作业。如果震动爆破未能一次揭穿煤层，在掘进剩余部分时，仍必须采用预防突出措施。

2. 避难硐室　避难硐室是井下紧急避险的设施之一，分为永久性避难硐室和临时性避难硐室。

（1）永久性避难硐室：系指设置在井底车场、水平、采区（盘区）避灾路线上，具有紧急避险功能的井下专用巷道硐室，服务于整个矿井、水平和采区，服务年限一般不低于 5 年。

（2）临时性避难硐室：系指设置在采区区域或采区（盘区）避灾路线上，具有紧急避险功能的井下专用巷道硐室，服务于采区工作面及其附近区域，服务年限一般不大于 5 年。

临时性避难硐室应设两道向外开启的隔离门，室内净高不得低于 1.85 米，长度和宽度应根据同时避难的最多人数确定，但至少能满足 10 人避难，且每人占用面积不得少于 0.9 平方米。避难硐室的内支护必须保持良好，并设有与矿（井）调度室直通的电话。

避难硐室应预先放置食品、饮用水，安装供给空气的设施，每人供风量不得少于 0.5 m^3/min。如果用压缩空气供风时，应有减压装置和带有阀门控制的呼吸嘴。在无任何外界支持的情况下额定防护时间不低于 96 小时。

避难硐室内应根据避难最多人数配备足够数量的隔离式自救器，有效防护时间不得低于 45 分钟。

煤与瓦斯突出矿井应建设采区避难硐室。突出煤层的掘进巷道和采煤工作面推进长度超过 500 米时，应在距离 500 米范围内建设临时避难硐室或设置可移动式救生舱。

3. 反向风门 在石门揭穿突出煤层和巷道掘进工作面进风侧，必须设置至少 2 道牢固可靠的反向风门。

（1）两道反向风门之间的距离不得小于 4 米。

（2）反向风门距工作面回风巷不得小于 10 米，与工作面的最近距离不得小于 70 米。如果小于 70 米应设置 3 道反向风门。

（3）反向风门墙垛掏槽深度，岩巷不得小于 0.2 米，煤巷不得小于 0.5 米。

（4）通过反向风门墙垛的风筒、水沟和刮板输送机等，必须设有逆向隔离装置。

（5）人员进入工作面时，必须把反向风门打开、顶牢。工作面爆破和无人时，反向风门必须关紧。

4. 设置挡栏 石门揭开煤层时，为了降低突出强度，减少突出对矿井安全生产的危害，应采取设置挡栏的措施。挡栏距离工作面应根据预计的突出强度在设计中确定。

5. 压风自救系统

（1）压风自救系统安设在井下采掘工作面巷道的压缩空气管道上。

（2）压风自救系统应设在距采掘工作面 25 ~ 40 米的巷道内，爆破地点、撤离人员与警戒人员所在位置以及回风巷有人作业处。在长距离的掘进巷道中，应每隔 50 米设置一组压风自救系统。

每组压风自救系统一般可供 5 ~ 8 人使用，压缩盘空气的供给量平均每人不得少于 0.3 m^3/min。

6. 自救器 突出矿井入井人员必须携带隔离式自救器。

（八）矿尘有哪些危害?

矿尘对人体健康和矿井安全存在严重危害，主要表现在以下几个方面。

1. 对人体健康的危害 长期吸入大量的矿尘，轻者引起呼吸道炎症，重者导致尘肺病。同时，皮肤沾染矿尘，阻塞毛孔，能引起皮肤病或发炎，矿尘还会刺激眼角膜。

2. 煤尘爆炸 煤尘在一定条件下可以发生爆炸，煤尘爆炸是煤矿五大灾害之一。对于瓦斯矿井，发生瓦斯爆炸时，煤尘也有可能同时参与爆炸，使爆炸破坏程度加剧。

3. 污染作业环境 矿尘增大，会降低作业场所和巷道能见度，不仅影响劳动效果，还容易导致误操作、误判断，往往造成作业人员的伤亡。

4. 对机械设备的危害 矿尘能够加速机械的磨损、缩短使用寿命、增加人员对设备维护的工作量。

（九）煤尘爆炸有哪些危害?

煤尘爆炸的危害与瓦斯爆炸相同，只是程度不一样，主要表现在以下三个方面。

1. 产生高温 煤尘爆炸产生的气体温度高达 2300 ~ 2500℃，爆炸火焰最大传播速度为 1800 m/s。

2. 产生高压 煤尘爆炸的理论压力为 735.5 kPa。高压产生巨大冲击波（分正向冲击和反向冲击两种），冲击速度为 2340 m/s。

3. 形成大量有害气体 煤尘爆炸后形成大量的二氧化碳和一氧化碳，一氧化碳浓度一般为

2% ～ 3%，个别高达 8%，是造成人员大量伤亡的重要原因。

（十）有哪些措施可防止瓦斯、煤尘爆炸灾害扩大？

瓦斯爆炸的突发性、瞬时性，使得在发生爆炸时难以进行救治。因此，防治灾害扩大的措施应该集中在灾害发生前的预备设施和灾害发生时的快速反应。具体的措施有隔离、阻爆两个方面，即分区通风和利用爆炸产生的高温、冲击波设置自动阻爆装置。灾害预防处理计划的制订对快速、有效的救灾也具有十分重要的意义。

1. 分区通风　分区通风是防止灾害蔓延扩大的有效措施。利用矿井开拓、开采的风区布置，在各个采区之间、不同生产水平之间、矿井两翼之间自然分割（保护煤柱等）的基础上，布置必要的防止爆炸传播的设施。可以实现井下灾害的分区管理。这样，使某一区域发生的灾害不会传播到相邻的区域，从而简化救灾抢救工作，防止灾害的扩大。

2. 隔离、阻爆装置　当瓦斯爆炸发生后，依靠预先设置的隔离装置可以阻止爆炸的传播或减弱爆炸的强度、减小爆炸的燃烧温度，以破坏其传播的条件，尽可能地限制火焰的传播范围。

3. 编制矿井灾害预防和处理计划　编制矿井灾害预防和处理计划是针对煤矿易发生的各类事故，提出事故预防方案、措施和对事故出现影响的范围、程度的分析，事故处理的相关措施和人员的疏散计划。具体包括以下内容。

（1）矿井可能发生灾害事故地点的自然条件、生产环境和预防的事故性质、原因和预兆。

（2）预防可能发生的各种灾害事故的技术措施和组织措施。

（3）实施预防措施的单位和负责人。

（4）安全、迅速撤离人员的措施。

（5）矿井发生灾害事故时的处理方法和措施。

（6）处理灾害事故时的人员组织和分工。

（7）有关矿井技术资料和图纸。

（十一）矿井火灾有哪些特点？

煤矿井下火灾比地面火灾危害更大。除了与地面火灾一样烧伤人员、烧毁设备和煤炭资源以外，还具有以下特点。

1. 由于煤矿井下空间有限，发生火灾时井下人员难以躲避，机械设备难以搬移，煤炭资源固定不动，所以造成的人员伤亡和国家财产、资源损失较一般地面火灾更为严重。

2. 由于煤矿井下巷道空气有限，发生火灾时往往因缺氧产生一氧化碳。这些有害气体很难冲淡和排除，蔓延时间长，波及范围大，受害面广。在火灾造成的高温气流所经过的巷道中，会使人员中毒死亡。

3. 井下火灾，特别是内因火灾，很难及早发现，也不易找到火源的准确地点，有时发火点还难以接近。灭火救灾困难，火灾延续时间长，有的可延续几个月甚至若干年，难以扑灭。

4. 井下发生的火灾，还可能成为引发瓦斯和煤尘爆炸的火源。一旦引起瓦斯、煤尘爆炸事故，其后果更加惨重。用水灭火时还可能引发水煤气爆炸，使矿井灾害增大。

5. 发生在井下倾斜巷道的火灾，还可能产生局部火风压造成风流逆转，使火焰和高温烟雾出现在发火点的进风侧或一些旁侧风流中，使灾情扩大，给救灾工作造成困难和危险。

6. 矿井火灾会烧毁矿井通风设施，使矿井通风系统紊乱，造成瓦斯积聚超限；火灾还会烧毁电气设备和电缆，造成提升和排水中断、通风停止，影响矿井安全生产和工人生命安全。

7. 矿井火灾有时需要封闭火区处理，将会冻结煤炭的可采储量，严重影响矿井、采区的正常生产秩序。恢复生产时，需要启封火区。启封火区非常困难，且危险性相当大。

（十二）当井下发生火灾时应注意哪些安全事项？

当井下发现火灾时，应注意以下安全事项。

1．任何人发现井下火灾时，都应根据火灾性质、灾区通风和瓦斯情况，立即采取一切可能的方法进行直接灭火，以控制火势。

2．迅速报告矿调度室。

3．矿调度室或现场区队、班组长应根据“矿井灾害预防和处理计划”中的有关规定，将所有可能受火灾威胁地区的人员撤离，并组织人员进行灭火救援。

4．当电气设备着火时，应首先切断其电源，在切断电源前，只准使用不导电的灭火器材进行灭火。

5．在抢救人员和灭火过程中，必须指定专人检查通风、瓦斯情况，并制定防止爆炸和人员中毒的安全技术措施。

（十三）主要的矿井透水预兆有哪些？

井下发生透水事故前，一定都会出现某些预兆。《煤矿安全规程》中规定，发现透水预兆时，必须停止作业，采取措施，立即报告矿调度室，发出警报，撤出所有受水害威胁地点的人员。矿井透水主要预兆包括以下几条。

1．煤壁“挂红” 矿井水中含有铁的氧化物，渗透到煤壁呈暗红色水锈。

2．煤壁“挂汗” 采掘工作面接近积水区时，水由于压力渗透到煤壁形成水珠，特别是新鲜切面潮湿非常明显。

3．空气变冷 采掘工作面接近积水区时，气温骤然降低，煤壁发凉，人有阴凉的感觉。

4．出现雾气 当巷道内气温较高，积水渗透到煤壁后，由于蒸发形成雾气。

5．“嘶嘶”水叫 井下高压积水向煤（岩）裂隙强烈挤压时与周围煤、岩壁摩擦而发出“嘶嘶”水叫声，在煤巷掘进时听到此声，说明即将突水。

6．顶板淋水加大 由于顶板上方水体压力的作用，使顶板出现裂隙，淋水越来越大。

7．出现臭味 矿井老窖积水中含有硫化氢等气体，采掘工作面接近老窖积水时，会产生臭鸡蛋味。

8．底板鼓起 底板受承压水（或积水区水）的作用，会出现底板鼓起。有时在底板上产生裂隙出现渗水，甚至出现压力水喷射出来。

9．水色发浑 断层水和冲击层水常含有泥沙，涌水时水混浊，多为黄色。

10．片帮冒顶 顶板和两帮由于受承压含水层（或积水区）的作用，常出现顶板来压、掉渣、冒顶和片帮等现象。

（十四）顶板事故有哪些特点？

顶板事故指的是在井下建设和生产过程中，因为顶板意外冒落造成的人员伤亡、设备损坏和生产中止等事故。任何一个井下作业人员每时每刻都在和顶板打交道，疏忽了就要挨砸。

顶板事故是煤矿五大自然灾害之一。它的特点是：占全国煤矿事故总起数的比例和总死亡人数的比例最高；在特大事故中所占比例较小和单次事故死亡人数较少。据统计，2008 年，全国煤矿顶板事故起数占全国煤矿事故总起数的 52.8%；顶板事故死亡人数占死亡总人数的 38.0%。但是，在重大事故中，顶板事故起数占全国煤矿事故总起数的 5.3%；顶板事故死亡人数占死亡总人数的 3.3%；顶板事故单次死亡平均人数为 1.18 人。

（十五）发生顶板事故的原因是什么？

发生顶板事故主要有以下两方面原因。

1. 客观原因

（1）采煤过程中因围岩应力重新分布、采煤方法选择不当和巷道布置位置不合理，所需支撑压力大于支护的支撑力，从而造成顶板垮落冒顶事故。

（2）工作面遇到突然出现的地质构造，在正常作业情况之下，因设计时资料不全，也会发生冒顶现象。如采煤工作面出现小断层，工作中没有注意分析与观察，采取通常的支护方法往往容易发生冒顶事故。

2. 主观原因

（1）采掘工作面规格质量低劣：控顶距离掌握不当；柱（棚）距过大；插背太少和支柱（架）歪扭、初撑力小。

（2）违章操作：作业时不坚持敲帮问顶；发现隐患不及时排除；空顶作业；违章放炮；冒险回柱作业和随意砸、碰倒支柱（架）。

（3）管理不善：煤矿生产管理不同于其他行业，井下生产条件随时有所变化，生产管理者不深入现场，不带班作业，不严格按三大规程办事、采掘工序安排不当、盲目开采、违章指挥和安全意识差等，常常会造成事故。

（十六）发生冒顶有哪些预兆？

发生冒顶主要有以下 10 种预兆，但有时并不全部出现，仅出现部分预兆现象。

1. 响声 顶板压力急剧增大时，支架或支柱下缩发生很大声响，有时还会出现顶板发生断裂的闷雷声（即煤炮、板炮）。

2. 掉渣 顶板严重破裂时，出现顶板掉渣现象，掉渣越多，说明顶板压力越大。

3. 片帮 冒顶前，煤壁所承受的支撑压力增加，煤变松软，片帮煤比平时增多，甚至还有煤的压出和突出。

4. 裂隙 冒顶到来到之前，会出现新的裂隙或使原有裂缝加宽、加深。

5. 漏顶 破碎的伪顶或直接顶，在大面积冒落以前，有时会因背顶不严或支架不牢出现漏顶现象。漏顶后，支架棚梁托空，支架松动，当岩石继续冒落时，就会出现大面积冒顶事故。

6. 脱层 顶板将要冒落时，往往出现顶板脱层现象，单靠采用敲帮问顶法不容易发现，当整块顶板冒落时，则将发生没有预兆的大面积冒顶或切顶。

7. 淋水 有淋水的顶板，淋水量明显增加；甚至有的原本不淋水的顶板也出现淋水现象。

8. 漏液 顶板来压时发生下沉，使支架载荷迅速上升，单体液压支柱和自移式液压支架安全阀出现自动漏液现象。

9. 变形 由于顶板压力加剧对支架的作用，支架出现歪扭变形现象，甚至难以控制顶板，会立即冒顶。

10. 瓦斯 冒顶时有时瓦斯涌出量会突然增加。

（十七）预防冒顶的主要措施有哪些？

煤矿冒顶的原因很多，也很复杂，故预防冒顶的措施也是多方面的。一般来说，主要应采取以下 6 项措施。

1. 加强采掘工程质量，严格执行质量标准 严禁空顶作业，严禁在浮煤、矸石上架设支架，所有支架都必须迎山有劲；按《作业规程》规定，严格控制控顶距，不得加大和缩小；炮眼布置、装药量和一次放炮距离都必须按章操作，防止爆破崩倒支架、崩冒顶板；严禁冒险回柱放顶。

2. 坚持顶板管理制度 作业时坚持敲帮问顶，掘进工作面使用前探梁；严格执行岗位责任制、质量验收制、现场交接班制和顶板分析制。

3. 不断提高安全操作技能 要按照《作业规程》的要求和操作规程的规定进行作业。严禁违章指挥、违章作业，不断提高全体作业人员的操作技能。

4. 充分掌握顶板压力分布的规律 根据顶板压力分布的规律科学地选择采煤方法、合理地布置巷道位置和确定支架形式，并进行顶板来压的预测预报，做好顶板安全的基础性工作。

5. 特殊条件下要采取有针对性的安全技术措施 采掘工作面遇到托伪顶、过断顶、过老巷及地质破碎带等情况时，必须采取有针对性的爆破、支护和回柱放顶等措施，确保安全通过。

6. 加强巷道维修 要根据矿压显现情况，合理安排巷道维修人员，建立巷道维修制度，确保矿井巷道失修率不超过规定，采掘生产巷道畅通无阻。

7. 根据具体情况处理冒顶 当冒顶发生后，处理方法不当可能造成事故扩大，甚至伤及处理冒顶人员。所以必须根据冒顶的具体情况和当地实际情况，在确保抢救人员安全的前提下选择处理方法。

二、瓦斯、煤尘爆炸现场自救互救知识

（一）瓦斯、煤尘爆炸时现场人员为什么要自救互救?

瓦斯、煤尘爆炸的主要危害包括以下几方面。

1．爆炸产生的强大冲击力可能将现场作业人员冲倒，造成受伤或死亡；可能将巷道支架冲垮，造成冒顶事故；可能将电气设备刮跑，造成停电；可能将通风设施摧毁，造成矿井风流紊乱。

2．爆炸产生高强度的声波，可能使人的脑部和内脏器官受到损伤，还会致使耳鼓膜穿孔。

3．爆炸生产大量热源，形成爆炸火焰，可能烧伤、烧死人员，烧坏设备和电缆，烧毁煤炭资源，还可能形成矿井毁灭。

4．爆炸消耗大量氧气，产生大量有害气体，使人员窒息中毒，甚至死亡。

瓦斯、煤尘爆炸事故是煤矿井下最严重的自然灾害，往往造成多人伤亡，甚至出现矿井毁坏的重大恶性后果。因此必须严加防治，当发生预兆和灾害时必须积极开展现场自救互救。

（二）煤矿爆炸是如何分类的?

根据参与爆炸的物质不同，煤矿爆炸可分为以下 5 类。

1. 瓦斯爆炸 瓦斯爆炸按其爆炸的特点和波及范围，分为局部瓦斯爆炸、大型瓦斯爆炸和瓦斯连续爆炸 3 类。

（1）局部瓦斯爆炸：局部瓦斯爆炸事故发生在局部地点，如采掘工作面、采空区或巷道的局部瓦斯积聚点。其特点是波及范围小，对人员造成伤害和矿井破坏不严重。

（2）大型瓦斯爆炸：大型瓦斯爆炸发生时，参与爆炸的瓦斯量大，波及范围大，对人员伤害和矿井破坏严重。

（3）瓦斯连续爆炸：瓦斯连续爆炸是指瓦斯爆炸后，接着发生第二次、第三次以至数十次爆炸。瓦斯连续爆炸事故波及范围大，对人员造成伤害和矿井破坏十分严重，而且爆炸间隙无规律可循。

2. 煤尘爆炸 煤尘爆炸是由于煤尘本身受热后所释放出的可燃性气体被点燃而爆炸。由于煤中含有不燃物质，当煤尘爆炸过程中供氧不足、燃烧不完全时，将有一部分煤尘被局部焦化，粘结在一起，沉积于支架和巷道壁上，形成粘焦。根据粘焦，就可以判断是否是煤尘爆炸或煤尘参与瓦斯爆炸，以及煤尘爆炸的次数、爆炸点位置和爆炸强度等。

3. 火药爆炸 煤矿井下储存的火药，如果通风条件不好，受到高温、高压作用，会意外发生爆炸。火药爆炸对矿井和人身威胁极大，特别是火药库的爆炸。

4. 水煤气爆炸 水煤气爆炸大多数在用水灭火或巷道涌水接触高温火源，产生大量水煤气被点

燃后发生。水煤气爆炸威力不亚于瓦斯、煤尘爆炸，但由于发生在局部地区，一般对矿井危害较小。

5. 氢气爆炸 煤矿井下的氢气爆炸主要是指蓄电池机车充电后产生大量氢气，如果通风不好，遇火即会发生爆炸。由于充电地点一般位于矿井井底车场进风流附近，故对矿井和人员的安全会造成威胁。

（三）发生瓦斯、煤尘爆炸预兆时现场人员如何自救互救?

瓦斯、煤尘爆炸的危害是极其严重的，不仅毁坏井巷和设备，更会危害矿工的生命安全。当矿井发生瓦斯、煤尘爆炸预兆时，现场作业人员做好自救互救工作，是减小伤亡事故范围、实现煤矿安全生产的重要措施之一。

任何事故发生前都会出现一些预兆，瓦斯、煤尘爆炸事故也不例外。井下作业人员要了解和掌握这些预兆。据亲身经历过爆炸现场的人员讲，瓦斯、煤尘爆炸前感觉到附近空气有颤动的现象发生，有时还会发出“嘶嘶”的空气流动声音，人的耳膜有震动感觉。当然这些预兆都是轻微、不明显的。

所以，井下人员在现场不要打闹、嬉戏、斗殴，要集中精力观察、体味周围发生的一切，一旦遇到或发现以上现象，就要意识到这是发生爆炸事故的预兆，特别是瓦斯传感器发出报警时，就有可能马上发生爆炸事故，应该立即沉着、冷静、迅速地采取应急自救互救措施。

（四）爆炸时为什么要背向空气颤动的方向，俯卧在地?

当发现爆炸预兆，或者爆炸事故发生后听到爆炸声响和感觉到空气冲击波时，现场作业人员应立即背向空气颤动的方向，俯卧在地，面部贴在地面，双手置于身体下面，闭上眼。瓦斯、煤尘爆炸产生的巨大空气冲击波能将人冲倒，造成人体骨折、脑震荡、内脏器官损坏，轻则受伤，重则死亡。采取立即卧倒就可以降低身体高度，以减少受冲击面积，避开冲击波的强力冲击，减小伤害的程度。

（五）瓦斯煤尘爆炸时为什么要用衣物护好身体?

瓦斯、煤尘爆炸时，要用衣物护好身体，避免烧伤。爆炸后产生几千度的高温，会烧着人体，轻则造成烧伤，重则烧死。大面积烧伤人员很难医治和护理，往往感染致死。但是这种爆炸高温火焰延续的时间极短，一瞬即过。爆炸现场证明，凡是被工作服、手套、胶靴、安全帽等保护用品遮盖的部位，基本上都未烧伤。因此，矿工在井下时一定要正确佩戴劳动保护用品。有的工人在井下作业时因出汗而光着膀子，这是很不安全的。

（六）爆炸事故发生后为什么要立即佩戴自救器?

自救器是爆炸事故后现场作业人员应急自救的可靠呼吸装置。爆炸事故发生后，产生大量有害气体，如一氧化碳浓度可能达到4% ~ 8%，容易造成人员中毒窒息，这是爆炸事故死亡人数多的主要原因。

发生爆炸事故后，现场作业人员未遭受到严重伤害时，应立即佩戴好自救器，迅速撤出受灾巷道，到达新鲜风流处。对于受伤较严重的伤员，要协助其佩戴自救器，帮助其撤出危险区。在未到达新鲜空气地点以前，禁止摘下自救器。如果来不及打开自救器，应立即趴在水沟边，闭住气暂停呼吸，将毛巾或衣服沾湿捂住鼻孔和嘴巴，以防止把爆炸火焰和有害气体吸入肺部。

禁止无任何救护仪器和防护条件的工人盲目进入灾区抢险，以免造成无谓死亡，防止事故扩大。

（七）爆炸事故发生后撤离灾区应注意哪些事项?

爆炸事故发生后，现场作业人员要立即撤离灾区，应注意以下事项。

1. 立即佩戴好自救器。如没有准备好自救器，最好用湿毛巾迅速捂住口鼻，就地卧倒。如边上有水坑，可侧卧于水中。

2．听到爆炸声，应赶快张大口并用毛巾捂住口鼻，避免爆炸所产生强大的冲击波击穿耳膜，引起永久性耳聋。

3．爆炸后切忌乱跑，井下人员应在统一指挥下，保持镇定，向有新鲜风流的方向撤退或躲进安全地区，注意防止二次爆炸或连续爆炸的再次损伤。

4．选择距离最近、安全可靠的避灾路线，迅速撤离灾区，到达新鲜空气处。

5．如果遇有巷道拐弯、断面扩大或缩小等地点，爆炸冲击波和火焰威力会很快降低，应临时在此地点躲避，人员可不受伤害或受伤害较轻。

6．在撤退时不要惊慌，不乱喊乱叫和狂奔乱跑，要在现场班（组）长和有经验的老工人带领下，有条不紊地组织撤退。在撤退路途中要互相关心，互相帮助，互相照顾。

7．当遇到倾角较大的斜巷或梯子间时，往上爬时要一个一个地排好队，手要抓牢，脚要站稳，并注意不要碰及大块矸石或物料，以免滚落下来砸伤后面的工友。

8．如果爆炸破坏了巷道中的照明和路标，迷失了前进方向时，逃生人员应迎着风流方向撤退。

9．在撤退沿途，特别是巷道交叉处，应留设撤退方向的明显标志，以提示矿山救护队和其他救援人员的注意。

10．在撤退时尽量注意弯下腰沿巷道下部前进，因为瓦斯密度较小，在巷道下部瓦斯含量较少。

（八）在安全地点避灾应注意哪些事项?

在爆炸事故发生以后，如果往安全地点撤退的路线受阻，或者冒顶、积水使人难以通过时，不要强行跨越，应当迅速地就近选择地点妥善避灾待救。避灾地点应选择通风良好、支护完整的安全地点。在避灾待救中应注意以下事项。

1．在避灾地点外面构筑风障、挡板，防止有害气体侵入；或者利用一切可以利用的现场材料修建临时避难硐室，等待外面救援人员前来营救。

2．在避灾待救过程中遇险人员要有良好的心理状态，情绪稳定，自信乐观，意志坚强，同时还要互相安慰，团结互助。

3．在避灾地点的待救人员要尽量俯卧到巷道底部，以保持体力，减少氧气消耗和避免吸入更多的有害气体。如附近有压风管路或压风自救系统，应及时打开阀门放出新鲜空气或戴上呼吸器。但要注意防止压风过大，造成避灾地点温度过低。

4．在避灾地点要尽量只使用一台矿灯照明，其余矿灯全部关闭。所剩食品和饮用水要节约使用，做好长时间避灾的准备。

5．在避灾地点外面留有衣物、矿灯等明显标志，以便救援人员容易发现，及时营救。

6．有规律地不断敲击金属棚子、铁轨、矿车、铁管或矸石等，向外发出求救信号。当外面传进寻找遇险人员的信号时，要及时反馈回去，以便互相联系。

（九）爆炸时采煤工作面人员应如何自救互救?

采煤工作面发生瓦斯、煤尘爆炸时，现场人员自救互救要注意以下几点。

1．采煤工作面发生小型瓦斯、煤尘爆炸 当采煤工作面发生小型瓦斯、煤尘爆炸时，进、回风平巷一般不会被冒顶堵死，通风系统也基本保持完好。爆炸后产生的有害气体较少、且较容易排除。这时位于爆源进风侧的人员一般不会发生严重中毒，应迎着风流方向撤离采煤工作面。位于爆源回风侧的人员，应立即佩戴好自救器，通过爆源或经其他安全通道迅速到达进风侧新鲜空气处。

2．采煤工作面发生严重的瓦斯、煤尘爆炸 当采煤工作面发生严重的瓦斯、煤尘爆炸时，可能造成工作面和上、下巷道塌冒，通风系统会遭到破坏，爆源的进、回风侧都将积聚大量的一氧化碳和其他有害气体。这时，没有受到严重伤害的人员要佩戴好自救器，并帮助受伤较重的工友戴好自救器。如果塌冒地段可以通过，灾区范围的人员都应立即撤离塌冒地段，撤到有新鲜空气处。如果塌冒严重无法撤出，应迅速进入安全地点避灾待救。在待救期间要随时注意附近情况的变化，发现有危险时要立即转移到其他安全地点。

（十）爆炸时掘进工作面人员应如何自救互救？

掘进工作面发生瓦斯、煤尘爆炸时，除造成人员伤亡外，还会造成灾区影响范围内巷道塌冒、通风设施和通风设备损坏、供电中止、引燃局部通风机导风筒等情况。这时，现场人员自救互救要注意以下几点。

1．为了抢救人员，排除爆炸产生的有害气体，要在查明确无火源的条件下，尽快恢复局部通风机通风。如不能确认灾区内有无火源，应慎重考虑是否启动局部通风机，以免再次爆炸。

2．当独头巷道较长、有害气体较多、支架损坏较严重时，严禁冒险进入强行救人。要在恢复通风、维护好支架后，方可进入灾区内营救遇险人员。

3．若灾区内因爆炸引起冒顶堵塞巷道时，要立即退出，寻找其他巷道进入灾区。若遇独头巷道，应及时维护好巷道，清理堵塞物。若巷道堵塞严重，短时间内不能清除时，应在恢复通风后再进入。

4．爆炸发生后，灾区内存有明火或阴火时，应同时救人和灭火，并派专人严密监测瓦斯浓度，防止瓦斯积聚，造成再次爆炸。

5．发生爆炸事故时，会大量消耗井下空气中的氧气，导致氧气浓度降低。现场人员在撤离灾区时一定要佩戴自救器。若没有佩戴有效的个人防护装备，不能随便进入灾区，否则将导致救援人员的自身伤亡，扩大事故。

（十一）什么叫煤与瓦斯突出？

煤与瓦斯突出是指在煤矿井下开采过程中，在很短时间内，突然由煤（岩）体内部喷出大量煤（岩）和瓦斯（二氧化碳），并伴随着强烈的声响和强大机械效应的一种动力现象。

（十二）煤与瓦斯突出有哪些危害？

煤与瓦斯突出给矿井和现场作业人员带来巨大灾害。主要表现在以下几方面：

1．煤与瓦斯突出事故发生时能突出大量煤（岩），造成掩埋人员、设备和堵塞巷道。

2．使井下作业现场大范围内充满高浓度瓦斯，造成人员缺氧窒息甚至死亡，还可能引起瓦斯燃烧或爆炸。

3．发生煤与瓦斯突出时，突出的瓦斯一般沿风流方向流动，但大型突出时可逆风流向进风井方向流动，后果更为严重。

（十三）煤与瓦斯突出有哪些预兆？

煤与瓦斯突出的预兆包括无声预兆和有声预兆两种。

1．无声预兆 无声预兆是指在工作面的顶板压力增大，煤壁被挤出，片帮掉渣，顶板下沉或底板鼓起，煤层层理紊乱，煤炭黯淡无光泽，煤质变软，瓦斯忽大忽小，煤壁发凉，打钻时有顶钻、卡钻、喷瓦斯等现象。

2．有声预兆 有声预兆是指煤层在变形过程中发生劈裂声、闷雷声、机枪声、响煤炮，声音由远到近、由小到大，有短暂的，也有连续的，间隔时间长短不一致。煤壁发生震动和冲击，顶板来压，支架发出折裂声，个别工作面突出前还会出现煤壁渗水、温度降低和有特殊气味等现象。

（十四）煤与瓦斯突出时为什么要佩戴隔离式自救器？

过滤式自救器受过滤药剂滤毒能力的限制，只能在空气中一氧化碳浓度不超过1.5%、氧气含量不低于18%的环境中佩戴使用。而隔离式自救器本身能产生氧气供佩戴人员呼吸，所以，它不受外界空气中有毒气体的种类及其浓度和氧气含量的限制。发生煤与瓦斯突出后，高浓度的瓦斯立即充满巷道，这时，佩戴过滤式自救器是危险的。《煤矿安全规程》规定："突出矿井的下井人员必须携带隔离式自救器。"一旦发生煤与瓦斯突出，迅速打开外壳，佩戴好隔离式自救器，马上往安全地点撤退。

（十五）为什么要预防延期突出?

有的矿井虽然出现了煤与瓦斯突出的某些预兆，但并不立即发生突出现象，要经过一段时间后才会发生突出，这种现象称为延期突出。延期突出容易使人产生麻痹思想，危害更大。对此千万不能粗心大意，必须随时提高警惕，注意预防延期突出带来的危害。现场作业人员要做到只要出现突出预兆必须立即撤退到安全地点，待确认不会发生突出后再返回现场进行作业。

（十六）出现煤与瓦斯突出预兆后如何安全撤退、妥善避灾?

出现煤与瓦斯突出预兆后，现场作业人员必须立即撤退到安全地点，如果安全撤退路线受阻，要妥善避灾，等待救援人员的营救。在安全撤退、妥善避灾过程中要做好以下注意事项。

1．现场作业人员要迎着风流沿避灾路线往矿井安全出口方向撤退。

2．如附近设置有防突反向风门，要迅速撤退到附近的防突反向风门之外，把防突反向风门关好后继续外撤。

3．如附近安装有压风自救系统，要立即躲到压风自救系统中待救。

4．如附近设置有"救生舱"，应马上进入"救生舱"避难。

5．也可寻找有压风管路的巷道硐室暂避，打开压风管路或铁风管的阀门，形成正压通风，以延长避灾时间，并设法与外界保持联系。

6．要避免在撤退时或避灾待救时发生金属物件碰撞产生火花，引发瓦斯爆炸事故。

7．撤人安全距离与突出强度有关，要按照本矿防突措施的规定撤到安全地点。在一般情况下，大矿要撤到防突风门以外，小矿最好撤到井上。

8．石门揭穿突出煤层最容易发生突出事故。在有突出危险的采掘工作面爆破时，必须采用远距离爆破，起爆操作地点必须设在进风侧反向风门之外的全风压通风的新鲜风流中或避灾硐室内。爆破地点距工作面的距离根据工作现场实际情况而定，一般不小于 300 m。

（十七）煤与瓦斯突出自救互救时为什么要切断电源?

发生煤与瓦斯突出，应立即切断灾区电源，注意停电操作应由灾区以外配电点进行，以防断电火花引爆瓦斯或煤尘，对灾区进行全面侦查，发现火源立即扑灭，防止二次爆炸；恢复通风，清除堵塞物，迅速排除有害气体。

（十八）什么是煤矿井下安全避险"六大系统"?

按照《国务院关于进一步加强企业安全生产工作的通知》（国发 [2010]23 号）关于"煤矿、非煤矿山要制定和实施生产技术装备标准，安装检测监控系统、井下人员定位系统、紧急避险系统、压风自救系统、供水施救系统和通信联络系统等技术装备，并于 3 年之内完成"的要求，逾期未安装的，依法暂扣安全生产许可证、生产许可证。

1．建设完善矿井监测监控系统 煤矿企业必须按照《煤矿安全监控系统及检测仪器使用管理规范》（AQ1029-2007）的要求，建设完善安全监控系统，实现对煤矿井下瓦斯、一氧化碳浓度、温度、风速等的动态监控，为煤矿安全管理提供决策依据。2010 年年底前，全国所有煤矿要完成监测监控系统的建设完善工作。

2．建设完善煤矿井下人员定位系统 煤矿企业必须按照《煤矿井下作业人员管理系统使用规范》（AQ1048-2007）的要求，建设完善井下人员定位系统，并做好系统维护和升级改造工作，保障系统安全可靠运行。2010年年底前，中央企业和国有重点煤矿企业的所有煤矿要完成人员定位系统的建设完善工作；2011年年底前，其他所有煤矿要完成井下人员定位系统的建设完善工作。

3. 建设完善井下紧急避险系统　2012年6月底前，所有煤（岩）与瓦斯（二氧化碳）突出矿井，中央企业和国有重点煤矿中的高瓦斯、开采容易自燃煤层的矿井，要完成紧急避险系统的建设完善工作；2013年6月底前，其他所有煤矿要完成紧急避险系统的建设完善工作。

4. 建设完善矿井压风自救系统　突出矿井的采掘工作面要按照《防治煤与瓦斯突出规定》（国家安全监督管理总局令第19号）要求设置压风自救装置。其他矿井掘进工作面要安设压风管路，并设置供气阀门。2010年年底前，全国所有煤矿要完成压风自救系统的建设完善工作。

5. 建设完善矿井供水施救系统　2010年年底前，全国所有煤矿要完成供水施救系统的建设完善工作。

6. 建设完善矿井通信联络系统　煤矿企业必须按照《煤矿安全规程》的要求，建设井下通信系统，并按照在灾变期间能够及时通知人员撤离和实现与避险人员通话的要求，进一步建设完善通信联络系统。2010年年底前，全国所有煤矿要完成通信联络系统的建设完善工作。

（十九）煤矿井下三级避险系统内容是什么?

煤矿井下三级避险系统包括以下内容。

第一级：利用个体防护设备，灾后人员迅速撤离灾害影响范围，到达安全避险地点。

第二级：在工作面附近设立可移动式救生舱或临时避难硐室，提供氧气、饮用水、一定数量食品，使逃生人员就近、快速进入安全避险环境。

第三级：在采区上、下山附近或井底车场建设固定式避难所，持续供氧、饮用水、食品，为采区或矿井避险人员提供避难空间。

（二十）井下避难所（救生舱）的作用是什么?

井下避难所（救生舱）的作用主要是：井下发生瓦斯爆炸、煤与瓦斯突出、火灾等灾害事故后，在逃生路线被阻，或所配备的自救器的防护时间不足以满足逃生要求时，为无法及时撤离的遇险人员提供一个安全的密闭空间，提供氧气、饮用水、食品，通信、检测设备，防止外界有毒、有害气体侵入，创造基本生存条件，等待外界救援。

（二十一）煤矿用移动式救生舱有哪几种？

煤矿用移动式救生舱分为以下几种。

1. 按结构分类

（1）硬体式：硬体式救生舱由金属等硬质材料制成，抵抗外力撞、刮、砸等性能较好；尺寸较大，移动时需考虑巷道净断面大小，且需铺设运输轨道；成本较高。

（2）软体式：软体式救生舱由帆布等软质材料制成，抵抗外力撞、刮、砸等性能较差，不适宜在顶板较破碎的巷道使用；尺寸较小，移动和安设快速、简单，成本较低。

2. 按供氧方式分类

（1）压缩氧气系统：采用预先制造好的氧气瓶中的压缩氧进行供氧。

（2）化学生氧系统：使用化学物质反应产生的氧气进行供氧。

（二十二）煤矿移动式救生舱有哪些基本要求?

煤矿移动式救生舱必须符合以下基本要求。

1. 可靠的供氧系统

（1）氧气浓度：18.5% ~ 23.0%，供氧量不低于每人0.5 L/min。

（2）救生舱具有与矿井压风系统的接口，具有减压、消音、过滤装置和控制阀。

（3）压风供氧速率：不低于每人 2.5 L/min。

（4）连续噪声不高于 70 dB（A）。

（5）出口压力不高于 0.2 MPa。

2．在无任何外界支持的情况下，额定防护时间不低于 96 小时。

3．救生舱有效容积应保证人均占有容积不小于 0.8 m^3，且总容积不小于 8.0 m^3。

4．救生舱有足够的气密性，能够防止有毒、有害气体侵入。在（+500±20）Pa 压力下，救生舱的泄压速率不超过 350 Pa/h，舱内气压应始终保持高于外界气压 100 ～ 500 Pa。

5．具有处理有毒、有害气体的能力，处理二氧化碳能力不低于每人 0.5 L/min，处理一氧化碳能力应能保证在 20 分钟内将一氧化碳浓度由 0.04% 降到 0.0024% 以下。在整个额定防护时间内，二氧化碳浓度不大于 1%，甲烷浓度不大于 1%，一氧化碳浓度不大于 0.0024%。

6．救生舱应选用持续耐高温老化、无腐蚀性、无公害的环保材料。

7．舱体抗爆炸冲击力不低于 0.3 MPa。

8．内外环境检测、人员定位与外界通信联络　应对舱内、外的甲烷、一氧化碳等环境参数进行实时监测。实时监测井下人员进、出舱内、外的情况，应设置直通矿调度室的电话。

9．食品、饮用水、垃圾处理　配备的食品热量不小于每人每天 5000 kJ。饮用水不少于每人每天 1.5 L。

（二十三）如何安装使用煤矿移动式救生舱？

救生舱的设置、安装、使用管理应注意以下事项。

1．救生舱安设位置确定

（1）井下避难所应设置在矿井避灾路线上，应与井下作业人员分布相结合。

（2）有突出危险煤层应符合《煤矿安全规程》和《防治煤与瓦斯突出规定》的要求。

（3）依据自救器的防护时间和逃生行走难易程度确定救生舱安设的位置。突出煤层掘进巷道长度及采煤工作面推进长度大于 500 m，时应在距离工作面 500 m 范围内建设临时避难硐室或安装煤矿移动式救生舱。其他矿井应在距离采掘工作面 1000 m 范围内建设和安装。

2．安装救生舱应保证巷道畅通，安全间距、风速等符合《煤矿安全规程》要求，有防爆炸冲击安全措施；安设在硐室的救生舱，硐室长度应符合《煤矿安全规程》要求。

3．选择移动式救生舱，必须考虑设备入井运输、移动时的矿井条件，如罐笼尺寸、轨道等具体条件。

4．矿井紧急避险系统（避难所和移动式救生舱）实施前必须根据矿井具体情况（生产系统、避灾路线、作业人员分布）进行设计。

5．制定使用管理规程，加强日常维护、培训和演练。

（二十四）移动式救生舱如何使用？

以中国煤炭科学研究总院 JYR-8/100 型移动式救生舱为例，救生舱的使用步骤如下。

1．先将保险装置（门锁）打开。

2．拉动启动手柄。

3．救生舱全部展开进入工作状态（30 秒）。

4．向上拉起安全门，正压装置完全启动。

5．依次进入救生舱，按编号位置坐在救生舱底部。

6．有压风装置的直接采用压风呼吸。

7．对应编号的呼吸半面罩摘下后戴上。

8．呼吸半面罩上有个能过滤一氧化碳等有毒气体的滤毒罐，使用时间是 30 秒，戴上呼吸半面罩后，拉掉滤毒罐上的塞子，将上、下松紧带调整好，使半面罩紧贴脸部，大口呼三四次，然后进入正常呼吸状态。

9．卫生设施——坐便器。

10．手动式充气及充气管座。

三、火灾现场自救互救知识

（一）矿井火灾分哪两大类?

矿井火灾指发生在矿井井下各处（如采掘工作面内、巷道内、硐室内和采空区内等）的火灾和发生在井口附近能够威胁矿井安全、造成损失的地面火灾。

矿井火灾可分为内因火灾和外因火灾两大类。

1．内因火灾　内因火灾指的是煤炭自燃。煤炭暴露于空气中，与氧气相结合，发生氧化并产生热量，当具备适宜的储热条件时，就开始升温，最终发生煤炭自燃。根据升温程度可以将煤炭自燃过程划分为升温期、自热期和燃烧期三个过程。在矿井火灾中内因火灾约占总数的 90%。

2．外因火灾　外因火灾指的是因烧焊，电火花，瓦斯、煤尘爆炸，吸烟等外部原因造成的火灾。

（二）挖除火源时应注意哪些事项?

挖除火源指的是将已经燃烧的火源全部挖取出来。挖取火源后将火源送到附近水沟中浸灭，或放置在岩巷等附近无可燃物的安全地点，让火源自燃、缓慢地熄灭。小矿井可以直接用铁车运送到井上。

这是一种最简单、最彻底的灭火方法，是消除矿井火灾隐患、减少火灾带来的危险及现场人员自救互救的可靠灭火方法，但是必须注意以下安全事项。

1．挖除火源只能在人员能接近火源，且火势不严重的情况下使用。

2．挖除火源前最好用水喷浇，使火源冷却后再逐步挖出。

3．挖取和运送火源应使用不燃材料，如铁锹、铁车等，禁止使用木料制成的器具，以防止引发火灾。

4．操作时要注意防止灼伤人员和点燃工作服。

5．在有瓦斯的矿井中挖除火源时，必须随时检查瓦斯浓度和温度，防止引发瓦斯爆炸。

6．挖出的空洞要用矸石等不燃材料充填起来，禁止用煤炭、木料和橡胶等物填塞，以防意外再次引燃。

（三）在什么情况下应迅速撤离火灾现场?

矿井火灾发生后，火势很大，现场作业人员不能采用直接灭火的方法将火扑灭，或者现场不具备直接灭火的条件时，应迅速撤离火灾现场。

（四）撤离火灾区为什么必须立即佩戴自救器?

矿井火灾发生后，空气中会形成大量的一氧化碳、二氧化碳等有害气体，所以在撤离火灾现场时必须佩戴自救器。否则，可能使撤离过程中的人员中毒窒息，甚至死亡。

（五）火灾发生后如何进行安全撤退?

火灾发生后进行安全撤退时应注意以下事项。

1．在撤离火灾现场时，首先要判明和了解着火的原因、地点、范围和受火灾影响区域的通风系统等情况，按照《矿井灾害预防与处理计划》及现场实际条件，确定撤退路线。

2．撤退时，在任何情况下任何人都不要惊慌失措，不能狂奔乱跑，应在班（组）长和有经验的老工人的带领下，有组织、有纪律地进行撤退。

3．位于火源进风侧的人员，应迎着新鲜风流撤退。

4．位于火源回风侧的人员，如果距离火源较近、且穿越火区没有危险时，可迅速越过火区冲到火源的进风侧。

5．撤退时应在靠近巷道有连通出口的一侧，以便寻找有利时机进入安全地点。

（六）在高温烟雾巷道中撤退时应注意哪些事项?

矿井发生火灾事故后，会产生大量的高温烟雾。烟雾的主要成分是一氧化碳，人吸入后会出现中毒、窒息，甚至死亡；烟雾能阻挡人的视线，在撤退时容易迷失方向。同时高温烟雾会使人中暑、灼伤。所以，高温烟雾对人的健康和安全危害极大，给现场人员应急自救互救带来很大困难。

在高温烟雾巷道中撤退时应注意以下事项。

1．在一般情况下不要逆烟雾、风流方向撤退，因为这样做有很大的危险性。在特殊情况下，如在附近有脱离灾区的通道出口又有把握脱险时，或者只有逆烟撤退才有求生希望时，才采取逆烟流方向撤退。

2．当高温烟雾在巷道里流动时，一般巷道空间的上部分烟雾浓度大，温度高，能见度低，对人的危害也较严重，现场人员应急自救互救也较困难。而在巷道空间的底部有时还会有新鲜空气流动，情况要好得多。所以，在有高温烟雾巷道里撤退时，注意不要直立奔跑。在烟雾不严重时，应尽量躬身弯腰，低着头迅速行进。而在烟雾大、视线不清或温度较高时，则应尽量贴着巷道底板及其一侧，摸着铁道、管道或棚腿等急速爬出。

3．在高温浓烟巷道中撤退时，还应利用水沟中的水、顶板和巷壁淋水或巷道底板积水浸湿毛巾、工作服，或向身上洒水等方法进行人体降温，减小体力消耗；同时，还应注意利用随身物件或巷道中的风帘布等遮挡头面部，以防高温烟气的刺激和伤害。

（七）发生火灾后应如何避灾待救?

当发生火灾后现场人员无法撤出时，应当妥善避灾，积极待救。在避灾待救时应做到以下几点。

1．当矿井火灾发生后，如果顺着风流方向或逆着风流方向撤退都无法避免火焰、烟雾可能带来的危害，或者撤退时遇到冒顶、积水，或因其他原因巷道阻塞、人员无法通过时，都应迅速进入避难硐室或救生舱。

2．如果附近没有避难硐室或救生舱，应在烟雾来袭之前，选择合适地点，利用现场条件和材料快速构筑临时避难所，进行现场应急互救自救。

3．撤到烟雾扩散不到的独头巷道中，利用工作服、风帘布等防堵烟气侵入。

4．在避难待救时，要互相帮助，互相关心，注意少动静卧，稳定情绪，坚定信心，以减少避灾地点的氧气消耗和体力消耗，在任何情况下都要尽量避免深呼吸和急促呼吸。

5．如果在避灾地点有仍在送风的局部通风机或压风机管道，或者附近有压风自救系统，要打开这些设施，呼吸新鲜空气。

6．在避灾地点的外口或交叉道口，要留有文字、衣帽等明显标志，使救援人员能够及早发现，尽早组织营救。

7．在避灾期间要做好长期待救的思想和物质准备，要轮流使用矿灯，节约饮用水和食品，并注意保暖。

（八）发生火灾后应如何控制风流，减轻灾情?

矿井火灾发生后，现场人员应该利用附近的通风设施，实现局部反风、风流短路或增、减风量，达到减轻火灾危害的目的。如利用风门、防火门、调节风门、调节风窗、风帘、防火墙和局部通风机等，对火区的风流方向和风量大小进行调整控制，以便控制火势，接近火源，防止在高温烟火流经的巷道引发再生火灾，确保现场遇险人员的人身安全和更好地进行灭火。据现场实践证明，打开火区进风侧的旁路风门、风帘或者构建火区进、回风侧的临时风门、风帘，可以使进入火区的风量减小，达到减弱火势的目的。反之，会使火势加强。

但是，减小风量在能控制火势的同时，也会使火区瓦斯含量和其他有害气体含量增加，有引爆瓦斯的可能。

所以，现场遇险人员要全面、均衡地加以考虑。同时，还要随时注意观察巷道和风流的变化情况，谨防火风压造成的风流逆转。若遇大量烟气或风流逆转，使避灾地点受到威胁时，必须立即转移。

（九）井底车场发生火灾时，现场人员自救互救应注意哪些事项?

井底车场位于矿井主要进风巷道，一旦着火，对整个矿井威胁极大，现场人员自救互救应注意以下事项。

1. 利用通往火源的一切道路，集中最大数量的人力和物力，特别要利用井底车场水源充足的条件，直接扑灭火灾。

2. 采用构筑临时密闭和挂风障等办法，减少流向井底车场火源处的空气量。

3. 采用矿井主要通风机反风或风流短路，使火灾烟雾直接排入总回风巷，积极抢救井下人员。

4. 井底车场着火后，禁止人员由进风侧接近火源，以防止由于火风作用使风流突然逆转反向。

（十）井下硐室发生火灾时，现场人员自救互救应注意哪些事项?

井下硐室常安装机电设备和储存油料，容易发生机械摩擦着火、供电电缆着火和油脂着火等现象。

井下硐室发生火灾时现场人员自救互救应注意以下事项。

1. 井下硐室发生火灾时，现场人员应及时关闭防火门。若无防火门，应加挂风障，控制入风量。

2. 利用硐室里备用的沙子、灭火器和水管直接灭火。

3. 当绞车房着火时，应将火源下方的牵引矿车固定好，防止烧断钢丝绳造成跑车事故。

4. 当蓄电池电机车车库着火时，必须切断电源，采取措施防止氢气爆炸，如停止充电、加强通风、及时把蓄电池电机车运到硐室外等。

5. 当火药库着火时，首先将电雷管运出，然后将其他爆炸材料运出，如因高温来不及运出时，则应关闭防火门。

6. 着火硐室位于矿井总进风道时，应采取全矿井反风或缩短风流的方法。

7. 着火硐室位于矿井一翼或采区总进风流所经两巷道的连接处时，应采取短路通风或局部反风。

（十一）井下巷道发生火灾时，现场人员自救互救应注意哪些事项?

井下巷道发生火灾时，现场人员应根据不同条件进行自救互救。

1. 倾斜巷道发生火灾 当倾斜巷道发生火灾时，应利用中间巷道接近火源进行直接灭火。若需从下向上灭火时，应采取措施（如设置保护挡板等）防止冒落矸石和燃烧物掉落伤人。

2. 独头巷道发生火灾

（1）当独头巷道发生火灾时，要保持原通风状况不变，即局部通风机已经停止运转的不要随便启动，局部通风机开启的，不要盲目停止。

（2）如果瓦斯含量超过 2%，则不得进行直接灭火。

（3）在独头巷道着火后，现场作业人员无法撤退时，应在保证安全的前提下，尽一切可能迅速拆除引燃的局部通风机风筒，拆除部分地段木支架（不至于引起冒顶）及一切可燃物，形成一个隔离地带，以切断火灾向遇险人员聚集地点蔓延的通路，然后立即用风障等封闭巷道，构筑临时封闭巷道，构筑临时避难所，防止有害气体侵入。

（4）若火烟通过局部通风机被压入人员聚集的巷道时，应立即将局部通风机风筒拆除。

3. 井下巷道电缆着火时 井下巷道电缆着火时，应迅速切断电源，并立即截断着火电缆，防止延燃；同时将接触着火电缆或着火电缆附近的可燃物清除到远处，防止引燃可燃物，扩大灾情，然后进行直接灭火。

（十二）在火灾中发现有爆炸危险时，应注意哪些事项?

矿井火灾可以成为瓦斯、煤尘、水煤气等爆炸的引爆火源。在矿井发生火灾时，现场人员除了应该注意火灾事故的应急自救互救事项外，还应高度警惕防止爆炸事故的发生。

1. 在灭火时要随时观察煤尘的大小，检测瓦斯含量，观测水煤气的形成，防止发生爆炸。

2. 在安全撤退和妥善避灾时，当发现巷道内的风流出现短暂的停顿或颤动（与火风压可能引起的风流逆转征兆有些相似）等征兆时，如有可能，要立即避开爆炸的正面巷道或进入躲避硐室。

四、透水现场自救互救知识

（一）透水后现场作业人员自救互救的必要性是什么?

矿井一旦发生透水灾害，可能造成井下人员伤亡的严重后果。在一般情况下，透水初期波及范围小，对井下人员威胁较小，抓住有利时机，利用现场的有利条件，积极采取自救互救活动，是保证现场作业人员安全脱险的最好办法。另外，即使不能安全脱险，也对保证被水围困的人员自身安全和配合矿救护人员的抢救工作具有十分重要的意义。所以，在矿井透水后进行应急自救互救，是煤矿安全工作的重点之一，是十分必要的。

矿井透水对矿山安全和工人生命的危害与矿井爆炸、火灾的危害有所区别，矿井透水后现场作业人员开展自救互救成功率较高。这些区别主要表现在以下几方面。

1. 透水淹死人主要是人体进入大量水后，被水堵塞气管，造成窒息，它的伤害较为缓慢，逃生机会较多；而瓦斯、煤尘爆炸的冲击波直接使人受到伤害，是非常剧烈的，往往来不及躲避。

2. 透水后，水对矿井巷道、硐室和采掘工作面的蔓延，往往留有一定空间，这些空间提供大量氧气，经常成为被困人员生存的空间；而瓦斯、煤尘爆炸，火灾所产生的有害气弥散在所有空间，被困人员常因缺氧或中毒死亡。

3. 被水围困人员可以通过饮用一定量的水，使人的生命可以维持相当的时期；而被瓦斯、煤尘爆炸，火灾围困人员却没有这个生存条件。

（二）发生透水预兆，现场作业人员应当如何处理?

煤层和岩层透水前，一般都会有某些预兆。因此，《煤矿安全规程》规定：“发生透水预兆时，必须停止作业，采取措施，立即报告矿调度室，发出警报，撤出所有受水威胁地点的人员。”煤矿井下现场作业人员必须熟悉这些预兆，当现场出现预兆时，当机立断采取有效措施，迅速撤出透水危险区，确保透水事故发生时现场作业人员的生命安全。

（三）发生透水时，现场人员如何迅速撤离?

当矿井发生透水事故时，现场作业人员要采取一切措施迅速撤离灾区到达安全地带或撤至井上。

1. 现场作业人员在钻眼时，发现钻孔中意外出水，要立即停止钻进，切记不要把钻杆拔出，并及时向矿调度室汇报。

2. 在透水危及现场作业人员安全时，应迅速撤离灾区，并关闭有关巷道的水闸门，按照“矿井灾害预防和处理计划”中规定的发生水害时的安全避灾路线，并结合现场的实际情况选择距离最短、安全条件最好的路线撤离。在撤离途中要有组织、有纪律，服从现场班组长和老工人的指挥。在撤退路线上应留有前进的标记，特别是三岔口。

（四）发生透水时，现场人员撤离灾区应注意什么事项？

透水时安全撤离时应注意以下几点。

1．在突水迅猛的情况下，现场作业人员应避开水口和水流，迅速躲避到附近硐室内、拐弯巷道或其他安全地点。

2．在透水时水流急速来不及躲避的情况下，现场作业人员应抓住棚子或其他固定物件，以防被水流冲倒、卷跑；附近没有棚子或其他固定物件时，现场作业人员应互相手拉手、肩并肩地抵住水流。

3．如果矿井透水的水源为采空区积水，使灾区有害气体浓度增加时，现场作业人员应立即佩戴自救器。

4．在正在涌水的巷道中撤离时，应靠近巷道的一侧，抓牢巷道中的棚腿或棚梁、水管、压风管、电缆（断电）等固定物件；尽量避开压力水头和水流；注意防止被涌水带来的矸石、木料和设备等撞伤。

5．双脚要站实采稳，一步步前进，避免在水流中跌倒。万一跌倒，要两手撑地，尽量使头露出水面，并立即爬起。

（五）发生透水时，现场人员应向什么方向撤离？

透水时安全撤离应注意以下方向。

1．在条件允许的情况下，应迅速撤往透水地点以上的巷道，而不能进入透水地点附近或透水地点的下方独头巷道。

2．如果在撤退途中迷失方向，且安全标志已被水冲毁，一般应沿着风流通过的上山巷道撤退。

3．当矿井透水涌入独头上山的下部时，在万不得已的情况下，现场作业人员可以撤至未被水淹的上山上部。但必须注意该上山上部不得与其他巷道连通或漏气。

4．在矿井发生透水事故时，应及时将撤退的人员、路线等情况向矿调度室报告。

（六）矿井透水现场人员被围困时，应如何自救互救？

矿井透水后，当现场作业人员撤退路线被涌水阻挡去路时，或者因水流凶猛而无法穿越时，应选择离安全出口井或大巷最近处、地势最高的上山独头巷道暂避；迫不得已时，还可爬上巷道顶部高冒空间，等待矿上救援人员的到来，切忌采取盲目潜水逃生等冒险行动。

（七）被透水围困时，现场人员应注意什么？

被透水围困时，现场人员在自救互救中应注意如下几个问题。

1．对避灾地点要进行安全检查和必要的维护。支护不好、插背不严的要利用附近材料处理好。还应根据现场实际需要，设置挡帘、挡板或挡墙，防止涌水和有害气体的侵入。

2．进入避灾地点以前，应在巷道外口留设文字、衣物等明显标记，以便于矿救援人员能及时发现和组织营救。

3．在避灾地点进行避灾待救时，应间断地、有规律地敲击铁管、铁轨、铁棚或顶、底板等物体，向外发出求救信号。但要注意避免因敲击引起的坍塌和垮落。

4．如果避灾地点没有新鲜空气，或者有害气体大量涌出，必须立即佩戴自救器。附近安装有压风自救系统，应及时打开自救系统进行呼吸；如果附近无压风自救系统，但安装有压风管，应及时打开压风管阀门，放出新鲜空气，供被围困人员呼吸。

5．注意避灾时的身体保暖。如果衣服被浸湿应该将其拧干，同时将双脚埋在干煤堆中保暖；若多人同在一处避灾，可互相依偎，紧靠着身体来取暖，打开压风管阀门处，应注意被围困地点的温度不要太低。

6．在被围困期间，遇险人员可以在积水边缘放置一大块煤矸或其他物件作为水情标志，随时观察积水区水位的上升和下降情况，及时推测矿上抢险救灾的进展情况。

（八）被透水围困时，现场人员饮食应注意什么?

被透水围困断绝食物来源后，现场人员在饮食时应注意以下几个问题：

1．水中虽然没有含营养价值的东西存在，但人在断绝食物来源的情况下，喝水可以促进人体内新陈代谢，消耗体内自身存储的糖、脂肪和蛋白质，以维持人体的能量供给。

要少饮或不饮不洁净的矿井水，特别是不能饮用老空区水，以免中毒。需要饮水时应选择适当的水源，并用干净衣服、毛巾、布过滤。

2．有的人嚼煤块、啃木料，有的人撕吃棉花、布料、纸团、胶管、胶带等。这些东西吃下去后，当时能把胃支撑起来，可减少饥饿的痛苦。实际上这些东西并没有人体所需要的糖、脂肪和蛋白质，毫无营养价值，吃下去后根本消化不了，也不被人体所吸收。因此，吃这些东西有害无益，吃多了后果不堪设想。

3．在断绝食物的情况下，开始的两三天还可以忍受，但到四五天后就会感到饥饿难忍。为了减少饥饿的痛苦，被困人员往往饥不择食，食不厌饱，什么东西尽量往肚子里填，这是十分危险的。绝对不能饮食过量和进食腐烂物品。

（九）透水后为什么要有组织地撤退?

透水发生后，井下现场情况变得更加复杂，迫切需要在撤离灾区时有组织地进行。

1．现场作业人员素质参差不齐，有的工人没有经验，缺乏自救知识，体质较差，防灾心理不强，需要有经验、有心理学知识的人去引导他，有身体强壮的人去帮助他，有心理素质强的人去开导他。

2．现场灾情变化很大，在撤退时需要群策群力，充分发挥每一个工人的智慧和力量，战胜艰难险阻，共同成功脱险。

3．在透水撤退时，要充分体现“以人为本”的思想，不能丢下一个人，团结一致，共克难关，最后上井时“不差人”。

（十）被水围困人员如何做好较长时期不能脱险的思想准备?

被水围困人员要做好较长时期不能脱险的思想准备，主要做好以下几方面事项。

1．注意节省使用矿灯。若多人同在一起避灾，只可使用一盏矿灯照明，熄灭其他矿灯，以保证灾区尽量长时间有照明。须知，对于被围困在黑暗矿井深处的人员，照明就是希望，就是信心!

2．随身所带食物要匀着吃，遇有食物不能暴饮暴食。

3．要平卧在地，不急不躁，避免体力的过度消耗。

4．要统一指挥，一致行动，团结互助，互相关心，互相劝慰。

5．思想一定要镇静，相信矿上领导和其他工友一定会千方百计地抢救自己，并一定能安全脱险。

（十一）为什么长期被水围困人员获救后要格外小心?

由于长期被水围困的遇险人员生存在灾区时间较长，而灾区环境与地面或井下其他正常地点截然不同，加之饮食不足，往往导致体温低、脉搏和血压不正常，所以获救后必须对遇险人员格外小心。

矿井发生透水事故后，被水围困时间很长的人员，一旦获救，首先必须对身体进行保暖。其次，遇险人员稍被震动，就可能造成休克，甚至死亡。所以必须小心地进行搬运、休养和医治。搬运时要格外小心，行进要缓慢，否则，如果处理不善，容易造成严重的后果，会使抢救工作前功尽弃。

（十二）为什么长期被水围困人员获救后要格外注意保护双眼？

由于被水围困时间较长的遇险人员长期在黑暗的灾区中识别物体，已将瞳孔放大，如用较强光线直射，瞳孔就会立即缩小或剧烈收缩，造成双目失明。所以禁止用矿灯直接照射遇险人员的眼，也不得将他们的眼直接暴露在阳光之下。这时，应该使用红布包住矿灯，使光线减弱；在由井下搬运到地面以前，应用床单、衣服等物把遇险人员的眼蒙上，使瞳孔逐渐收缩，待恢复正常后，才可以见光。

（十三）如何加强对长期被水围困人员获救后的医疗护理？

在抢救长期被水围困人员时，矿救护队最好同医生一起行动。被围人员获救后，不可以立即搬运到井上，应先搬运到井口附近的安全地点，逐步适应外界环境。在矿救护队员的保护下，由医生对遇险人员进行体检，并给予必要的医疗措施。对于脱水的遇险人员必要时须输血、输液和输氧等，保证心脏功能。待遇险人员的情绪稳定后，脉搏、呼吸和血压基本正常时，在医生的指导和护送下再搬运到地面，送到医院的特设病房给予特别的护理，使其逐渐适应新的环境，恢复健康。在医院治疗和休养期间，不要让遇险人员的亲朋好友探视，以免过度兴奋或伤感，影响遇险人员恢复健康。同时，做好煤矿灾害心理危机的预防和干预工作，树立正常的灾害意识，培养良好的心理素质，提示他们能够创造生命奇迹。

（十四）如何判断被水围困地点是否有空气存在？

常言道：人往高处走，水往低处流。当发生矿井透水事故，位于透水点上方巷道或被涌水淹没巷道的上方，一般都有空气，对现场作业人员的生命构不成危险。但当发生矿井透水事故，被水围困地点比外部最高水位的标高低时，就必须进行具体分析，这时，大致有以下两种情况仍然存在着空气。

1．由于井下发生透水事故时，一般来势凶猛，水向下奔流时将透水点下部巷道中的空气挤出，直至下部巷道被水全部淹没，才不会有空气存在。

2．矿井发生透水后，涌水首先将下部巷道淹没，使这些巷道没有排泄空气的间隙。但与这些巷道相通的倾斜巷道，如果上部独头巷道不漏气，即使低于外部水位时，也不会全部被水淹没，仍有被压缩的空气存在，这时躲避在这些巷道上部空间的遇险人员就同样具备生存必需的空气条件。这在矿井水灾案例中是常见的现象。这时千万注意不能采用打钻送风、送实物的方法。因为密闭的空间一旦与外界相通，矿井积水将沿着上山上升，直到淹没整个空间。

（十五）对被水围困人员呼吸的空气质量有何要求？

只要有空气存在，就能生存。这里指的是正常情况下，空气中含有20%左右的氧气，可以供人呼吸维持生命。但是，由于被围困人员的呼吸、有机物及无机物的缓慢氧化及各种有毒气体涌入被围困地点等，会使空气中各种气体的浓度发生变化，即维持生命的氧气减少，窒息性的二氧化碳增加，同时有毒的一氧化碳、硫化氢、二氧化硫和二氧化氮等增多，这些气体会使空气的质量发生变化，当达到一定浓度时，被围困人员也就不能生存。所以，严格地讲，应该是符合质量要求的空气的存在，才能维持生命的存在。

当矿井透水时，被水围困地点的空气质量将发生如下变化。

1．氧浓度的减少　空气中氧浓度降到10%～12%时，人的呼吸会感到极度困难，但还可以生存。如果再降低人就会进入昏迷状态而死亡。因此，一般把氧浓度10%作为遇险人员生存的极限值，即当空气中氧浓度低于10%，遇险人员就丧失了生存条件。

根据《煤矿安全规程》规定："井下空气中的氧含量不能低于20%。"井下被围困空间空气中氧浓度由20%下降到10%所需要的时间，决定着被围困人员生存的极限时间。

2. 二氧化碳浓度的增加 空气中的二氧化碳浓度增加到10%时，遇险人员的呼吸将极为困难，并会发生昏迷状态，但不会死亡。当二氧化碳含量继续增加时，人就会失去知觉，并导致死亡。

因此，一般把二氧化碳含量增加到10%作为遇险人员生存的极限值。

根据《煤矿安全规程》的规定：“井下空气中的二氧化碳含量不应超过0.5%。”井下被围困空间空气中二氧化碳浓度由0.5%上升到10%所需的时间，决定着被围困人员生存的极限时间。

（十六）长期被水围困人员获救后饮食应注意什么？

在被水围困遇险人员长期未进食的情况下，获救后不能吃过硬和过量的食物，以免造成不良后果。这时，只能吃一些稀软的高营养、高蛋白质的食品。要注意做到少食多餐，逐渐恢复肠胃消化功能，提高身体素质，然后才能恢复正常饮食。

五、煤矿冒顶事故自救互救知识

（一）煤矿冒顶事故有哪些特点？

冒顶事故指的是在井下建设和生产过程中，因为顶板意外跌落、垮塌而造成的人员伤亡、设备损坏和生产中断等事故。

与瓦斯事故比较，顶板事故有以下特点。

1. 发生频率高 2008年，全年共发生顶板事故1032起，占全国煤矿事故总数的52.8%。

2. 累计死亡人数多 2008年，全年因顶板事故共死亡1222人，占全国煤矿事故总死亡人数的38.0%。

3. 重大事故少 2008年，全年顶板事故重大事故共发生2起，占全国煤矿事故总数的5.3%。

（二）煤矿冒顶事故有哪些特点？

煤矿冒顶重大事故影响范围大，总的伤亡人员多，中断采掘工作面、采区或矿井生产时间长，损毁井巷工程和生产设备严重，易引发次生灾害。

煤矿顶板事故的主要特点如下。

1. 突然 煤矿冒顶事故往往是突然发生的，给煤矿企业领导和从业人员的心理冲击很严重，容易出现措手不及、决策失误的现象。由于救灾指挥失误，造成救灾措施不当，或者自救互救方案错误，使事故扩大，增加伤亡人数，扩大损失范围。

2. 伤人 煤矿冒顶事故发生后，往往造成人员伤亡，使井下人员的生命受到严重威胁。

3. 破坏 冒顶使生产中断、通风系统遭到破坏、井巷工程和机电设备损毁，甚至造成地面塌陷，给国家财产造成巨大损失，还给抢险救援工作增加了难度。

4. 继发 煤矿冒顶板事故发生后，有时在较短的时间里重复发生同类事故或诱发其他事故，使矿井受灾范围进一步扩大。当发生冒顶后，有可能发生二次冒顶；或者冒落矸石砸坏电缆引起电气系统事故；冒落矸石撞击火花引发瓦斯爆炸；冒落矸石堵塞通风巷道致人中毒、窒息或者引起其他事故发生。

（三）如何抢救冒顶埋压人员？

当发生冒顶埋压人员时，在互救过程中应做好以下几点。

1．抢救遇险人员时，首先应直接与遇险人员联络（呼叫、敲打、使用地音探听器、生命探测仪等方法），来确定遇险人员所在的位置和人数。

2．在抢救中必须时刻注意救援人员的自身安全。如果觉察到有再次冒顶的危险时，应加强支护，提前做好“退路”工作。在冒落区工作时，要设专人观察周围顶板变化，注意检查瓦斯变化情况。

3．在抢救遇险人员时，要注意避免伤及遇险人员身体的任何部位，特别要保护好遇险人员的头部；如果救出的人员有外伤，应迅速进行救治和骨折固定；如果救出的人员呼吸困难，应立即进行人工呼吸抢救。

（四）如何处理冒落物？

在处理冒顶事故时，需要移动、破碎和清理冒落物，切断金属、木料和岩石，运输冒落的矸石。

1．移动岩石可使用不同规格的液压起重器。

2．破碎大块岩石可在岩石上打一个直径为 40 ~ 50 mm 的钻孔，再把柱状专用岩石破碎器送入孔内，加液压后，破碎器侧面上一排小活塞柱产生支撑，使大块岩石胀裂开来。

3．切断冒落物中的金属物件、木料和岩石时，可使用气动和电动两用的金属锯、木料锯和岩石锯。在瓦斯浓度不超限的情况下，还可采用轻便型（15 kg 左右）背、提两用氧气切割机快速切割金属物件。

4．剪断金属网、铁丝等，可用液压剪刀。

5．处理冒顶时为快速运输冒落物，可利用原铺设的刮板输送机或铺设搪瓷溜槽。

（五）抢救被冒顶埋压遇险人员有哪些注意事项？

发现被冒顶埋压的遇险人员后，要克服急躁心理，采用妥善方法，安全地将其救出。

抢救被冒顶埋压遇险人员应注意以下事项。

1．首先认真做好冒顶区的探查工作，掌握或判断冒顶范围、进出冒顶区通道、冒顶区支护和通风情况、遇险人数和分布位置、冒顶区附近支护材料和通信等情况。

2．根据采掘工程施工方法、冒顶区岩层冒落的高度和块度、冒顶位置及影响范围来合理选择处理冒顶抢救人员的方案。

3．若遇险人员被碎煤矸石埋压，抢扒时要格外小心，先扒出头部，并清理口、鼻腔及附近阻碍呼吸的碎煤矸石，用一只柳条筐或其他物体掩盖，以免下落矸石砸伤头部。迅速用双手清除埋压在遇险人员身上的煤矸石，不可用铁锹清理。

4．若埋压遇险人员的矸石块度较大，要立即用双手搬开，采用支撬法或用千斤顶等起重器械将煤、岩块抬起。

5．如果底板松软或是煤底，也可以采取卧底的方法，不能用手镐刨或大锤砸，更不能放炮崩，以免遇险人员进一步受到伤害。

6．无论何种情况，营救人员都不能站在埋压在遇险人员身上的矸石之上。

7．遇险人员的胳膊、腿被埋压，抢扒十分困难时，若不及时将人员救出，有可能发生二次冒顶，更不易将其救出。若埋压时间过长，流血过多，可能造成遇险人员休克，甚至死亡，在这紧急关头，有时可以采取截肢的办法保全生命。

8．为了尽可能减轻冒顶埋压伤工的痛苦，防止伤情恶化，防止和减少并发症的发生，挽救濒临死亡伤工的生命，必须对抢救出来的伤工做好现场急救工作。被冒顶埋压的伤工现场急救技术主要有止血、创伤包扎和骨折的临时固定。另外，对于外伤、窒息等引起的呼吸停止、假死状态者，必须进行人工呼吸或心脏复苏。

（六）冒顶后现场人员如何报告灾情？

在顶板灾害事故发生初期，事故现场的人员应尽量了解或判断事故性质、地点和灾害程度，在积极、安全地消除和控制事故的同时，要及时向矿调度室报告灾情，并迅速向事故可能波及区域的人员发出警报。

发生冒顶事故后，现场人员报告灾情应注意以下事项。

1. 报告形式 要利用最近处的电话进行报告，不要舍近求远，更不要跑到井上进行口头报告。但要注意在有瓦斯地点必须使用防爆型电话，否则电话机产生的火花可能引爆瓦斯。

2. 报告对象 首先应直接向矿调度室报告。因为矿调度室是全矿抢险救灾的指挥中心，矿领导24小时调度值班，可以组织全矿人力、物力对事故进行抢救；若本矿力量不足，还可以通过调度向上级领导求援。有的人先报告本区队领导，往往会延误抢救事故的最佳时机。

3. 报告内容 应报告事故的性质、发生地点、事故影响范围、现场人员伤亡情况，以及抢救、撤离的措施和方法等。

4. 报告方法 报告时要沉着冷静，不要慌乱，尽量把话说清楚；不要撒谎，要如实报告灾情，不清楚的就报告说“不清楚”，回到现场了解清楚后或按领导指令了解某一情况后，再次向矿调度室报告。

（七）冒顶后现场人员如何积极消除灾害?

发生冒顶事故后，矿山救护队不可能立即到达事故地点进行抢救。实践证明，在事故初期，现场人员如能及时采取措施，正确开展自救互救，则可以减小事故危害程度，减少人员伤亡。

冒顶后，处于灾区内以及受威胁区域的人员，应沉着冷静，根据看到的异常现象、听到的异常声响和感觉到的异常冲击等情况，迅速判断事故的性质，利用现场的条件，在保证自身安全的前提下，采取积极有效的措施和方法，及时投入现场抢救，将事故消灭在初始阶段或控制在最小范围内，最大限度地减小事故造成的损失。

1．在消除灾害时，必须保持统一的指挥和严密的组织，严禁冒险蛮干和惊慌失措，严禁各行其是和单独行动。

2．在积极抢救过程中，首先要确保自身安全。提高警惕，采取严密措施，避免中毒，窒息，顶、帮二次垮落和再生事故的发生，保证营救人员的安全。

3．在消除灾害时，要把抢救受灾害伤害的人员作为重中之重，坚持先救人后救灾。在抢救人员时要做到“三先三后”，即先抢救生还者，后抢救已死亡者；先抢救伤势较重者，后抢救伤势较轻者；对于窒息或心脏搏动、呼吸停止不久，出血和骨折的伤工，先复苏、止血和固定，后搬运。

4．采取各种有效的措施，消除初始灾害或防止灾区情况恶化。

（八）冒顶时现场人员如何撤退到安全地点?

冒顶时现场人员撤退到安全地点时应注意以下事项。

1．当发现作业现场即将发生冒顶时，最好的应急自救互救措施就是迅速离开危险区，撤退到安全地点。当煤层倾角较大且顶板破碎时，尽量不要往高处撤离。其他情况下一般都是沿支护完好和距离安全出口较近的地点撤出。

2．当冒顶发生来不及撤出时，现场人员应立即躲在木垛下方躲避。因为木垛支撑面积大，稳定性好，冒顶一般不会压垮或推倒木垛，躲在木垛下方可以对遇险者起到保护作用。

3．发生冒顶时，现场人员应立即靠煤壁贴身站立，这是来不及撤出危险区的一项应急自救措施。由于煤壁上方的顶板受到煤壁的支撑作用，仍为整体，不致变得破碎，因此，顶板沿煤壁冒落的情况很少，所以，冒顶时靠煤壁贴身站立相对比较安全。

（九）冒顶后被埋压、围困人员如何配合外部的营救工作?

发生冒顶事故后，被冒落煤矸石埋压、围困人员应积极配合外部的营救工作，做好以下几项工作。

1．被埋压遇险人员在条件不允许时，不能采用猛烈挣扎的方法企图脱险，因为猛烈挣扎会振动周围的物料和煤矸石，可能会导致再次冒落，造成更大的伤害。

2．在煤壁或木垛处避灾的遇险人员，要在营救人员将安全通道打通后方能撤出，不能冒险越过顶板冒落区逃生。

3．被围堵遇险人员不要惊慌失措，要正视已经发生的一切，坚信矿上营救人员和工友们一定会积极进行抢救，并注意保暖，以沉着、镇静的心态等待救援。

4．被围堵遇险人员应在遇险地点维护好附近支架，保持支护完整，保证冒顶范围不再向自己避灾地点蔓延扩大，确保安全。

5．被围堵遇险人员在有条件的情况下，应积极利用现场材料疏通脱险通道，配合外部的营救工作，为提前脱险创造条件。

（十）破碎顶板冒顶现场人员应注意哪些事项？

所谓破碎顶板，指的是节理发育、整体性差、自稳定性低的顶板。在采掘工作面的破碎顶板条件下，往往由于某个地点支护失效而发生局部漏冒，紧接着从该漏冒处开始扩大漏冒范围，特别是在倾斜工作面，这种情况由下往上逐渐发展，造成支架顶空失稳，导致工作面大范围形成漏垮型冒顶。

在破碎顶板条件下，现场人员自救互救要注意以下事项。

1．首先保持支护完整，顶板插背严实，不留空隙；严禁在爆破、移溜、移绞车或回柱放顶等工序时崩倒或撞、碰倒支架，防止出现局部冒顶。

2．一旦出现局部漏洞，必须立即加以堵塞，千万不能任其自流，否则越流支架上顶越空，必将使支架扑倒造成冒顶。在漏洞中有时塞一捆荆笆条或一只荆笆筐就可以制止漏冒的继续发展。

3．当倾斜工作面开始发生漏垮型冒顶时，现场人员一定不要往上跑，而应该往下逃生。

（十一）冒顶后被围困现场人员应注意哪些事项？

掘进巷道时，在迎头的后方有时发生冒顶，将现场作业人员围困在里面；或者在同一条巷道发生两处冒顶，将人员堵在两处冒顶之间。这时被围困遇险人员不要慌乱，要坚定信心，沉着冷静，互相关心，互相安慰，采取应急自救互救措施，争取尽快脱险。

冒顶后被围困现场人员应注意以下事项。

1．维护被围困地点的安全 巷道发生冒顶时，被围困遇险人员应该利用现场材料，维护加固冒落区的边缘和避灾地点的支架，并经常进行检查，以防止冒顶继续扩大至避灾地点，防止避灾地点发生新的冒顶，保障被围困人员的安全。

2．打开压风管和自救系统阀门 若被围困地点附近有压风管或压风自救系统，应及时打开阀门；如果压风管在该处没有阀门，可以临时拆开管路，给被围困巷道空间输送新鲜空气，稀释瓦斯和其他有害气体浓度，同时注意被围困遇险人员的身体保暖。

（十二）处理冒顶救人的一般原则是什么？

1．先外后里 先检查冒落带以外附近 5 m 范围内支架的完整性，有问题的先处理。必要时可采取加固措施，例如加密支架、加打木垛、前后拉紧钉牢、加打抬板、插严背实，以增加后路支架有足够的支护能力和稳定性，确保后路畅通。特别是倾斜巷道的支架与支架的连接要牢靠，防止发生支架失稳连续倒塌事故，将冒顶范围扩大。

2．先支后拆 需要回撤或排除原支架时，事先必须在旧支架附近打临时支架，而且要有一定的新撑力。如需更换棚腿，应该先用内注式单体液压支柱或金属摩擦支柱在棚梁下打好支柱，再回撤旧棚腿，如需更换整架棚子，应先紧靠该棚子棚好一架，再回撤原棚子。

3．先上后下 处理倾斜巷道冒顶事故时，应该由上向下进行，防止顶板冒落煤矸石砸着下面的抢救人员。特别是倾角在 15° 以上时，还应在处理地点的上方 6 ~ 10 m 处设置护身遮拦，以防巷道倾斜上方的煤矸石滚落伤人。

4．先近后远 对一条巷道内发生多处冒顶事故时，必须坚持先处理外面的一处（即离安全出口较近的)，逐渐向前发展，再处理里面的那一处（即离安全出口较远的)，直至在巷道里各处冒落带都处理好。

5. 先顶后帮　在处理冒顶事故时，必须注意先支撑好顶板，再护好两帮，确保抢救人员的安全。例如在巷道一侧由于片帮埋压人员，抢救时必须在顶梁下先在片帮侧打上一根立柱，然后对冒落岩石进行清理，救出遇险遇难人员。

六、现场创伤急救知识

（一）现场急救有什么作用?

为了尽可能地减轻伤员痛苦，防止伤情恶化，防止和减少并发症的发生，挽救濒临死亡伤员的生命，必须认真做好煤矿现场急救工作。

现场急救的关键在于“急”。因为煤矿井下现场一般距离矿区医院或井下保健站都较远，专业的医疗人员或保健人员到达现场需要有一段时间，而现场作业人员对伤员进行急救，就能达到及时、有效的目的。

据统计，现场急救做得好，可减少 20% 受伤矿工的死亡；人员受到伤害后，2 分钟内进行急救的成功率可达 70%；4 ～ 5 分钟内进行急救的成功率可达 43%；15 分钟以后进行急救的成功率则较低。

因此，在煤矿现场做好急救工作，关系到伤员生命的安危和健康的恢复，是煤矿安全生产中的一件大事。各生产班组都应设立一名兼职急救员，每一个现场作业人员都应学习和掌握现场急救知识和技术。

（二）现场急救的主要目的是什么?

现场急救通常包括到达现场、查明致伤原因、确认死亡因素和进行护理等几部分。同时在进入医院治疗前，预防发生死亡或加重伤势，并减少震动。在转移到达医院前，在威胁伤员生命的紧急情况下，现场的每个人都有责任和义务使伤员得到适当的护理。在采取适当的急救措施后，常常可以使伤员恢复呼吸，血液正常循环，止住流血，减轻严重的休克，保护伤口，防止感染和其他并发症的发生，并且能保存伤员的体力。如果以上步骤都做到了，也得到了医疗护理，那么伤员恢复的可能性就大大地提高了。现场急救人员并不能代替医生，但在专业人员到达或获得医疗救护以前，能够保护伤员。

现场急救的主要目的包括以下 5 方面。

1．确保自身和伤员的安全。

2．查找受伤的原因。

3．固定脖子和脊柱，注意致命因素。

4．将伤员转移到安全地点和医院。

5．在转移途中继续估计伤情，减少致命因素。

（三）初步判断伤情的四大特征是什么?

井下发生灾害事故时，一旦出现一批伤员，一般是先抢救危重伤员，然后再抢救受伤较轻的伤员；即使只有一名伤员，判断其伤情轻重，对迅速、准确和有效地完成伤员现场急救工作，也有着重要意义。

初步判断伤情应查看以下四大体征。

1. 心脏搏动　正常人每分钟心脏搏动 60 ～ 80 次，严重创伤、大出血的受伤矿工大多数心率增快。

2. 呼吸　正常人每分钟呼吸 12 ～ 18 次。

3. 瞳孔 正常人两眼瞳孔是等大、等圆的，遇到光线能迅速收缩、变小。严重颅脑损伤的伤工，两眼瞳孔不一般大，用电筒光刺激，不收缩或反应迟钝。

4. 神志 正常人神志清醒，对外来刺激能引起反应；伤势较重的伤员，神志模糊或出现昏迷，对外来刺激没有反应。

（四）不同类型的伤员现场急救要点有什么不同?

根据伤情的轻重，大致可以将伤员分为以下四类，各类的现场急救方法也不同。

1. 轻伤员 凡出现软组织受伤，如擦伤、裂伤和一般挫伤现象均属于轻伤员。

这类伤员大多数能自己行走，经现场简单施救后即可回去休息，不必送往医院进行抢救治疗。

2. 重伤员 凡发生骨折和脱位、严重挤压伤、大面积软组织挫伤、内脏损伤等现象均属于重伤员。

对此类伤员多数需要进行手术治疗。需要马上手术的必须立即护送到医院进行手术；可以暂缓手术的，要密切注意预防休克。

3. 危重伤员 凡出现外伤性窒息和心搏骤停、呼吸困难、深度昏迷、严重休克和大量出血等现象均属于危重伤员。

对此类伤员必须立即进行抢救，并在严密观察和继续抢救的同时，立即护送到医院进行抢救治疗和休养。

4. 死亡伤员 判断真正死亡的方法有如下几条。

（1）自主呼吸停止。

（2）瞳孔扩散，无反射能力。

（3）血液停止循环，脉搏、心脏停止搏动。

（4）深度不可逆昏迷和大脑全无反应，所有的神经反射消失。

（5）肢体僵硬，背部出现赤灰色斑点。

伤员受伤后，要认真判断是“真死”还是“假死”，不能放弃任何一点抢救的希望。

（五）如何对伤员做出初步判断?

呼吸不畅和血液循环障碍可引发一系列并发症导致死亡。大量出血或无法止血可导致重症休克，甚至死亡。在这些情况下如果不立即采取救护措施，伤员很快就会死亡。

在对轻伤员进行救护之前，急救人员应该做出初步判断，并纠正致命因素。在做初步判断的时候，不要动伤员，这样有助于维持生命。粗鲁的接触及不必要的移动会加剧伤员的疼痛，恶化未被发现的伤处。

1. 建立总体印象 观察伤员及其周围环境，建立一个总体印象，以便了解伤员受了什么伤。如果环境不能提供任何受伤迹象，那么很可能是病了，而不是受了伤，应对患者进行视诊和听诊，如果患者清醒，听他们说什么。建立一个总体印象是很重要的，因为这样可以帮助我们对伤员的伤势做出判断，以便确定是否对他们优先治疗并转移。

2. 检查精神状态 观察伤员是否清醒，能否作出反应。必要时应该对他进行摇晃或者大声地对他喊叫，以便让他有所反应。

3. 检查呼吸情况 如果伤员可以哭或说话，说明他的呼吸道畅通；如果呼吸道被堵塞，就要采取相应措施使其畅通，避免对伤员不必要的移动或粗鲁的接触。如果伤员呼吸停止，必须马上进行人工呼吸。

4. 检查血液循环 检查颈动脉，如果没有搏动，开始进行心肺复苏；如果搏动较弱，应查找原因，如有出血，尽快止血，如有伤口应进行包扎。

5. 医治转移伤员 对伤员进行必要的现场急救后，若伤员已经出现危及生命的体征时，要尽快转移。

(六) 如何在现场对伤员进行详细检查?

在现场对伤员进行详细检查应注意以下事项。

1. 头部 不要移动头部，检查是否有捻发音（骨头碎片的摩擦声），有无头骨凹陷，头发里是否有血迹、有无头皮破口和擦伤（挫伤）。检查耳的排出物。检查眼是否变色，瞳孔是否等大，眼内是否有异物。检查是否有排出物和血液从鼻子里流出，如有液体或血从耳或者鼻里流出来，注意有可能是颅骨骨折。

2. 颈部 检查颈部是否有静脉血管扩张、触痛、畸形等。脊椎骨折，尤其是在颈部区域，可能伴有脑部损伤。通过触诊和视诊看是否有异常现象。在初步检查中应该检查脊椎是否损伤。

3. 胸部 通过观察胸部运动，检查胸部是否有伤口、刺入物、骨折和穿透伤等。如果两边都不起伏，或者一边根本就不动，那可能是肺部或肋骨受到损伤。

4. 腹部 轻触那些异常部位，看是否有伤口、穿透伤、刺入物。检查腹部是否柔软，是否有包块。

5. 骨盆 检查骨盆是否有疼痛、触痛。

6. 四肢 检查异常颜色、肿块、触痛、骨折表现出的畸形。检查感觉和运动情况，瘫痪表明脊椎断裂。

7. 背部 检查是否有骨头突出、流血和其他伤口。

(七) 现场急救常用技术包括哪些内容?

现场急救常用技术包括以下内容。

1. 人工呼吸。
2. 心脏复苏。
3. 止血。
4. 创伤包扎。
5. 骨折固定。
6. 伤员搬运。

(八) 为什么要进行人工呼吸?

氧气是人体不可缺少的，因为人体所有生命组织都要依赖于血液携带的氧。氧气通过一呼一吸的动作（呼吸）进入体内。呼吸还会把人体内产生的二氧化碳排出体外。

无论在任何时候，只要呼吸无效或停止，生命就会终止。呼吸停止后大脑细胞在 4 ~ 6 分钟内就会死亡，体内的其他细胞也开始死亡，这是一个不可逆的过程。如果死亡细胞的数量达到一定程度，其他的细胞也未能获取氧气，那么伤员就会死亡。

如果伤员没有呼吸或者呼吸不充分，就必须进行人工呼吸，以强迫空气进入肺部，维持伤员的生命。

(九) 人工呼吸适用哪些情况?

人工呼吸适用于触电休克、溺水、有害气体中毒窒息或外伤窒息等引起的呼吸停止、假死状态者。短时间内停止呼吸者，都能用人工呼吸方法进行抢救。

(十) 人工呼吸前有哪些准备工作?

1. 首先将伤员搬运到安全、通风、顶板完好、且无淋水的地方。
2. 将伤员平卧，解开领口，放松腰带，袒露前胸，并注意保持体温。

如果伤员是俯卧状的，在摆正其姿势时，应在其背后适当位置支撑着脊柱，要确保伤员头、肩和躯干同时以一个整体翻滚。

3．腰前部垫上软的衣服等物，使胸部张开。

4．清除口中异物，把舌头拉出或压住，防止堵住喉咙，影响呼吸。

5．如果脊椎没有受到损伤，可采用头后仰、抬颈（颌）法，或用衣、鞋等物塞于肩部下方，疏通呼吸道。

6．如果脊椎受到损伤，可采用挤压下颌的方法疏通呼吸道。

7．在维持呼吸道畅通的同时，急救人员可用耳朵贴近伤员的嘴和鼻子，判断伤员的自然呼吸情况，并且要观察伤员胸部的起伏状况。如果听不到呼吸声音，也看不见胸部起伏，表明伤员已经停止呼吸。

（十一）如何清除伤员口中异物？

如果昏迷伤员口中有异物，急救人员应该把异物清除。用手按压可以使异物松动，但是它不会弹出。异物清除通常可以采取以下 3 种方法。

1．抬高下巴 - 舌头法

（1）掰开伤员的嘴，同时抓紧舌头和下巴向上提。

（2）用手指直接清除异物。

2．交叉手指法

（1）把拇指放在示指下方与之交叉。

（2）用拇指和其他手指把伤员的上颌和下颌撑牢。

（3）展开手指，分开上下颌。

（4）用手指直接清除异物。

3．手指直接清除法

（1）用手撑开伤员的下颌。

（2）另一只手的示指伸入到口腔的里面，一直到喉部、舌头的根部。

（3）用示指做向上勾的动作清理喉咙后边的异物。

（4）当碰倒异物时抓紧并取出。

（十二）人工呼吸有几种方法？

1．口对口吹气法 口对口吹气法是效果最好、操作最简单的一种方法，即急救者的口对着伤员的口，向伤员的肺里吹气。

（1）使伤员仰卧，急救者在伤员头部一侧，一手托起伤员颈部或下颌，另一手捏紧其鼻孔，以免吹气时从鼻孔漏气。

（2）急救者深吸一口气，口唇紧包伤员口唇，迅速向伤员口内用力吹气，使其产生吸气。

（3）松开捏鼻的手，并用一手压其胸部以帮助呼气。

以上步骤每分钟 14 ~ 16 次，有节律、均匀地反复进行，直至伤员恢复自主呼吸为止。注意吹气时切勿过猛、过短，也不宜过长，以占一个呼吸周期的 1/3 为宜。

2．仰卧压胸法

（1）将伤员仰卧，急救者跨跪在伤员大腿两侧，两手拇指向内，其余四指向外伸开，平放在其胸部两侧乳头之下，借半身重力压伤员胸部，挤出其肺内空气。

（2）急救者身体后仰，除去压力，伤员胸部依靠弹性自然扩张，使空气吸入肺内。

以上步骤每分钟 16 ~ 20 次，有节律、均匀地反复进行，直至伤员恢复自主呼吸为止。此法不能用于胸、背部外伤，肋骨骨折或二氧化硫、二氧化氮中毒者，也不能与胸外心脏按压法同时进行。

3. 俯卧压背法

（1）将伤员俯卧，头转向一侧。急救者骑跪于伤员大腿两侧，两手拇指向内，其余四指向外伸开，放于肩胛骨下方，小指置肋弓下缘。借半身重力压伤员胸部，并且使腹部横膈上升形成呼气。

（2）急救者身体后仰，除去压力，伤员胸部依然靠弹性自然扩张，使横膈下降，形成吸气。

以上步骤每分钟 14 ～ 16 次，有节律、均匀地反复进行，直至伤员恢复自主呼吸为止。此法一般用于溺水窒息的伤员，呼气时使其吐出水和其他分泌物。

4. 举臂压胸法

（1）将伤员仰卧，肩胛下用衣物等垫高。头转向一侧，上肢平放在身体两侧。急救者的两腿分别跪在伤员头部两侧，面对伤员全身，双手握住伤员两前臂近腕关节部位，把伤员手臂拉直过头平放，胸部被迫形成吸气。

（2）将伤员双手放回胸部下半部，肘关节屈曲成直角，稍用力向下压，使胸部缩小形成呼气。

以上步骤每分钟 14 ～ 16 次，有节律、均匀地反复进行，直至伤员恢复自主呼吸为止。此法不适用于胸肋受伤者。

（十三）心脏复苏有哪些方法?

心脏复苏主要有心前区叩击法和胸外心脏按压两种方法。

1. 心前区叩击法 在心脏停搏后 90 秒内，心脏的应激性是很强的，叩击心前区，往往可以使心脏恢复搏动。

此法是用拳头捶击胸部使心脏恢复搏动。具体操作如下：手握拳，在距离胸部上方 30 cm 高度向胸骨下段部位叩击，注意叩击力度，在连续叩击 3 ～ 5 次后，应观察脉搏和心音，若恢复则表示复苏成功，反之，应立即放弃，改用胸外心脏按压。

2. 胸外心脏按压 此法适用于各种原因造成的心搏骤停者，操作简单，效果明显，随时随地都可采用，所以应用范围较广。

（1）伤员仰卧于硬板上，头稍低于心脏水平，解开上衣和腰带，脱掉胶鞋。急救者应位于伤员左侧，手掌面与前臂垂直，一手掌面压在另一手掌面上，使双手重叠，置于伤员胸骨下 1/3 处（其下方为心脏），以双肘和臂肩之力有节奏地、冲击式地向脊柱方向用力按压，使胸骨压下 3 ～ 4 cm（有胸骨下陷的感觉就可以了），为心脏恢复自主节律创造条件。

（2）按压后迅速抬手使胸骨复位，以利于心脏的舒张。

以上步骤每分钟 100 次，有节律、均匀地反复进行，直至心脏恢复自主搏动为止。按压过快，心脏舒张不充分，心室内血液不能完全充盈；按压过慢，动脉压力低，效果也不好。此法应与口对口吹气法交替进行，一般每按压心脏 30 次，口对口吹气 2 次。切忌用力过猛或者按压在心尖部，否则可能造成肋骨骨折、心包积血或引起气胸等。

（十四）如何使用外伤常用急救药物?

外伤常用急救药物主要有以下 4 种，它们的使用方法如下。

1. 碘酒 常用的碘酒由碘和碘化钾与 75% 乙醇配制而成，浓度是 2% ～ 2.5%。该药浓度越高，杀菌力越强，但对局部的刺激性也大，多用于皮肤消毒。使用碘酒应注意不要涂在会阴部或伤口上；待涂上的碘酒稍干后，应立即用乙醇擦去，使其脱碘。

2. 乙醇（酒精） 乙醇是无色、易燃和易挥发的液体，常用浓度是 70% ～ 75%。此浓度杀菌力最强，常用于皮肤和某些急用医疗器械的消毒。

3. 红汞 红汞俗称红药水，浓度是 2%。该药刺激性小，穿透力弱，消毒效力只对浅表处有防腐杀菌作用，多用于皮肤伤口处的消毒或代替碘酒用于会阴部消毒。使用时，用棉花沾上药水涂于伤处。但现已较少使用。

4. 甲紫 又叫龙胆紫（俗称紫药水）。甲紫溶液的浓度是1%。该药对局部没有刺激性，多用于伤处的消毒以及化脓感染、糜烂创面、小面积烫伤的消毒。使用方法同红汞，但现已较少使用。

此外，碘酒不能与红汞同时使用，以免两种药物形成碘化汞被人体吸收后引起中毒。

（十五）如何使用绷带？

1. 压力绷带 压力绷带是覆盖在开放伤口上的一种特殊敷料。它是由好几层纱带做成的衬垫附着在纱布条的中间组成。压力绷带经常是折叠着的，这样纱布衬垫就可以直接用来覆盖在开放的伤口上，而不会被空气和手污染。纱布衬垫两端的纱布条可以折叠起来，这样容易被打开。而且易于将这种灭菌衬垫置于需要包扎的地方。除了特殊情况，所有的压力绷带和敷料都应该用三角绷带或绷带卷裹起来。

2. 使用绷带的注意事项

（1）确保伤口周围有绷带或纱布，并且用覆盖敷料把绷带或纱布完全盖住。

（2）绷带要勒紧伤口，但不要太紧。太紧了绷带会损伤周围的组织，尤其是肿胀的时候妨碍血液流动，太松了绷带又会滑落。

（3）包扎上肢和下肢的时候，不要把手指和脚趾包扎进去，以便随时观察血液循环的情况。

（4）如果伤员说系得太紧了，就松动一下，使其舒适。除非特殊情况，所有的结都应该打在开放性伤口的上方用来帮助止血。

（5）如果绷带被血浸透，再加一条绷带或其他敷料，不要动原来的绷带。

（十六）如何使用医用纱布？

在可用的敷料中，纱布有多种用途；普通的纱布可以用来替代压力绷带覆盖大面积伤口和躯干上的伤口。不同尺寸的纱布都被做成小捆状。遇到大量出血或者大面积需要稳定嵌入物时，一般就要用多层纱布。注意不要用手接触敷到伤口上的那部分纱布。

纱布绷带卷是一种能自我黏附、尺寸合适的绷带。其舒适、多层、交叠包裹的特性使其能够更安全地包扎住伤口。

创可贴是一种可自我黏附、有纱布盖住伤口的绷带，其衬背可紧贴在伤员的皮肤上。

（十七）如何使用三角巾悬带？

三角巾可以用来做临时的止血带、支撑骨折和脱臼处、用作夹板和做悬带。当用一块规则的三角巾不够长时，可以再拿一条三角巾接起来用。

悬带用来支撑肩膀、上肢或肋骨的受伤处。

1. 三角悬带 系三角悬带的步骤如下。

（1）把一块展开的三角巾的末端放在伤肩的一侧上面。

（2）让绷带从胸前自然下垂，这样绷带的顶点恰好在受伤肘的外面。

（3）用手把肘轻轻弯曲抬高10～13 cm。

（4）把前臂横于胸前并放在垂于胸前的绷带上。

（5）拿着绷带的另一端绕过未受伤的那个肩膀，然后在未受伤脖子一侧系住（向背后）。

（6）把绷带的顶点扭住，塞在肘的下面。

（7）把手也要支撑住，手指露在外面以便观察血液循环的情况。

2. 带状悬带 系带状悬带的步骤如下。

（1）把其中一端放在伤肩上面。

（2）让绷带从胸前自然下垂。

（3）用手把肘轻轻弯曲抬高 10 ～ 13 cm。

（4）把前臂放在垂于胸前的绷带上。

（5）拿着绷带的另一端绕过未受伤的那一侧肩，然后在未受伤脖子一侧系住（向背后）。

3．篮状悬带 在运送或搬动一名被怀疑颈部受伤或昏迷的伤者时，受伤的双臂可能带来不便，这时悬带是很有用的。用一条打开的三角绷带，操作步骤如下。

（1）顶点朝下，平铺在伤员的胸部。

（2）双臂弯曲放在绷带上面。

（3）把绷带两端系在一块。

（4）把顶端翻过来系在刚才的那个结上。

（十八）如何对伤口进行初步处理？

在现场进行伤口的初步处理时，必须注意消毒，以防止发生化脓感染、破伤风和气性坏疽等病症。一般步骤如下。

1．清洗 可用生理盐水或井下供给水，把覆盖在伤口和周围皮肤上的煤尘、污物冲洗干净。

2．止血 对出血的伤口，要视现场条件与情况及时止血。

3．包扎 浅伤口，待冲洗后涂消毒液，用纱布覆盖包扎；伤口内有较大的异物时，可酌情取出后，再包扎；如遇伤口有脑组织、肠、骨膨出时，应用干净碗和纱布扣住膨出组织，再进行包扎，以防挤压损伤；对开放性骨折伤口的处理，要特别慎重，注意严格无菌操作，伤口要用纱垫或其他消毒敷料覆盖，然后再进行临时固定。

（十九）为什么要对伤员进行止血？

人体内的血液体积因人而异，主要与体型有关。血液占人体体重的 1/15 ～ 1/12。一名体重 67.5 kg 的人有 5 ～ 6.6 L 血液，约占体重的 7%。

如果某个组织接收不到富含氧的血，就会死亡。一个成人如果损失 1.14 L 血液，就被认为是严重的出血。1 ～ 2 小时内如果损失 1.7 L 血液将有生命危险。身体某些部位会在很短的时间内发生严重出血。切割开颈部、臂和大腿处的血管，胸腔或腹腔内的主干血管的破裂将会在 3 分钟内致命，失血将会导致休克，这是因为没有足够的血液把氧和营养物质带给组织，体内所有代谢过程都会受到影响。当人处于休克的时候，体内的主要功能就会受影响，生命活动就有困难，出现面色苍白、出冷汗、口渴、四肢发凉、脉搏加快、血压下降和烦躁不安等症状。如果抢救不及时或处理不当，就会使伤员因出血过多而死亡。因此，要迅速、正确、有效地进行止血。

（二十）外出血的类别有哪几种？各有什么特点？

外出血根据血管类型的不同可以分为动脉出血、静脉出血和毛细血管出血。它们的特点如下述。

1．动脉出血 动脉血管是一种比较厚、肌肉壁比较发达的血管，用来运输从心脏里出来的血。接受到新鲜氧气后的血呈现鲜红色。当动脉受到严重损伤时，鲜红色的血就会从伤口喷射而出。动脉里的血直接来自心脏，因此，心脏每收缩一次，血液就会大量、快速地喷射一次。

2．静脉出血 静脉里的血以比动脉压力小的血压单向流回心脏。当静脉损伤时，血液流经伤口时是稳定、大量地出血。静脉血管里的血已经把所带的氧和营养物质输送给组织和器官了，返回时携带着二氧化碳和其他代谢物，所以静脉血呈现的是暗红色。

大的静脉受到损伤时，比如颈部的静脉，可能会吸入小碎片和气泡。血流中的气泡就是我们所说的气泡血栓，会带入心脏引起心律失常或心搏骤停。

3．毛细血管出血 毛细血管是非常细小的血管，内部已经进行过氧气、二氧化碳、营养物质、代谢物的交换。毛细血管出血比较慢，呈渗出状。毛细血管出血一般是受了轻伤或是擦伤造成。如果是大面积皮肤受伤，那么受感染的危险性比失血要严重得多。

尽管对各种类型外出血的治疗方法是一样的，但是动脉和静脉外出血的处理措施比较重要。特别是动脉出血经常是大量的、处于高压状态，凝血块很难形成，所以很难控制。

（二十一）常用的暂时性止血方法有几种?

常用的暂时性止血方法有以下 5 种。

1. 手压止血法 用手指、手掌或拳头将出血部位靠近心脏一端的动脉用力压住，以阻断血流，达到临时止血的目的。这是现场急救最简捷、有效的临时止血措施。适用于头、面部及四肢的动脉出血。采用此法止血后，应尽快采用其他更有效的止血措施。

2. 加压包扎止血法 这是最常用的有效止血方法，适用于全身各部位的静脉出血。将干净毛巾或消毒纱布、布料等盖在伤口出血处，随后用布带、绷带或三角巾加压缠紧，并将肢体抬高，也可在肢体的弯曲处加垫，然后用布带缠好，即可止血。

3. 加垫屈肢止血法 当前臂和小腿动脉出血不能制止时，如果没有骨折或关节脱位，可采用加垫屈肢止血法。在肘窝或膝窝处放上叠好的毛巾或布卷，然后屈肘关节或屈膝关节，再用绷带或宽布条等将前臂与上臂或小腿与大腿固定好。

4. 绞紧止血法 如果没有止血带，可用毛巾、三角巾或衣料等折叠呈带状，在伤口上方给肢体加垫，用叠好的带状物绕加垫肢体一周打结，用小木棒插入其中，先提起绞紧至伤口不出血，然后固定。

5. 止血带止血法 通常用橡皮止血带，也可用大三角巾、绷带、手帕、布腰带等代替止血带，但不准使用电线或绳子。止血带可以把伤口近心端血管压住，达到止血的目的，适用于四肢大出血。使用止血带止血时，应注意以下几点。

（1）要留有标记，写明使用时间，以免忘记定时放松，造成肢体缺血过久而坏死。

（2）一般 30 ～ 60 分钟放松一次；若仍然出血，可压迫伤口，过 3 ～ 5 分钟再缚好。

（3）在扎止血带出，必须先加垫，以免损伤皮下的神经。

（4）扎止血带松紧要适宜，以摸不到远端脉搏和出血停止为准。

（5）受严重挤压伤体不能扎止血带。

（二十二）为什么要对创伤进行包扎?

在井下作业过程中，人的皮肤可能发生破损、裂口或出血等创伤。包扎是一般皮肤创伤所用的现场急救方法，它具有保护伤口，使创面减少感染，减轻伤员疼痛，固定敷料、夹板位置，止血，以及防止继发损伤的作用。

（二十三）包扎方法有几种?

常用的包扎方法有以下 4 种。

1. 绷带包扎法

（1）环形法：将绷带作环形重叠缠绕肢体数圈后，剪开带尾打结。此法适用于头部、颈部、腕部和胸部。

（2）螺旋法：先用环形片固定起始端，把绷带渐渐地倾斜上缠或下缠，每圈压前圈的 1/3 ～ 1/2，依次螺旋形上升，直到把创面包住，然后撕开绷带打结。此法适用于前臂、下肢和手指等部位的包扎。

（3）螺旋反折法：先做螺旋法包扎，绕到变粗的部位，以一手拇指按住绷带，另一手将绷带自交点反折向下，并遮盖前圈的 1/3 ～ 1/2。各圈反折应排列整齐，反折头不宜在伤口或骨头突出的部分，该法多用于四肢。

（4）“8”字环形法：先在关节中部环形包扎两圈，然后以关节为中心，一圈向上、一圈向下缠绕，两圈在关节屈侧交叉，后圈压住前圈的1/2，如此一次缠绕数圈，最后撕开绷带打结。此法适用于关节部位的包扎。

2. 三角巾包扎法 将一块1 m^2的布沿对角线剪开，即成两块大三角巾。在井下也可以将衣服布片折叠成三角来代替。三角巾用途多种多样，适用于身体各部位的包扎。

（1）面部包扎法：把三角巾的顶角先打一个结，然后把顶角放在头顶部，三角巾的中心部分包住面部，在眼、鼻和嘴四处剪开小口，把左右底角拉到颈后交叉，再绕到前左颌下打结。

（2）头部包扎法：将三角巾的长边折成二指宽，放于前额与眉弓相平，顶角向后包住头部，两底角沿耳上缘拉至后枕，交叉成一个半结，将顶角塞到结里，然后拉紧左右角，沿两耳上包绕到前额眉弓处打结。

（3）肩部包扎法：将三角巾折成燕尾形，燕尾底边放在肩部下，两燕尾底边角在腋下后方打结，向上栓紧两燕尾角，包住肩部，两燕尾分别经胸前与背后拉向对侧肢下打结。

（4）胸（背）部包扎法：将三角巾底边横放于胸前，两底角经腋下向背部打结，顶角放在伤侧肩上，接一小带，拉向腰部与三角巾底角打结。

背部包扎与胸部相同，不同的是从背部包起，在胸部打结。

（5）腹部包扎法：将三角巾底边横放于上腹部，两底角拉向后方紧贴腰部打结，顶角朝下，在顶角处接一小带，将顶角从两大腿之间拉向臀部，与在腰下打结后的底角再打结。如果腹部伤口有内脏膨出现象，先在内脏膨出处盖一块干净的敷料，如用一只碗扣住，然后再按照上述包扎顺序进行包扎。

（6）手足包扎法：将手掌放于三角巾中央，顶角折回盖于手背上，两底角左右包绕手背做交叉，并将顶角反折于交叉之上，然后两底角再绕腕部一周压住顶角打结。足部包扎与手部包扎基本相似。

3. 毛巾包扎法

（1）头部包扎法：将毛巾横盖于头顶部，包住前额，两角拉向头后打结，两后角拉向下颌打结。

另一种包扎法是将毛巾横盖于头顶部，包住前额，两前角拉向头后打结，两后角向前折叠，左右交叉绕到前额打结。如果毛巾短可接一小带。

（2）面部包扎法：将毛巾横置，盖住面部，向后拉紧毛巾的两端，在耳后将两端的上下角交叉后分别打结。位于眼、鼻和嘴处剪一小口。

（3）下颌包扎法：将毛巾纵向折叠成四指宽的条状，在一端接一小带。毛巾中间部分包住下颌，两端上提，小带经头顶部在另一侧耳前与毛巾交叉，然后小带绕前额及枕部与毛巾另一端打结。

（4）肩部包扎法：单肩包扎时，将毛巾斜折放在肩部，腰边穿带子在上臂固定，叠角向上折，一角盖住肩的前部，从胸前拉向对侧腋下，另一角向上包住肩部，从后背拉向另一侧腋下打结。

（5）胸（背）部包扎法：全胸包扎时，毛巾对折，腰边中间穿带子，由胸部围绕背后打结。胸前的两片毛巾折成三角形，分别将角上提至肩部，包住双侧胸，两角各加带过肩到背后与横带相遇打结。背部包扎与胸部相同，不同的是从背部包起，在胸部打结。

（6）腹（臀）部包扎法：将毛巾斜对折，中间穿小带，小带的两端拉向后方，在腰部打结，使毛巾盖住腹部。将上下两片毛巾的前角各接一小带，分别绕过大腿根部与毛巾的后角在大腿外侧打结。臀部包扎与腹部相同。

（7）膝部包扎法：将毛巾折成适当宽度的斜条带，两端各接一小带，然后用折好的毛巾包住膝部一周，两端的小带分别压在上边与下边后打结。

（8）前臂（小腿）包扎法：将毛巾的一角向内折起，然后从前臂（小腿）下方向上做螺旋包扎，最后用带子固定。

(9) 手（足）包扎法：将毛巾平放，指端对折毛巾一角，翻起此角盖于手（足）背，毛巾同一端的另一角也翻过手（足）背压于手（足）掌下，将毛巾围绕手（足）掌进行包扎，在腕（踝）部加带固定。

4. 四头带包扎法　四头带就是将折叠好的方形敷料的四个角各接一小带而成。在井下现场可以利用宽布料或毛巾来制作。此法适用于鼻、眼、下颌、前额及后头部的伤口包扎。

(1) 额部包扎法：将四头带放于额部，下边两带拉向头后部打结，上边两带向下拉至下颌处打结。

(2) 后头部包扎法：将四头带放于头后部，下边两带向前拉至前额打结，上边两带向下拉至下颌打结。

(3) 眼部包扎法：四头带中央部分遮盖眼部，四条带子分别接到头后部打结。

(4) 下颌包扎法：将四头带中央部分兜住下颌，下边两带分别从头部两侧上提到头顶打结，上边两带分别从头部两侧拉到枕下打结。

(5) 鼻子包扎法：将四头带中央部分包住鼻子，下边两带向上提至头后部打结，上边两带拉至枕下打结。

（二十四）烧伤对人体有什么危害?

相对于外伤而言，烧伤对人的伤害程度更为严重。烧伤能够损坏人的肌肉、骨骼、神经和血管；能使人的眼失明而无法医治；能损坏人的呼吸系统，堵塞呼吸通道，发生呼吸衰竭，甚至停止呼吸。烧伤不仅会对伤员的肉体造成伤害，而且还会在情感上和心理上给伤员带来可能伴随其一生的其他问题。

烧伤或烫伤的严重程度一方面与皮肤的烧伤面积有关，另一方面与软组织受到伤害的程度有关。通常认为，在Ⅱ度烧伤或烫伤的情况下，如果烧伤面积达到整个身体表面积的2/3，那么伤员就有生命危险；在Ⅲ度烧伤的情况下，即使烧伤面积远远低于身体表面积2/3，也可能导致死亡。当烧伤面积很大时，可能会出现严重的休克，在数小时内就会导致伤员死亡。

（二十五）烧伤如何进行分类?

按照烧伤的范围和程度将烧伤分成以下3类。

1. Ⅰ度烧伤（不严重）　烧伤部位有疼痛感，皮肤表面发红，并有轻微肿胀现象。

2. Ⅱ度烧伤（中等）　烧伤部位有疼痛感、且皮下组织受到影响。有水疱出现，由于组织暴露而使皮肤表面发湿、发亮。

3. Ⅲ度烧伤（严重）　由于烧伤部位的神经末端被破坏，从而使得烧伤部位没有感觉。皮肤被损坏，且肌肉组织和下部的骨骼可能受到伤害。皮肤表面被烧焦，颜色呈现白色或浅灰色。

（二十六）如何对烧伤进行急救?

对烧伤的伤员进行急救时，通常要依据烧伤的原因和烧伤的严重程度来确定采取何种处理措施。

对烧伤或烫伤的伤员进行紧急救护时，首先应该排出烧伤部位的空气，减轻由于烧伤而带来的疼痛，尽量避免伤员休克，同时要防止伤口的感染。

除去伤员受伤部位上的所有衣服和装饰物（如项链、手表等），但如果衣服和皮肤粘在一起时，就应沿着伤口的四周剪去其余衣服，而不要触动伤口。由于伤员通常会有发冷的感觉，因此除了露出烧伤部位外，应该用毯子给伤员遮盖好。用于烧伤和烫伤的急救包扎敷料不应该含有任何油类。如果在简单处理烧伤的过程中用到了油脂，那么在正式治疗前必须用溶剂将伤口清洁干净。这样不但延误了治疗时间，同时又增加了伤员的痛苦。

包扎敷料时要仔细、小心。如同裂开的伤口一样，烧伤和裂伤的表面容易受到感染，因此，要特别注意保持受伤部位清洁卫生。不要故意挑破伤口上的水泡。

一定不要让烧伤部位间相互接触，比如手指间或脚趾间，耳朵和头部侧面，手臂表面和胸部，腹股沟的交叠处等类似的地方。包扎的绷带不能太紧，以免对烧伤表面造成挤压。在烧伤部位包扎敷料后，通常会出现肿胀现象，因此需经常检查这些地方，以确保绷带不会太紧。对于休克的伤员，经过简单的处理后，然后尽快将其送到医院进行治疗。

（二十七）如何处置关节脱位?

1. 脱位 两块或几块骨头连在一起，形成关节。组成关节的骨头位置是固定的，它们之间通过肌腱和被称为韧带的纤维组织来连接。关节有三种类型：非动关节、限动关节、自由能动关节。当组成关节的一块或几块骨头滑脱正常的位置时，就形成脱位。脱位时，维持骨头位置的韧带被拉伸，有时可能被撕裂。脱位经常会造成骨折。急救人员特别关注的是自由能动关节——诸如下颚、肩膀、肘部、腕部、手指、臀部、膝盖、踝部和脚趾等，这些关节最有可能发生脱位。

2. 脱位的一般症状 受伤部位疼痛或触痛，受伤部位周围肿胀变形、变色。

3. 脱位的一般急救 脱位的一般急救并不是治疗脱位的技术。如果在治疗脱位上缺乏经验，那么可能会严重伤害关节周围的韧带、血管和神经。如果有必要，应该使用夹板和（或）绷带来包扎受伤关节，并与关节的变形方向保持一致，然后寻求医疗帮助。

（二十八）骨折分为哪两类?

骨骼受到外力作用，骨头的连续性或完整性遭到部分或完全破坏，称为骨折。几乎所有的骨折和错位都发生在四肢的骨骼和关节处。骨折分为以下两类。

1. 开放式（复合）骨折 骨头已经断裂，出现外部伤口。断骨的一端常常会从伤口中突出来。

2. 闭合式（简单）骨折 不出现外部伤口，但是骨头已经断裂。

（二十九）骨折的抢救要点是什么?

骨折的抢救要点主要有以下4方面内容。

1．根据受伤的原因、部位、症状、体征等，先做简单的检查和判断，凡疑有骨折者均应按骨折处理。若伤员发生休克，则应先抢救；对开放性骨折的伤员，应先处理伤口止血，然后再进行骨折固定。

2．在进行骨折固定时，应使用夹板、绷带、三角巾、棉垫等物品，若手边没有时，可就地取材，如树枝、木板、木棍、硬纸板、塑料板、衣物、毛巾等均可代替。必要时也可将受伤肢体固定于健康侧肢体上，如下肢骨折可与健康侧腿绑在一起，伤指和邻指固定在一起，若骨折断端错位，救护时暂时不要复位。即使骨折断端穿破皮肤露出外面，也不可进行复位，而应按受伤原状包扎固定。

3．骨折固定应包括上、下两个关节，在肩、肘、腕、髋、膝、踝等关节处可垫上棉花或衣物，避免压破关节处皮肤，固定应以伤肢不能活动为宜，不可以过松或过紧。

4．在处理骨折时，应注意有无内脏损伤、血气胸等并发症，若有，应先行处理。

（三十）固定夹板时应注意哪些事项?

对于有可能骨折的地方，都应该按照骨折进行处理，并用夹板固定起来。夹板能够阻止受伤部位及其附近关节的活动。如果可能的话，用夹板来固定和支撑受伤部位一侧的所有关节和骨骼。

固定夹板时应注意以下事项。

1．通常从可能骨折或脱位的部位除去所有的衣服。

2．不要试图把露出伤口的骨端推回原位。

3．不要试图拉直骨折。

4．打夹板前用消毒敷料覆盖住伤口。

（5）为有助于支撑受伤部位，避免周围肢体受到挤压，要给夹板加上软质材料的衬垫。

（6）在身体呈自然拱形的下方要全部加上衬垫，诸如膝关节、腕关节等。

（7）应用夹板时要支撑起受伤部位。

（8）夹板要系牢固，但不要太紧，以免影响血液循环或引起不适的疼痛。

（9）可能的话，应抬高受伤部位。

（三十一）骨折的临时固定有哪些方法？

骨折固定可以减轻伤员的疼痛，防止因骨折端部移位刺伤周围的血管、神经、肌肉、内脏或皮肤等，便于伤员的搬运，也是防止创伤休克的有效急救措施。临时固定骨折的材料主要有夹板和敷料。夹板有木质的和金属的，在作业现场可就地取材，利用木板、木柱、竹笆等临时制成。敷料用做垫子的棉花、纱布、衣服布片，以及固定夹板用的三角巾、绷带、布条和小绳等。在不用夹板固定时，也可采用伤员身上衣物进行临时固定。

1. 前臂骨折临时固定方法

（1）使用夹板：在前臂的掌侧和背侧各放置一块夹板，用三角巾或布条将夹板两端分别固定。然后前臂屈曲 90°，用大悬臂带悬吊于胸前。

（2）不使用夹板：可利用伤员身上的工作服进行临时固定。将伤员衣襟反折兜住前臂，衣襟角剪一个小孔，扣在第二个纽扣上，再将上臂用布带绕胸固定。或者用三角巾或衣服布片做大悬带将前臂吊于胸前，然后用一条宽布带将上臂与胸部绑在一起固定。

2. 上臂骨折的临时固定方法

（1）使用夹板：可用 1 ～ 3 块夹板。当使用 1 块夹板时，夹板放在上臂外侧；用 2 块夹板时，夹板放在上臂的内、外侧各一块；用 3 块夹板时，夹板放在上臂的前、后、外侧各 1 块。夹板与上臂之间要放衬垫，然后用三角巾或布条等在骨折部位的上下两端绑在上臂固定。再用一条三角巾做小悬臂带，将前臂屈曲 90° 吊于胸前。

（2）不使用夹板：将三角巾或衣服布片折成四指宽的带状，将上臂固定在胸部一侧，再将前臂屈曲 90° 吊于胸前。

3. 大腿骨折临时固定方法

（1）使用夹板：将长夹板（长度为从腋下到足跟）放在大腿外侧；短夹板（长度为从大腿到足跟）放在大腿内侧。再用三角巾或绷带、布条等在骨折部位的上下两端、踝关节、膝关节与小腿中部、髋部与腰部 7 个部位加以固定。在踝关节与膝关节处加垫。

（2）不使用夹板：将伤员受伤的下肢与没有受伤的下肢用三角巾等分段绑在一起加以固定。

4. 小腿骨折临时固定方法

（1）使用夹板：可用 1 ～ 2 块夹板。当使用 1 块夹板时，夹板放在小腿外侧；用 2 块夹板时，夹板放在小腿的内、外侧各一块。再用三角巾或绷带、布条等在骨折部位的上下两端、膝关节、踝关节、大腿 5 个部位加以固定。踝关节与膝关节加垫。夹板的长度应为从大腿中部到足跟。

（2）不使用夹板：将伤员两小腿并列，用三角巾或绷带、布条等在骨折部位的上下两端、膝关节等三个部位加以固定，踝关节与足用一块三角巾做“8”字形固定。

5. 锁骨骨折临时固定方法

（1）使用夹板：用一块“丁”字形夹板放在伤工背后，先用一条三角巾（或宽布带）将夹板下端固定在腰部；再用两条三角巾（或布带）将两块夹板上下端分别固定在两肩即成。

（2）不使用夹板：可用绷带（或布条）做“8”字形固定。在伤员双侧腋下先加垫，将绷带斜放于伤员背部，经右肩上部和右腋下绕至背部，再绕到左肩上部，经左腋下到背部。继续上述“8”字形缠绕，直到固定好锁骨为止。

6. 肋骨骨折的临时固定方法 用两条三角巾（或衣服布片）折成宽四指的布带，在伤员深吸气后，立即围胸固定，在未受伤的胸前打结。

（三十二）为什么要重视伤员的搬运工作?

经过现场急救处理的伤员，需要搬运到医院进行救治和休养。由于煤矿井下条件复杂，行走道路不畅通，若在搬运过程中采取的方法不当，可能造成神经、血管的损伤，加重伤情，出现合并症，给伤员增加额外的痛苦，甚至造成死亡。所以，在现场急救过程中，必须重视伤员的搬运工作。

（三十三）徒手搬运伤员有哪几种方法?

徒手搬运伤员有以下两种方法。

1. 单人徒手搬运法

（1）扶持法：对于受伤不严重的伤员，急救者可以扶着他走出。

（2）背负法：急救者背向伤员，让伤员伏在背上，双手绕颈交叉下垂，急救者用双手抱住伤员大腿。如果巷道太低或伤员本人因伤不能站立，急救者可躺于伤员一侧，一手紧握其肩，另一手抱其腿用力翻身，使其伏到急救者背上，而后慢慢爬行或站立行走。

（3）肩负法：把伤员扛在右肩上，急救者右手抱住伤员的双腿与右手。

（4）抱持法：把伤员抱起，急救者右手扶住其背部，左手托住其大腿。

2. 双人徒手搬运法

（1）双人抬坐法：两名急救者将手搭成“井”字形并握紧，让伤员坐在上面，伤员的双手扶住急救者的肩部。

（2）双人抱托法：急救者一人抱住伤员的肩部和腰部，另一人托住其臀部及腿部。

（三十四）如何使用担架搬运伤员?

对重伤员一定要用担架搬运。若现场没有专门的医用担架，可就地取材，用木板、竹笆、衣服、绳子、毛毯、木棍、风筒布、塑料网及刮板输送机槽等临时制成简易担架。

在向担架抬放伤员时，首先把担架平放在伤员一侧，急救者跪在伤员另一侧，其中一人抱住伤员的颈部和下背部，另一人抱住伤员的臀部和大腿，平稳地把伤员托起，轻轻地放在担架上。如果伤员伤情很重，可由 3 名急救者抬放到担架上，这时一人抱其上背部和颈部，一人抱其臀部和大腿，一人托住腰和后背，动作一致而平稳地把伤员托起放在担架上。

（三十五）搬运伤员有哪些注意事项?

1. 搬运伤员一般注意事项

（1）在搬运转送以前，一定要先做好对伤员的检查和进行初步的急救处理，以保证转送途中的安全。

（2）要根据当地的具体情况，选择适当的搬运方法。

（3）用担架抬运伤员时，应使其脚在前、头在后。这样可以使后面的抬送人员随时看清其面部表情，如发现异常情况，能及时停下来进行抢救。

（4）搬运过程中，动作要轻，脚步要稳，步伐要迅速而一致，要避免摇晃和振动，更不能跌倒。

（5）沿斜巷往上搬运时，伤员应头在前、脚在后，担架尽量保持前低后高，以保证担架平稳，使伤员舒适；沿斜巷往下搬运时则反之。

（6）在抬运转送伤员的过程中，要为伤员盖好毯子或衣服，使其身体保暖，防止受寒。

（7）将伤员抬运到矿井大巷后，如有专用车辆转送，要把担架平稳地放在车上并固定，或急救者始终用手扶住担架，车辆行驶速度不宜太快，以免颠簸。

（8）抬送伤员时，急救者一定要始终保持沉着、镇静，不论发生什么情况，都不可惊慌失措。将伤员搬运到井上后，应向接管医生详细介绍受伤情况及检查、抢救经过。

2. 危重伤员搬运时注意事项

（1）对呼吸、心搏骤停及休克昏迷的伤员应尽量先复苏后再搬运。大出血的伤员要先止血，后搬运。

（2）对昏迷或窒息的伤员，把其肩部稍垫高，使头部后仰，面部偏向一侧，采取侧卧位和偏卧位，以防胃内呕吐物或舌头后坠堵塞气管而造成窒息。

（3）对脊柱损伤的伤员，严禁让其坐起、站立和行走，也不能用一人抬头、一人抱腿或人背的方法搬运，应用硬板担架运送。因为当脊柱损伤后，再弯曲脊椎活动时，有可能损伤脊髓而造成截瘫或者突然死亡，所以在搬运时要十分小心。

（4）对颈椎损伤的伤员，搬运时要有一人抱其头部，轻轻地向水平方向牵引，并且固定在中立位仰卧，不使颈椎弯曲，严禁左右转动。担架应用硬木板，伤员肩下应垫软枕或衣物，注意颈下不可垫任何东西，头部两侧固定，切忌抬头。如果伤员的头与颈已处于歪曲、不正状态，不可勉强扶正，以免损伤脊髓而造成高位截瘫，甚至突然死亡。

（5）对胸、腰椎损伤的伤员，要把担架放在其身边，由专人照顾伤处，另 2 ～ 3 人在保持伤员脊柱伸直的情况下用力轻轻将其推滚到担架上，推动时用力大小、快慢要保持一致。伤员在硬板担架上仰卧、受伤部位垫上薄垫或衣物，严禁坐起或肩背式搬运。

（6）对颅脑损伤的伤员，在搬运途中要用软垫或衣服将头部垫好，设法减少颠簸，注意维持呼吸道通畅。

（7）对腹部损伤的伤员，搬运时应将其仰卧于担架上，膝下垫衣物，使腿屈曲，防止因腹压增高而加重腹痛和内脏膨出。

（8）对骨盆损伤的伤员，搬运时应仰卧在担架上，双膝下垫衣物，使腿屈曲，以减少骨盆疼痛。

（三十六）对触电者的救护方法是什么？

当触电者脱离电源后，应根据触电者的具体情况，迅速组织现场救护工作。要视触电者身体状况，确定护理和抢救方法。

人触电后不一定会立即死亡，可能出现神经麻痹、呼吸中断、心脏停搏等症状，外表上呈现昏迷的状态，此时要看做是假死状态，如现场抢救及时，方法得当，人是可以获救的。现场急救对抢救触电者是非常重要的。

国外一些统计资料指出，触电后 1 分钟开始救治者，90% 有良好效果；触电后 12 分钟开始救治者，救活的可能性就很小。这说明抢救时间是个重要因素。因此，争分夺秒，及时抢救是至关重要的。平时要对职工进行触电急救常识的宣传教育，对与电气设备有关的人员还应进行必要的触电急救培训。

触电失去知觉后进行抢救，一般需要很长时间，必须耐心持续地进行。只有当触电者面色好转，口唇潮红，瞳孔缩小，心脏搏动和呼吸逐步恢复正常时，才可暂停数秒进行观察。如果触电者还不能维持正常心脏搏动和呼吸，则必须继续进行抢救。触电急救应尽可能就地进行，只有条件不允许时，才可将触电者抬到可靠地方进行急救。在运送医院途中，抢救工作也不能停止，直到医生宣布可以停止为止。

抢救过程中不要轻易注射强心针，只有当确定心脏已停止搏动时，才可使用。

1. 救护方法

（1）触电者神志清醒，但有些心慌、四肢发麻、全身无力或触电者在触电过程中曾一度昏迷，但已清醒过来。应使触电者安静休息、不要走动、严密观察，必要时送医院诊治。

（2）触电者已经失去知觉，但心脏还在搏动、还有呼吸，应使触电者在空气清新的地方舒适、安静地平躺，解开妨碍呼吸的衣扣、腰带。如果天气寒冷要注意保持体温，并迅速请医生到现场诊治。

（3）如果触电者失去知觉，呼吸停止，但心脏还在搏动，应立即进行口对口（鼻）人工呼吸，并及时请医生到现场。

（4）如果触电者呼吸和心脏搏动完全停止，应立即进行口对口（鼻）人工呼吸和胸外心脏按压急救，并迅速请医生到现场。应当注意，急救要尽快进行，即使送往医院的途中也应持续进行。

2. 对触电者的心肺复苏方法 触电者一旦出现呼吸、心搏骤停的症状时，必须立即对其施行心肺复苏。心肺复苏法是指伤者因各种原因（如触电）造成心脏搏动、呼吸突然停止后，他人采取措施使其恢复心脏搏动、呼吸功能的一种系统的紧急救护法，主要包括气道畅通、人工呼吸、胸外心脏按压及对所出现的并发症的预防等。

（1）呼吸、心脏搏动情况的判定方法：如触电者失去意识，救护人员应在最短的时间内判定伤者的呼吸、心脏搏动情况。方法是：看触电者的胸部、腹部有无起伏动作；听触电者的口鼻处有无呼气声音；用手试测口鼻处有无呼气的气流，或用手指测试喉结旁凹陷处的颈动脉有无搏动。如果既没有呼吸，也没有颈脉搏动，可判定触电者呼吸、心脏搏动停止。

（2）气道通畅：凡是神志不清的触电者，由于舌根回缩和坠落，都可能不同程度堵住呼吸道入口处，使空气难以或无法进入肺部，这时就应立即开放气道。如果触电者口中有异物，必须首先清除，操作中注意防止将异物推到咽喉深部。采用“仰头抬颏法”使气道畅通，具体步骤如下：抢救者一手放在触电者前额，另一只手将其下颌骨向上抬起，使其头部向后仰，舌根随之抬起，气道通畅。

注意：禁止用枕头或其他物品垫在触电者头下，头部抬高前倾，会加重气道阻塞，而且会使得胸外心脏按压时流向脑部的血流减少，甚至消失。

（3）口对口（鼻）人工呼吸：触电者仰卧，肩下可以垫些东西使头尽量后仰，鼻孔朝天。救护人在触电者头部左侧或右侧，一手捏紧鼻孔，另一只手掰开嘴巴（如果张不开嘴巴，可以用口对鼻，但此时要把口捂住，防止漏气），深吸气后紧贴触电者嘴巴大口吹气，吹气时要使触电者胸部膨胀，然后很快把头移开，让触电者自行排气。儿童只能小口吹气，以胸廓上抬为准。抢救一开始的首次吹气两次，每次时间为 1 ～ 1.5 秒。

（4）胸外心脏按压：操作方法，见第四章。

做心脏按压时，手掌位置一定要找准，用力太猛容易造成骨折、气胸或肝破裂，用力过轻则达不到心脏恢复搏动和血液循环的作用。应当指出，心脏搏动和呼吸是相关联的，一旦呼吸和心脏搏动都停止了，应当同时进行口对口（鼻）人工呼吸和胸外心脏按压。如果现场仅一个人抢救，则两种方法应交替进行，救护人员可以跪在触电者肩膀侧面，每吹气 2 次，再按压 30 次。按压吹气 1 分钟后，应在 5 ～ 7 秒内判断触电者的呼吸和心脏搏动是否恢复。如触电者的颈动脉已有搏动，但无呼吸，则暂停胸外心脏按压，而再进行 2 次口对口（鼻）人工呼吸，接着每 5 秒钟吹气一次，如脉搏和呼吸都没有恢复，则应继续坚持心肺复苏法抢救。在抢救过程中，应每隔数分钟再进行一次判定，每次判定时间都不能超过 5 ～ 7 秒。

在医务人员没有接替抢救前，不得放弃现场抢救。如经抢救后，伤员的心脏搏动和呼吸都已恢复，可暂停心肺复苏操作。因为心脏搏动和呼吸恢复的早期有可能再次骤停，所以要严密监护伤员，不能麻痹，要随时准备再次抢救。

3. 抢救过程中的注意事项

（1）在进行人工呼吸和急救前，应迅速将触电者衣扣、领带、腰带等解开，清除口腔内义齿、异物、黏液等，保持呼吸道畅通。

（2）不要使触电者直接躺在潮湿或冰冷地面上急救。

（3）人工呼吸和急救应连续进行，换人时节奏要一致。如果触电者有微弱自主呼吸时，人工呼吸还要继续进行，但应和触电者的自主呼吸节奏一致，直到呼吸正常为止。

（4）对触电者的抢救要坚持进行。发现瞳孔放大、身体僵硬、出现尸斑应经医生诊断，确认死亡后方可停止抢救。

（黄秀江　张立祥）

附录一

中华人民共和国煤炭法

1996 年 8 月 29 日第八届全国人民代表大会常务委员会第二十一次会议通过。

根据 2009 年 8 月 27 日第十一届全国人民代表大会常务委员会第十次会议《关于修改部分法律的决定》第一次修正。

根据 2011 年 4 月 22 日第十一届全国人民代表大会常务委员会第二十次会议《关于修改〈中华人民共和国煤炭法〉的决定》第二次修正。

根据 2013 年 6 月 29 日第十二届全国人民代表大会常务委员会第三次会议《关于修改〈中华人民共和国文物保护法〉等十二部法律的决定》第三次修正。

根据 2016 年 11 月 7 日第十二届全国人民代表大会常务委员会第二十四次会议《关于修改〈中华人民共和国对外贸易法〉等十二部法律的决定》第四次修正。

目录

第一章　总则

第一条　为了合理开发利用和保护煤炭资源，规范煤炭生产、经营活动，促进和保障煤炭行业的发展，制定本法。

第二条　在中华人民共和国领域和中华人民共和国管辖的其他海域从事煤炭生产、经营活动，适用本法。

第三条　煤炭资源属于国家所有。地表或者地下的煤炭资源的国家所有权，不因其依附的土地的所有权或者使用权的不同而改变。

第四条　国家对煤炭开发实行统一规划、合理布局、综合利用的方针。

第五条　国家依法保护煤炭资源，禁止任何乱采、滥挖破坏煤炭资源的行为。

第六条　国家保护依法投资开发煤炭资源的投资者的合法权益。

国家保障国有煤矿的健康发展。

国家对乡镇煤矿采取扶持、改造、整顿、联合、提高的方针，实行正规合理开发和有序发展。

第七条　煤矿企业必须坚持安全第一、预防为主的安全生产方针，建立健全安全生产的责任制度和群防群治制度。

第八条　各级人民政府及其有关部门和煤矿企业必须采取措施加强劳动保护，保障煤矿职工的安全和健康。

国家对煤矿井下作业的职工采取特殊保护措施。

第九条　国家鼓励和支持在开发利用煤炭资源过程中采用先进的科学技术和管理方法。

煤矿企业应当加强和改善经营管理，提高劳动生产率和经济效益。

第十条　国家维护煤矿矿区的生产秩序、工作秩序，保护煤矿企业设施。

第十一条　开发利用煤炭资源，应当遵守有关环境保护的法律、法规，防治污染和其他公害，保护生态环境。

第十二条　国务院煤炭管理部门依法负责全国煤炭行业的监督管理。国务院有关部门在各自的职责范围内负责煤炭行业的监督管理。

县级以上地方人民政府煤炭管理部门和有关部门依法负责本行政区域内煤炭行业的监督管理。

第十三条　煤炭矿务局是国有煤矿企业，具有独立法人资格。

矿务局和其他具有独立法人资格的煤矿企业、煤炭经营企业依法实行自主经营、自负盈亏、自我约束、自我发展。

第二章　煤炭生产开发规划与煤矿建设

第十四条　国务院煤炭管理部门根据全国矿产资源勘查规划编制全国煤炭资源勘查规划。

第十五条　国务院煤炭管理部门根据全国矿产资源规划规定的煤炭资源，组织编制和实施煤炭生产开发规划。

省、自治区、直辖市人民政府煤炭管理部门根据全国矿产资源规划规定的煤炭资源，组织编制和实施本地区煤炭生产开发规划，并报国务院煤炭管理部门备案。

第十六条　煤炭生产开发规划应当根据国民经济和社会发展的需要制定，并纳入国民经济和社会发展计划。

第十七条　国家制定优惠政策，支持煤炭工业发展，促进煤矿建设。

煤矿建设项目应当符合煤炭生产开发规划和煤炭产业政策。

第十八条　煤矿建设使用土地，应当依照有关法律、行政法规的规定办理。征收土地的，应当依法支付土地补偿费和安置补偿费，做好迁移居民的安置工作。

煤矿建设应当贯彻保护耕地、合理利用土地的原则。

地方人民政府对煤矿建设依法使用土地和迁移居民，应当给予支持和协助。

第十九条　煤矿建设应当坚持煤炭开发与环境治理同步进行。煤矿建设项目的环境保护设施必须与主体工程同时设计、同时施工、同时验收、同时投入使用。

第三章　煤炭生产与煤矿安全

第二十条　煤矿投入生产前，煤矿企业应当依照有关安全生产的法律、行政法规的规定取得安全生产许可证。未取得安全生产许可证的，不得从事煤炭生产。

第二十一条　对国民经济具有重要价值的特殊煤种或者稀缺煤种，国家实行保护性开采。

第二十二条　开采煤炭资源必须符合煤矿开采规程，遵守合理的开采顺序，达到规定的煤炭资源回采率。

煤炭资源回采率由国务院煤炭管理部门根据不同的资源和开采条件确定。

国家鼓励煤矿企业进行复采或者开采边角残煤和极薄煤。

第二十三条　煤矿企业应当加强煤炭产品质量的监督检查和管理。煤炭产品质量应当按照国家标准或者行业标准分等论级。

第二十四条　煤炭生产应当依法在批准的开采范围内进行，不得超越批准的开采范围越界、越层开采。

采矿作业不得擅自开采保安煤柱，不得采用可能危及相邻煤矿生产安全的决水、爆破、贯通巷道等危险方法。

第二十五条　因开采煤炭压占土地或者造成地表土地塌陷、挖损，由采矿者负责进行复垦，恢复到可供利用的状态；造成他人损失的，应当依法给予补偿。

第二十六条　关闭煤矿和报废矿井，应当依照有关法律、法规和国务院煤炭管理部门的规定办理。

第二十七条　国家建立煤矿企业积累煤矿衰老期转产资金的制度。

国家鼓励和扶持煤矿企业发展多种经营。

第二十八条　国家提倡和支持煤矿企业和其他企业发展煤电联产、炼焦、煤化工、煤建材等，进行煤炭的深加工和精加工。

国家鼓励煤矿企业发展煤炭洗选加工，综合开发利用煤层气、煤矸石、煤泥、石煤和泥炭。

第二十九条　国家发展和推广洁净煤技术。

国家采取措施取缔土法炼焦。禁止新建土法炼焦窑炉；现有的土法炼焦限期改造。

第三十条　县级以上各级人民政府及其煤炭管理部门和其他有关部门，应当加强对煤矿安全生产工作的监督管理。

第三十一条　煤矿企业的安全生产管理，实行矿务局长、矿长负责制。

第三十二条　矿务局长、矿长及煤矿企业的其他主要负责人必须遵守有关矿山安全的法律、法规和煤炭行业安全规章、规程，加强对煤矿安全生产工作的管理，执行安全生产责任制度，采取有效措施，防止伤亡和其他安全生产事故的发生。

第三十三条　煤矿企业应当对职工进行安全生产教育、培训；未经安全生产教育、培训的，不得上岗作业。

煤矿企业职工必须遵守有关安全生产的法律、法规、煤炭行业规章、规程和企业规章制度。

第三十四条　在煤矿井下作业中，出现危及职工生命安全并无法排除的紧急情况时，作业现场负责人或者安全管理人员应当立即组织职工撤离危险现场，并及时报告有关方面负责人。

第三十五条　煤矿企业工会发现企业行政方面违章指挥、强令职工冒险作业或者生产过程中发现明显重大事故隐患，可能危及职工生命安全的情况，有权提出解决问题的建议，煤矿企业行政方面必须及时作出处理决定。企业行政方面拒不处理的，工会有权提出批评、检举和控告。

第三十六条　煤矿企业必须为职工提供保障安全生产所需的劳动保护用品。

第三十七条　煤矿企业应当依法为职工参加工伤保险缴纳工伤保险费。鼓励企业为井下作业职工办理意外伤害保险，支付保险费。

第三十八条　煤矿企业使用的设备、器材、火工产品和安全仪器，必须符合国家标准或者行业标准。

第四章　煤炭经营

第三十九条　煤炭经营企业从事煤炭经营，应当遵守有关法律、法规的规定，改善服务，保障供应。禁止一切非法经营活动。

第四十条　煤炭经营应当减少中间环节和取消不合理的中间环节，提倡有条件的煤矿企业直销。

煤炭用户和煤炭销区的煤炭经营企业有权直接从煤矿企业购进煤炭。在煤炭产区可以组成煤炭销售、运输服务机构，为中心煤矿办理经销、运输业务。

禁止行政机关违反国家规定擅自设立煤炭供应的中间环节和额外加收费用。

第四十一条　从事煤炭运输的车站、港口及其他运输企业不得利用其掌握的运力作为参与煤炭经营、谋取不正当利益的手段。

第四十二条　国务院物价行政主管部门会同国务院煤炭管理部门和有关部门对煤炭的销售价格进行监督管理。

第四十三条　煤矿企业和煤炭经营企业供应用户的煤炭质量应当符合国家标准或者行业标准，质级相符，质价相符。用户对煤炭质量有特殊要求的，由供需双方在煤炭购销合同中约定。

煤矿企业和煤炭经营企业不得在煤炭中掺杂、掺假，以次充好。

第四十四条　煤矿企业和煤炭经营企业供应用户的煤炭质量不符合国家标准或者行业标准，或者不符合合同约定，或者质级不符、质价不符，给用户造成损失的，应当依法给予赔偿。

第四十五条　煤矿企业、煤炭经营企业、运输企业和煤炭用户应当依照法律、国务院有关规定或者合同约定供应、运输和接卸煤炭。

运输企业应当将承运的不同质量的煤炭分装、分堆。

第四十六条　煤炭的进出口依照国务院的规定，实行统一管理。

具备条件的大型煤炭企业经国务院对外经济贸易主管部门依法许可，有权从事煤炭出口经营。

第四十七条　煤炭经营管理办法，由国务院依照本法规定。

第五章　煤矿矿区保护

第四十八条　任何单位或者个人不得危害煤矿矿区的电力、通讯、水源、交通及其他生产设施。

禁止任何单位和个人扰乱煤矿矿区的生产秩序和工作秩序。

第四十九条　未经煤矿企业同意，任何单位或者个人不得在煤矿企业依法取得土地使用权的有效期间内在该土地上种植、养殖、取土或者修建建筑物、构筑物。

第五十条　对盗窃或者破坏煤矿矿区设施、器材及其他危及煤矿矿区安全的行为，一切单位和个人都有权检举、控告。

第五十一条　任何单位或者个人需要在煤矿采区范围内进行可能危及煤矿安全的作业时，应当经煤矿企业同意，报煤炭管理部门批准，并采取安全措施后，方可进行作业。

在煤矿矿区范围内需要建设公用工程或者其他工程的，有关单位应当事先与煤矿企业协商并达成协议后，方可施工。

第五十二条　未经煤矿企业同意，任何单位或者个人不得占用煤矿企业的铁路专用线、专用道路、专用航道、专用码头、电力专用线、专用供水管路。

第六章　监督检查

第五十三条　煤炭管理部门和有关部门的监督检查人员应当熟悉煤炭法律、法规，掌握有关煤炭专业技术，公正廉洁，秉公执法。

第五十四条　煤炭管理部门和有关部门依法对煤矿企业和煤炭经营企业执行煤炭法律、法规的情况进行监督检查。

第五十五条　煤炭管理部门和有关部门的监督检查人员进行监督检查时，有权向煤矿企业、煤炭经营企业或者用户了解有关执行煤炭法律、法规的情况，查阅有关资料，并有权进入现场进行检查。

煤矿企业、煤炭经营企业和用户对依法执行监督检查任务的煤炭管理部门和有关部门的监督检查人员应当提供方便。

第五十六条　煤炭管理部门和有关部门的监督检查人员对煤矿企业和煤炭经营企业违反煤炭法律、法规的行为，有权要求其依法改正。

煤炭管理部门和有关部门的监督检查人员进行监督检查时，应当出示证件。

第七章　法律责任

第五十七条　违反本法第二十二条的规定，开采煤炭资源未达到国务院煤炭管理部门规定的煤炭资源回采率的，由煤炭管理部门责令限期改正；逾期仍达不到规定的回采率的，责令停止生产。

第五十八条　违反本法第二十四条的规定，擅自开采保安煤柱或者采用危及相邻煤矿生产安全的危险方法进行采矿作业的，由劳动行政主管部门会同煤炭管理部门责令停止作业；由煤炭管理部门没收违法所得，并处违法所得一倍以上五倍以下的罚款；构成犯罪的，由司法机关依法追究刑事责任；造成损失的，依法承担赔偿责任。

第五十九条　违反本法第四十三条的规定，在煤炭产品中掺杂、掺假，以次充好的，责令停止销售，没收违法所得，并处违法所得一倍以上五倍以下的罚款；构成犯罪的，由司法机关依法追究刑事责任。

第六十条　违反本法第五十条的规定，未经煤矿企业同意，在煤矿企业依法取得土地使用权的有效期间内在该土地上修建建筑物、构筑物的，由当地人民政府动员拆除；拒不拆除的，责令拆除。

第六十一条　违反本法第五十一条的规定，未经煤矿企业同意，占用煤矿企业的铁路专用线、专用道路、专用航道、专用码头、电力专用线、专用供水管路的，由县级以上地方人民政府责令限期改正；逾期不改正的，强制清除，可以并处五万元以下的罚款；造成损失的，依法承担赔偿责任。

第六十二条　违反本法第五十二条的规定，未经批准或者未采取安全措施，在煤矿采区范围内进行危及煤矿安全作业的，由煤炭管理部门责令停止作业，可以并处五万元以下的罚款；造成损失的，依法承担赔偿责任。

第六十三条　有下列行为之一的，由公安机关依照治安管理处罚法的有关规定处罚；构成犯罪的，由司法机关依法追究刑事责任：

（一）阻碍煤矿建设，致使煤矿建设不能正常进行的；

（二）故意损坏煤矿矿区的电力、通讯、水源、交通及其他生产设施的；

（三）扰乱煤矿矿区秩序，致使生产、工作不能正常进行的；

（四）拒绝、阻碍监督检查人员依法执行职务的。

第六十四条　煤矿企业的管理人员违章指挥、强令职工冒险作业，发生重大伤亡事故的，依照刑法有关规定追究刑事责任。

第六十五条　煤矿企业的管理人员对煤矿事故隐患不采取措施予以消除，发生重大伤亡事故的，依照刑法有关规定追究刑事责任。

第六十六条　煤炭管理部门和有关部门的工作人员玩忽职守、徇私舞弊、滥用职权的，依法给予行政处分；构成犯罪的，由司法机关依法追究刑事责任。

第八章　附则

第六十七条　本法自 1996 年 12 月 1 日起施行。

附录二

国家安全生产监督管理局、国家煤矿安全监察局关于印发《矿山救援工作指导意见》的通知

安监管办字［2004］128号

为了贯彻落实《国务院关于进一步加强安全生产工作的决定》(国发〔2004〕2号)，促进矿山救援体系建设，完善矿山救援工作机制，加强矿山救援工作管理，迅速、有效地实施救援，保障矿工生命和财产安全。现将《矿山救援工作指导意见》印发给你们，请参照执行。

二〇〇四年九月八日

为了加强矿山救援管理，促进矿山救援体系建设，完善矿山救援工作机制，保证迅速有效实施应急救援，保障矿工生命和财产安全，根据《安全生产法》、《矿山安全法》、《国务院关于进一步加强安全生产工作的决定》，制定本指导意见。

一、加强矿山救援工作的组织领导和综合监督

1．国家安全生产监督管理局（国家煤矿安全监察局）（以下简称国家局）对全国矿山救援工作实施综合监督、指导。国家局矿山救援指挥中心负责指导、协调全国矿山救援体系建设及矿山救援工作。

2．省级安全生产监督管理部门、省级煤矿安全监察机构按照各自的职责权限对本行政区域内矿山救援工作实施综合监督、指导。省级矿山救援指挥中心负责指导、协调本行政区域矿山救援体系建设及矿山救援工作。

二、建立和完善矿山救援体系，提高矿山应急救援综合能力

1．加强矿山救援基地建设。建立国家级区域矿山救援基地，根据需要跨省、自治区、直辖市实施矿山事故的应急救援；建立省级矿山救援基地，根据需要实施省、自治区、直辖市内矿山事故的

应急救援。

2．发挥矿山医疗救护队伍的作用。国家局矿山医疗救护中心指导协调全国矿山事故伤员的急救工作；省级矿山医疗救护基地根据需要指导、协调省区内矿山事故伤员的救治工作；矿山企业医疗救护机构负责企业矿山事故伤员的医疗急救。

三、建立技术支撑系统，提高救援技术水平

1．国家矿山救援技术专家组，负责为重大、特大矿山事故的应急处理提供技术支持；参与制订国家矿山救援工作的发展战略与规划、应急救援法规、技术标准。

2．矿山救援技术研究中心负责矿山救援技术、矿山救援装备的研究与开发。

3．矿山救援技术培训中心负责培训矿山救援管理人员、矿山企业负责人、矿山救护大、中队指挥员及其工程技术人员；省级矿山救援指挥中心负责组织培训本省区矿山救护小队长；矿山救护大队负责组织培训矿山救护队员。

四、建立国家、地方和企业共同承担的矿山救援资金保障机制

1．国家、地方人民政府应保证矿山救援体系建设及重点装备的必要投入。

2．各级地方人民政府建立的或依托企业建立的矿山救援机构、队伍，其运行费用应由本级地方财政予以解决。

3．矿山企业依法建立矿山救援队伍的资金由企业承担，各级政府给予政策扶持。救援装备配置和更新费用在企业生产安全费用中列支。

4．矿山救援队伍可以通过签订救护协议，为非隶属企业提供有偿服务。

五、强化矿山救援队伍的管理，完善矿山救援机制

1．实行矿山救护队资质认定管理制度。矿山救护队取得资质后，方可在许可范围内从事矿山救援工作。

国家局负责全国矿山救护队资质认定的审核发证工作。省级矿山救援指挥中心负责组织本地矿山救护队申请资质的受理和核查工作。

2．大力推行矿山救护质量标准化达标管理工作。矿山救护中队每季度组织一次质量达标自查；矿山救护大队每半年组织一次质量达标检查；省级矿山救援指挥中心每年组织一次检查验收；国家局适时组织抽查。

3．严格矿山救护培训制度。矿山救护人员应按规定经过培训，考试合格后方可持证上岗。矿山救护中队以上指挥员应经矿山救援技术培训中心培训；矿山救护小队长应经省级矿山救援技术培训中心培训；矿山救护队员应经矿山救护大队培训机构培训。

矿山救护人员每年应当进行一次身体检查和综合考核，对不符合规定要求的人员应予及时调整。

4．建立矿山救援演习训练与技术竞赛制度。矿山救援队伍每年定期组织矿山救援技术训练与技术竞赛。各省区每年组织一次矿山救援技术比武，国家局每两年组织一次全国矿山救护比武，并组织参加国际矿山救援技术比武。

5．加强国际交流与合作，组织开展国际矿山救护培训、学习交流先进的救援技术，引进先进的救援装备，提高矿山救援综合能力。

6．矿山救护队实行规范化管理。矿山救护人员统一配发和穿着企业专职消防人员服装、训练服和矿山救护服，佩戴矿山救援标志。

7．矿山救护队实行队员合同制。正式入队前，应由矿山救护队、输送单位和队员本人三方签订合同。合同期为 5 年，符合条件的可续签合同。

救护队员合同期满，原单位应合理、妥善安排。

8．矿山救护队应建立预防、预警机制。按照矿山救护协议和《矿井灾害应急预案》协助企业开展预防性安全检查。

9．矿山救护队建立救援工作报告制度。矿山救护队出动救灾时，值班负责人应立即报告省级和国家局矿山救援指挥中心。

矿山救护队每月 25 日前，将工作简况报省级矿山救援指挥中心；各省汇总后于下月 5 日前，报国家局矿山救援指挥中心。

六、建立矿山救援装备保障和储备机制

1．矿山救护队必须按规定配备处理矿井各种灾害事故的技术装备、救灾训练器材和通讯信息设备，并确保完好状态；具有符合标准的战备值班，救护培训，技能、体能训练等设施和场所。

2．国家级和省级矿山救援基地应储备大型救灾装备。

3．严格矿山救护装备的管理，定期保养维护，适时更新，确保设备完好。对于国家投资配置的救援装备，必须建立台账，防止国有资产流失。

七、完善预警机制，实施有效救援

1．矿山救护队实行 24 小时值班制度，中队每天必须有 2 个小队分别担任值班队、待机队。

2．矿山救护队接到事故通知，应问清和记录事故地点、时间、类别、遇险遇难人员数量、通知人姓名及单位，并立即召集救护队员，迅速赶赴事故现场。根据应急预案，实施有效救援；进入灾区救援的每个小队不得少于 6 人。

3．医疗救护队伍接到事故通知，应做好医疗急救的准备工作，并立即赶到事故现场组织抢救。

八、对在矿山救援工作中有下列事迹的单位和个人，由所在单位、上级主管部门、地方人民政府给予表彰和奖励：

1．模范遵守有关法律、法规和标准，在矿山救援工作中做出显著成绩的。

2．在抢救遇险遇难人员中做出显著成绩的。

3．在处理事故、突发事件中，对防止灾情扩大或为减少伤亡和损失做出显著贡献的。

4．在矿山救援工作中有创新，对技术有重大改革或推广新技术有显著成绩的。

九、对于在抢险救灾中，为抢救遇险遇难人员及国家财产牺牲的指战员，队员所在单位应向当地政府民政部门申报，追认为烈士。

十、凡有下列情况之一者，应按其情节、造成的后果、损失大小，给予纪律处分，直至追究法律责任。

1．在抢救遇险遇难人员及处理各种事故中，违章指挥、违章作业造成严重后果的。

2．需要救援时，应召不到或逃避出动及畏缩不前、临阵脱逃或拒不执行救援命令的。

3．在矿山救援工作中，玩忽职守，贻误时机，导致严重后果的。

4．在处理事故和抢救遇险遇难人员中，隐瞒事实真相，谎报灾情，导致指挥失误，造成不良后果的。

附录三

国家安全生产事故灾难应急预案

[颁布单位] 国务院
[颁布日期] 2006-01-22
[实施日期] 2006-01-22

1 总则

1.1 编制目的

规范安全生产事故灾难的应急管理和应急响应程序，及时有效地实施应急救援工作，最大限度地减少人员伤亡、财产损失，维护人民群众的生命安全和社会稳定。

1.2 编制依据

依据《中华人民共和国安全生产法》、《国家突发公共事件总体应急预案》和《国务院关于进一步加强安全生产工作的决定》等法律法规及有关规定，制定本预案。

1.3 适用范围

本预案适用于下列安全生产事故灾难的应对工作：

（1）造成30人以上死亡（含失踪），或危及30人以上生命安全，或者100人以上中毒（重伤），或者需要紧急转移安置10万人以上，或者直接经济损失1亿元以上的特别重大安全生产事故灾难。

（2）超出省（区、市）人民政府应急处置能力，或者跨省级行政区、跨多个领域（行业和部门）的安全生产事故灾难。

（3）需要国务院安全生产委员会（以下简称国务院安委会）处置的安全生产事故灾难。

1.4 工作原则

（1）以人为本，安全第一。把保障人民群众的生命安全和身体健康、最大限度地预防和减少安全生产事故灾难造成的人员伤亡作为首要任务。切实加强应急救援人员的安全防护。充分发挥人的主观能动性，充分发挥专业救援力量的骨干作用和人民群众的基础作用。

（2）统一领导，分级负责。在国务院统一领导和国务院安委会组织协调下，各省（区、市）人民政府和国务院有关部门按照各自职责和权限，负责有关安全生产事故灾难的应急管理和应急处置工作。企业要认真履行安全生产责任主体的职责，建立安全生产应急预案和应急机制。

（3）条块结合，属地为主。安全生产事故灾难现场应急处置的领导和指挥以地方人民政府为主，实行地方各级人民政府行政首长负责制。有关部门应当与地方人民政府密切配合，充分发挥指导和协调作用。

（4）依靠科学，依法规范。采用先进技术，充分发挥专家作用，实行科学民主决策。采用先进的救援装备和技术，增强应急救援能力。依法规范应急救援工作，确保应急预案的科学性、权威性和可操作性。

（5）预防为主，平战结合。贯彻落实“安全第一，预防为主”的方针，坚持事故灾难应急与预防工作相结合。做好预防、预测、预警和预报工作，做好常态下的风险评估、物资储备、队伍建设、完善装备、预案演练等工作。

2 组织体系及相关机构职责

2.1 组织体系

全国安全生产事故灾难应急救援组织体系由国务院安委会、国务院有关部门、地方各级人民政府安全生产事故灾难应急领导机构、综合协调指挥机构、专业协调指挥机构、应急支持保障部门、应急救援队伍和生产经营单位组成。

国家安全生产事故灾难应急领导机构为国务院安委会，综合协调指挥机构为国务院安委会办公室，国家安全生产应急救援指挥中心具体承担安全生产事故灾难应急管理工作，专业协调指挥机构为国务院有关部门管理的专业领域应急救援指挥机构。

地方各级人民政府的安全生产事故灾难应急机构由地方政府确定。

应急救援队伍主要包括消防部队、专业应急救援队伍、生产经营单位的应急救援队伍、社会力量、志愿者队伍及有关国际救援力量等。

国务院安委会各成员单位按照职责履行本部门的安全生产事故灾难应急救援和保障方面的职责，负责制订、管理并实施有关应急预案。

2.2 现场应急救援指挥部及职责

现场应急救援指挥以属地为主，事发地省（区、市）人民政府成立现场应急救援指挥部。现场应急救援指挥部负责指挥所有参与应急救援的队伍和人员，及时向国务院报告事故灾难事态发展及救援情况，同时抄送国务院安委会办公室。

涉及多个领域、跨省级行政区或影响特别重大的事故灾难，根据需要由国务院安委会或者国务院有关部门组织成立现场应急救援指挥部，负责应急救援协调指挥工作。

3 预警预防机制

3.1 事故灾难监控与信息报告

国务院有关部门和省（区、市）人民政府应当加强对重大危险源的监控，对可能引发特别重大事故的险情，或者其他灾害、灾难可能引发安全生产事故灾难的重要信息应及时上报。

特别重大安全生产事故灾难发生后，事故现场有关人员应当立即报告单位负责人，单位负责人接到报告后，应当立即报告当地人民政府和上级主管部门。中央企业在上报当地政府的同时应当上报企业总部。当地人民政府接到报告后应当立即报告上级政府，国务院有关部门、单位、中央企业和事故灾难发生地的省（区、市）人民政府应当在接到报告后 2 小时内，向国务院报告，同时抄送国务院安委会办公室。自然灾害、公共卫生和社会安全方面的突发事件可能引发安全生产事故灾难的信息，有关各级、各类应急指挥机构均应及时通报同级安全生产事故灾难应急救援指挥机构，安全生产事故灾难应急救援指挥机构应当及时分析处理，并按照分级管理的程序逐级上报，紧急情况下，可越级上报。

发生安全生产事故灾难的有关部门、单位要及时、主动向国务院安委会办公室、国务院有关部门提供与事故应急救援有关的资料。事故灾难发生地安全监管部门提供事故前监督检查的有关资料，为国务院安委会办公室、国务院有关部门研究制订救援方案提供参考。

3.2 预警行动

各级、各部门安全生产事故灾难应急机构接到可能导致安全生产事故灾难的信息后，按照应急预案及时研究确定应对方案，并通知有关部门、单位采取相应行动预防事故发生。

4 应急响应

4.1 分级响应

Ⅰ级应急响应行动（具体标准见 1.3）由国务院安委会办公室或国务院有关部门组织实施。当国务院安委会办公室或国务院有关部门进行Ⅰ级应急响应行动时，事发地各级人民政府应当按照相应的预案全力以赴组织救援，并及时向国务院及国务院安委会办公室、国务院有关部门报告救援工作进展情况。

Ⅱ级及以下应急响应行动的组织实施由省级人民政府决定。地方各级人民政府根据事故灾难或险情的严重程度启动相应的应急预案，超出其应急救援处置能力时，及时报请上一级应急救援指挥机构启动上一级应急预案实施救援。

4.1.1 国务院有关部门的响应

Ⅰ级响应时，国务院有关部门启动并实施本部门相关的应急预案，组织应急救援，并及时向国务院及国务院安委会办公室报告救援工作进展情况。需要其他部门应急力量支援时，及时提出请求。

根据发生的安全生产事故灾难的类别，国务院有关部门按照其职责和预案进行响应。

4.1.2 国务院安委会办公室的响应

（1）及时向国务院报告安全生产事故灾难基本情况、事态发展和救援进展情况。

（2）开通与事故灾难发生地的省级应急救援指挥机构、现场应急救援指挥部、相关专业应急救援指挥机构的通信联系，随时掌握事态发展情况。

（3）根据有关部门和专家的建议，通知相关应急救援指挥机构随时待命，为地方或专业应急救援指挥机构提供技术支持。

（4）派出有关人员和专家赶赴现场参加、指导现场应急救援，必要时协调专业应急力量增援。

（5）对可能或者已经引发自然灾害、公共卫生和社会安全突发事件的，国务院安委会办公室要及时上报国务院，同时负责通报相关领域的应急救援指挥机构。

（6）组织协调特别重大安全生产事故灾难应急救援工作。

（7）协调落实其他有关事项。

4.2 指挥和协调

进入Ⅰ级响应后，国务院有关部门及其专业应急救援指挥机构立即按照预案组织相关应急救援力量，配合地方政府组织实施应急救援。

国务院安委会办公室根据事故灾难的情况开展应急救援协调工作。通知有关部门及其应急机构、救援队伍和事发地毗邻省（区、市）人民政府应急救援指挥机构，相关机构按照各自应急预案提供增援或保障。有关应急队伍在现场应急救援指挥部统一指挥下，密切配合，共同实施抢险救援和紧急处置行动。

现场应急救援指挥部负责现场应急救援的指挥，现场应急救援指挥部成立前，事发单位和先期到达的应急救援队伍必须迅速、有效地实施先期处置，事故灾难发生地人民政府负责协调，全力控制事故灾难发展态势，防止次生、衍生和耦合事故（事件）发生，果断控制或切断事故灾害链。

中央企业发生事故灾难时，其总部应全力调动相关资源，有效开展应急救援工作。

4.3　紧急处置

现场处置主要依靠本行政区域内的应急处置力量。事故灾难发生后，发生事故的单位和当地人民政府按照应急预案迅速采取措施。

根据事态发展变化情况，出现急剧恶化的特殊险情时，现场应急救援指挥部在充分考虑专家和有关方面意见的基础上，依法及时采取紧急处置措施。

4.4　医疗卫生救助

事发地卫生行政主管部门负责组织开展紧急医疗救护和现场卫生处置工作。卫生部或国务院安委会办公室根据地方人民政府的请求，及时协调有关专业医疗救护机构和专科医院派出有关专家、提供特种药品和特种救治装备进行支援。事故灾难发生地疾病控制中心根据事故类型，按照专业规程进行现场防疫工作。

4.5　应急人员的安全防护

现场应急救援人员应根据需要携带相应的专业防护装备，采取安全防护措施，严格执行应急救援人员进入和离开事故现场的相关规定。

现场应急救援指挥部根据需要具体协调、调集相应的安全防护装备。

4.6　群众的安全防护

现场应急救援指挥部负责组织群众的安全防护工作，主要工作内容如下：

（1）企业应当与当地政府、社区建立应急互动机制，确定保护群众安全需要采取的防护措施。

（2）决定应急状态下群众疏散、转移和安置的方式、范围、路线、程序。

（3）指定有关部门负责实施疏散、转移。

（4）启用应急避难场所。

（5）开展医疗防疫和疾病控制工作。

（6）负责治安管理。

4.7　社会力量的动员与参与

现场应急救援指挥部组织调动本行政区域社会力量参与应急救援工作。

超出事发地省级人民政府处置能力时，省级人民政府向国务院申请本行政区域外的社会力量支援，国务院办公厅协调有关省级人民政府、国务院有关部门组织社会力量进行支援。

4.8　现场检测与评估

根据需要，现场应急救援指挥部成立事故现场检测、鉴定与评估小组，综合分析和评价检测数据，查找事故原因，评估事故发展趋势，预测事故后果，为制订现场抢救方案和事故调查提供参考。检测与评估报告要及时上报。

4.9　信息发布

国务院安委会办公室会同有关部门具体负责特别重大安全生产事故灾难信息的发布工作。

4.10 应急结束

当遇险人员全部得救，事故现场得以控制，环境符合有关标准，导致次生、衍生事故隐患消除后，经现场应急救援指挥部确认和批准，现场应急处置工作结束，应急救援队伍撤离现场。由事故发生地省级人民政府宣布应急结束。

5 后期处置

5.1 善后处置

省级人民政府会同相关部门（单位）负责组织特别重大安全生产事故灾难的善后处置工作，包括人员安置、补偿，征用物资补偿，灾后重建，污染物收集、清理与处理等事项。尽快消除事故影响，妥善安置和慰问受害及受影响人员，保证社会稳定，尽快恢复正常秩序。

5.2 保险

安全生产事故灾难发生后，保险机构及时开展应急救援人员保险受理和受灾人员保险理赔工作。

5.3 事故灾难调查报告、经验教训总结及改进建议

特别重大安全生产事故灾难由国务院安全生产监督管理部门负责组成调查组进行调查；必要时，国务院直接组成调查组或者授权有关部门组成调查组。

安全生产事故灾难善后处置工作结束后，现场应急救援指挥部分析总结应急救援经验教训，提出改进应急救援工作的建议，完成应急救援总结报告并及时上报。

6 保障措施

6.1 通信与信息保障

建立健全国家安全生产事故灾难应急救援综合信息网络系统和重大安全生产事故灾难信息报告系统；建立完善救援力量和资源信息数据库；规范信息获取、分析、发布、报送格式和程序，保证应急机构之间的信息资源共享，为应急决策提供相关信息支持。

有关部门应急救援指挥机构和省级应急救援指挥机构负责本部门、本地区相关信息收集、分析和处理，定期向国务院安委会办公室报送有关信息，重要信息和变更信息要及时报送，国务院安委会办公室负责收集、分析和处理全国安全生产事故灾难应急救援有关信息。

6.2 应急支援与保障

6.2.1 救援装备保障

各专业应急救援队伍和企业根据实际情况和需要配备必要的应急救援装备。专业应急救援指挥机构应当掌握本专业的特种救援装备情况，各专业队伍按规程配备救援装备。

6.2.2 应急队伍保障

矿山、危险化学品、交通运输等行业或领域的企业应当依法组建和完善救援队伍。各级、各行业安全生产应急救援机构负责检查并掌握相关应急救援力量的建设和准备情况。

6.2.3 交通运输保障

发生特别重大安全生产事故灾难后，国务院安委会办公室或有关部门根据救援需要及时协调民航、交通和铁路等行政主管部门提供交通运输保障。地方人民政府有关部门对事故现场进行道路交通管制，根据需要开设应急救援特别通道，道路受损时应迅速组织抢修，确保救灾物资、器材和人员运送及时到位，满足应急处置工作需要。

6.2.4 医疗卫生保障

县级以上各级人民政府应当加强急救医疗服务网络的建设，配备相应的医疗救治药物、技术、设备和人员，提高医疗卫生机构应对安全生产事故灾难的救治能力。

6.2.5 物资保障

国务院有关部门和县级以上人民政府及其有关部门、企业，应当建立应急救援设施、设备、救治药品和医疗器械等储备制度，储备必要的应急物资和装备。

各专业应急救援机构根据实际情况，负责监督应急物资的储备情况、掌握应急物资的生产加工能力储备情况。

6.2.6 资金保障

生产经营单位应当做好事故应急救援必要的资金准备。安全生产事故灾难应急救援资金首先由事故责任单位承担，事故责任单位暂时无力承担的，由当地政府协调解决。国家处置安全生产事故灾难所需工作经费按照《财政应急保障预案》的规定解决。

6.2.7 社会动员保障

地方各级人民政府根据需要动员和组织社会力量参与安全生产事故灾难的应急救援。国务院安委会办公室协调调用事发地以外的有关社会应急力量参与增援时，地方人民政府要为其提供各种必要保障。

6.2.8 应急避难场所保障

直辖市、省会城市和大城市人民政府负责提供特别重大事故灾难发生时人员避难需要的场所。

6.3 技术储备与保障

国务院安委会办公室成立安全生产事故灾难应急救援专家组，为应急救援提供技术支持和保障。要充分利用安全生产技术支撑体系的专家和机构，研究安全生产应急救援重大问题，开发应急技术和装备。

6.4 宣传、培训和演习

6.4.1 公众信息交流

国务院安委会办公室和有关部门组织应急法律法规和事故预防、避险、避灾、自救、互救常识的宣传工作，各种媒体提供相关支持。

地方各级人民政府结合本地实际，负责本地相关宣传、教育工作，提高全民的危机意识。

企业与所在地政府、社区建立互动机制，向周边群众宣传相关应急知识。

6.4.2 培训

有关部门组织各级应急管理机构以及专业救援队伍的相关人员进行上岗前培训和业务培训。

有关部门、单位可根据自身实际情况，做好兼职应急救援队伍的培训，积极组织社会志愿者的培训，提高公众自救、互救能力。

地方各级人民政府将突发公共事件应急管理内容列入行政干部培训的课程。

6.4.3 演习

各专业应急机构每年至少组织一次安全生产事故灾难应急救援演习。国务院安委会办公室每两年至少组织一次联合演习。各企事业单位应当根据自身特点，定期组织本单位的应急救援演习。演习结束后应及时进行总结。

6.5 监督检查

国务院安委会办公室对安全生产事故灾难应急预案实施的全过程进行监督检查。

7 附则

7.1 预案管理与更新

随着应急救援相关法律法规的制定、修改和完善，部门职责或应急资源发生变化，以及实施过程中发现存在问题或出现新的情况，应及时修订完善本预案。

本预案有关数量的表述中，“以上”含本数，“以下”不含本数。

7.2 奖励与责任追究

7.2.1 奖励

在安全生产事故灾难应急救援工作中有下列表现之一的单位和个人，应依据有关规定给予奖励：

（1）出色完成应急处置任务，成绩显著的。

（2）防止或抢救事故灾难有功，使国家、集体和人民群众的财产免受损失或者减少损失的。

（3）对应急救援工作提出重大建议，实施效果显著的。

（4）有其他特殊贡献的。

7.2.2 责任追究

在安全生产事故灾难应急救援工作中有下列行为之一的，按照法律、法规及有关规定，对有关责任人员视情节和危害后果，由其所在单位或者上级机关给予行政处分；其中，对国家公务员和国家行政机关任命的其他人员，分别由任免机关或者监察机关给予行政处分；属于违反治安管理行为的，由公安机关依照有关法律法规的规定予以处罚；构成犯罪的，由司法机关依法追究刑事责任：

（1）不按照规定制订事故应急预案，拒绝履行应急准备义务的。

（2）不按照规定报告、通报事故灾难真实情况的。

（3）拒不执行安全生产事故灾难应急预案，不服从命令和指挥，或者在应急响应时临阵脱逃的。

（4）盗窃、挪用、贪污应急工作资金或者物资的。

（5）阻碍应急工作人员依法执行任务或者进行破坏活动的。

（6）散布谣言，扰乱社会秩序的。

（7）有其他危害应急工作行为的。

7.3 国际沟通与协作

国务院安委会办公室和有关部门积极建立与国际应急机构的联系，组织参加国际救援活动，开展国际间的交流与合作。

7.4 预案实施时间

本预案自印发之日起施行。

附录四

矿山事故灾难应急预案

安监总应急［2006］229号

国家安全生产监督管理总局

二〇〇六年十月

目录

1 总则

1.1 目的

进一步增强应对和防范矿山安全生产事故风险和事故灾难的能力，最大限度地减少事故灾难造成的人员伤亡和财产损失。

1.2 工作原则

（1）以人为本，安全第一。矿山事故灾难应急救援工作要始终把保障人民群众的生命安全和身体健康放在首位，切实加强应急救援人员的安全防护，最大限度地减少矿山事故灾难造成的人员伤亡和危害。

（2）统一领导，分级管理。国家安全生产监督管理总局（以下简称安全监管总局）在国务院及国务院安全生产委员会（以下简称国务院安委会）的统一领导下，负责指导、协调矿山事故灾难应急救援工作。地方各级人民政府、有关部门和企业按照各自职责和权限，负责事故灾难的应急管理和应急处置工作。

（3）条块结合，属地为主。矿山事故灾难应急救援工作实行地方各级人民政府行政领导负责制，事故现场应急救援指挥由地方人民政府统一领导，相关部门依法履行职责，专家提供技术支持，企业充分发挥自救作用。

（4）依靠科学，依法规范。遵循科学原理，充分发挥专家的作用，实现科学民主决策。依靠科技进步，不断改进和完善应急救援的装备、设施和手段。依法规范应急救援工作，确保预案的科学性、权威性和可操作性。

（5）预防为主，平战结合。贯彻落实“安全第一，预防为主，综合治理”的方针，坚持事故应急与预防相结合。按照长期准备、重点建设的要求，做好应对矿山事故的思想准备、预案准备、物资和经费准备、工作准备，加强培训演练，做到常备不懈。将日常管理工作和应急救援工作相结合，充分利用现有专业力量，努力实现一队多能；培养兼职应急救援力量并发挥其作用。

1.3 编制依据

《安全生产法》、《矿山安全法》、《安全生产许可证条例》等法律、法规和《国家安全生产事故灾难应急预案》。

1.4　适用范围

本预案适用于矿山（含尾矿库）发生的除石油天然气开采以外的下列事故灾难应对工作：

（1）特别重大矿山事故；

（2）跨省（区、市）行政区的重大事故；

（3）省级应急救援力量和资源不足，需要增援的事故；

（4）国务院领导同志有重要批示，社会影响较大的事故；

（5）安全监管总局认为有必要启动本预案的事故。

2　组织指挥体系与职责

2.1　协调指挥机构与职责

在国务院及国务院安委会统一领导下，安全监管总局负责统一指导、协调特别重大矿山事故灾难的应急救援工作，国家煤矿安全监察局（以下简称煤矿安监局）指导、协调煤矿事故应急救援工作，国家安全生产应急救援指挥中心（以下简称应急指挥中心）具体承办有关工作。安全监管总局成立矿山事故应急工作领导小组（以下简称领导小组）。领导小组的组成及成员单位主要职责：

组长：安全监管总局局长

副组长：安全监管总局分管调度、应急管理和非煤矿山安全监管的副局长和煤矿安监局局长

成员单位：办公厅、政策法规司、安全生产协调司、调度统计司、监督管理一司、应急指挥中心、煤矿安监局综合司、煤矿安监局安全监察司、煤矿安监局事故调查司、矿山救援指挥中心、矿山医疗救护中心、机关服务中心、通信信息中心。

（1）办公厅：负责应急值守，及时向安全监管总局领导报告事故信息，传达安全监管总局领导关于事故救援工作的批示和意见；向中央办公厅、国务院办公厅报送《值班信息》，同时抄送国务院有关部门；接收党中央、国务院领导同志的重要批示、指示，迅速呈报安全监管总局领导阅批，并负责督办落实；需派工作组前往现场协助救援和开展事故调查时，及时向国务院有关部门、事发地省级政府等通报情况，并协调有关事宜。

（2）政策法规司：负责事故信息发布工作，与中宣部、国务院新闻办及新华社、人民日报社、中央人民广播电台、中央电视台等主要新闻媒体联系，协助地方有关部门做好事故现场新闻发布工作，正确引导媒体和公众舆论。

（3）安全生产协调司：根据安全监管总局领导指示和有关规定，组织协调安全监察专员赶赴事故现场参与事故应急救援和事故调查处理工作。

（4）调度统计司：负责应急值守，接收、处置各地、各部门上报的事故信息，及时报告安全监管总局领导，同时转送安全监管总局办公厅和应急指挥中心；按照安全监管总局领导指示，起草事故救援工作指导意见；跟踪、续报事故救援进展情况。

（5）监督管理一司：提供非煤矿山事故单位相关信息，参与事故应急救援和事故调查处理工作。

（6）应急指挥中心：根据安全监管总局领导指示和有关规定下达有关指令，协调指导事故应急救援工作；提出应急救援建议方案，调度有关救援力量参加救援工作；跟踪事故救援情况，及时向安全监管总局领导报告；协调组织专家咨询，为应急救援提供技术支持。

（7）煤矿安监局综合司：根据煤矿安监局领导的指示，协调事故应急救援及调查处理有关工作。

（8）煤矿安监局安全监察司：提供煤矿事故单位有关安全监察的情况和信息，以及安全评估、

建设项目安全设施“三同时”等情况；参与煤矿事故应急救援工作。

(9) 煤矿安监局事故调查司：参与煤矿事故应急救援工作，组织或参与煤矿重大和特别重大事故调查处理工作。

(10) 矿山救援指挥中心：根据安全监管总局和应急指挥中心的统一部署，具体组织协调事故应急救援工作；组织调集相关资源，参加事故应急救援工作；提出应急救援建议方案，组织专家进行咨询、论证，为应急救援提供技术支持；提供矿山应急救援的基础资料和信息。

(11) 矿山医疗救护中心：协调指导矿山事故的医疗救护及卫生防疫工作，必要时派遣医疗救护专家赴事故现场协助治疗和救护。

(12) 机关服务中心：负责安全监管总局事故应急处置过程中的后勤保障工作。

(13) 通信信息中心：负责保障安全监管总局外网、内网畅通运行，及时通过网站发布事故信息及救援进展情况。

2.2 事故现场应急救援指挥部及职责

按事故灾难等级（见 7.1 响应分级标准）和分级响应原则，由相应的地方人民政府组成现场应急救援指挥部，总指挥由地方政府负责人担任，全面负责应急救援指挥工作。按照有关规定由熟悉事故现场情况的有关领导具体负责现场救援指挥。现场应急救援指挥部及时向安全监管总局报告事故及救援情况，需要外部力量增援的，报请安全监管总局协调，并说明需要的救援力量、救援装备等情况。

2.3 矿山应急救援专家组及职责

安全监管总局设立矿山应急救援专家组，为矿山事故应急救援提供技术支持。矿山应急救援专家组的职责是：

(1) 参与矿山事故灾难救援方案的研究；

(2) 研究分析事故信息、灾害情况的演变和救援技术措施，为应急救援决策提出意见和建议；

(3) 提出事故防范措施建议；

(4) 为恢复生产提供技术支持。

3 预警和预防机制

3.1 信息监控与报告

(1) 安全监管总局统一负责全国矿山企业重特大事故信息的接收、报告、初步处理、统计分析，制定相关工作制度。

(2) 安全监管总局建立全国矿山基本情况、重大危险源、重大事故隐患、重大灾害事故数据库。

(3) 安全监管总局对全国存在的重大危险源、风险高的矿山企业实施重点监控，及时分析重点监控信息并跟踪整改情况。

(4) 各级安全生产监督管理部门、煤矿安全监察机构掌握辖区内的矿山分布、灾害等基本状况，建立辖区内矿山基本情况和重大危险源数据库，同时上报安全监管总局备案。

(5) 矿山企业根据地质条件、可能发生灾害的类型、危害程度，建立本企业基本情况和危险源数据库，同时报送当地安全生产监督管理部门或煤矿安全监察机构，重大危险源在省级矿山救援指挥中心备案。

3.2 预警预防行动

各级安全生产监督管理部门、煤矿安全监察机构、矿山应急救援指挥机构定期分析、研究可能导致安全生产事故的信息，研究确定应对方案；及时通知有关部门、单位采取针对性的措施预防事故发生。发生事故后，根据事故的情况启动事故应急预案，组织实施救援。必要时，请求上级机构协调增援。重大（Ⅱ级）矿山安全生产事故，或矿山事故扩大，有可能发生特别重大事故灾难时，安全监管总局调度统计司负责调度、了解事态发展，及时报告安全监管总局领导，并通知领导小组成员单位负责人。应急指挥中心得知事故信息后，及时通知有关矿山应急救援基地、救援装备储备单位、救援专家和救援技术支持机构，做好应急准备。

4 应急响应

4.1 信息报告和处理

（1）矿山企业发生事故后，现场人员要立即开展自救和互救，并立即报告本单位负责人。

（2）矿山企业负责人接到事故报告后，应迅速组织救援，并按照国家有关规定立即如实报告当地人民政府和有关部门。中央直属企业在上报当地政府的同时上报安全监管总局和企业总部。

（3）地方人民政府和有关部门接到事故报告后，应当按照规定逐级上报。事故灾难发生地的省（区、市）人民政府应当在接到特别重大事故信息报告后 2 小时内，向国务院报告，同时抄送安全监管总局。地方各级人民政府和有关部门应当逐级上报事故情况，并应当在 2 小时内报告至省（区、市）人民政府，紧急情况下可越级上报。

（4）安全监管总局调度统计司实行 24 小时值班制度，接收全国矿山事故报告信息。

（5）安全监管总局调度统计司接到重大（Ⅱ级）矿山事故灾难报告后，要立即报告安全监管总局分管领导并通报应急指挥中心。接到特别重大（Ⅰ级）矿山事故灾难报告后，要立即报告安全监管总局局长，通报应急指挥中心和领导小组成员单位。安全监管总局办公厅及时报告国务院办公厅。

4.2 分级响应程序

根据事故灾难的可控性、严重程度和影响范围，将矿山事故分为特别重大事故（Ⅰ级）、重大事故（Ⅱ级）、较大事故（Ⅲ级）和一般事故（Ⅳ级）（见 7.1 响应分级标准）。事故发生后，发生事故的企业及其所在地政府立即启动应急预案，并根据事故等级及时上报。

发生Ⅰ级事故及险情，启动本预案及以下各级预案。Ⅱ级及以下应急响应行动的组织实施由省级人民政府决定。地方各级人民政府根据事故灾难或险情的严重程度启动相应的应急预案，超出本级应急救援处置能力时，及时报请上一级应急救援指挥机构启动上一级应急预案实施救援。

4.2.1 Ⅱ级事故应急响应

发生重大（Ⅱ级）矿山事故灾难时，省级人民政府立即启动应急预案，组织实施应急救援。领导小组成员单位进入预备状态，做好如下应急准备：

（1）调度统计司立即向领导小组组长和有关成员单位报告事故情况，领导小组主要成员到位；向事故发生地传达领导小组组长关于应急救援的指导意见。

（2）应急指挥中心及时掌握事态发展和现场救援情况，及时向领导小组组长汇报。

（3）应急指挥中心根据事故类别、事故地点和救援工作的需要，通知矿山应急救援专家组、国家级矿山救援基地、国家矿山医疗救护中心、矿山抢险排水站等单位做好应急救援准备。

（4）根据需要派有关人员和专家赶赴事故现场指导救援工作。

4.2.2 Ⅰ级事故应急响应

发生特别重大（Ⅰ级）矿山事故灾难时，安全监管总局启动本预案，按下列程序和内容响应：

（1）调度统计司接到事故报告后，立即报告领导小组组长并通知应急指挥中心。

（2）根据领导小组组长指示，立即通知领导小组成员单位负责人到调度统计司集中。

（3）调度统计司和应急指挥中心进一步了解事故情况，整理事故相关资料和图纸等，为领导小组决策提供基础资料。

（4）领导小组研究、决策救援方案，确定委派现场工作组和救援专家组人选，各成员单位按照应急救援方案认真履行各自的职责。

（5）根据救援工作的需要，协调调动国家级矿山救援基地的救援力量增援。对于矿井瓦斯煤尘事故、大型火灾事故，可调动国家级矿山救援基地的大型装备实施救灾；对于特大水灾或顶板事故，可调动矿山抢险排水站的大型排水设备和煤炭地质局的深孔钻机实施救灾。

（6）根据受伤人员情况，协调调动国家级矿山医疗救护中心专家组奔赴现场，加强医疗救护的指导和救治。

（7）及时向国务院上报事故和救援工作进展情况，并适时向媒体公布。

4.3 指挥和协调

（1）矿山事故救援指挥遵循属地为主的原则，按照分级响应原则，当地人民政府负责人和有关部门及矿山企业有关人员组成现场应急救援指挥部，具体领导、指挥矿山事故现场应急救援工作。

（2）企业成立事故现场救援组，由企业负责人、矿山救护队队长等组成现场救援组，矿长担任组长负责指挥救援。

（3）安全监管总局统一协调、指挥特别重大事故（Ⅰ级）应急救援工作，主要内容是：

①指导、协调地方人民政府组织实施应急救援。

②协调、调动国家级矿山救援基地的救援力量，调配国家矿山应急救援资源。

③协调、调动安全监管总局矿山医疗救护中心的救护力量和医疗设备，加强指导救护、救助工作。

④派工作组赴现场指导矿山事故灾难应急救援工作。

⑤组织矿山应急救援专家组，为现场应急救援提供技术支持。

⑥及时向国务院报告事故及应急救援进展情况。

4.4 现场紧急处置

（1）现场处置主要依靠地方政府及企业应急处置力量，事故发生后，事故单位和当地政府首先组织职工、群众开展自救、互救，并通知有关专业救援机构。

（2）事故单位负责人要充分利用本单位和就近社会救援力量，立即组织实施事故的应急救援工作，组织本单位和就近医疗救护队伍抢救现场受伤人员。根据矿山事故的危害程度，及时报告当地政府，疏散、撤离可能受到事故波及的人员。

（3）当地政府要迅速成立现场应急救援指挥部，制定事故的应急救援方案并组织实施，根据需要，及时修订救援方案。

（4）当地救援力量不足时，现场应急救援指挥部应向上级矿山应急救援组织提出增援请求。

（5）当地医疗机构的救护能力不足时，现场应急救援指挥部应向上级政府或上级矿山应急救援组织请求，调动外地的医学专家、医疗设备前往现场加强救护，或将伤者迅速转移到外地救治。

（6）参加应急救援的队伍和人员在现场应急救援指挥部统一指挥、协调下，进行应急救援和处置工作。

（7）当地政府、现场应急救援指挥部负责组织力量清除事故矿井周围和抢险通道上的障碍物。当地政府组织公安、武警、交通管理等部门开辟抢险救灾通道，保障应急救援队伍、物资、设备的畅通无阻。

（8）根据事态发展变化情况，出现急剧恶化的特殊险情时，现场应急救援指挥部在充分考虑专家和有关方面意见的基础上，依法采取紧急处置措施。涉及跨省（区、市）、跨领域影响严重的紧急处置方案，由安全监管总局协调实施，影响特别严重的报国务院决定。

（9）在矿山事故救援过程中，出现继续进行抢险救灾对救援人员的生命有直接威胁，极易造成事故扩大化，或没有办法实施救援，或没有继续实施救援的价值等情况时，经过矿山应急救援专家组充分论证，提出中止救援的意见，报现场应急救援指挥部决定。

4.5 救援人员的安全防护

在抢险救灾过程中，专业或辅助救援人员，根据矿山事故的类别、性质，要采取相应的安全防护措施。救援井工矿山事故必须由专业矿山救护队进行，严格控制进入灾区人员的数量。所有应急救援工作人员必须佩戴安全防护装备，才能进入事故救援区域实施应急救援工作。所有应急救援工作地点都要安排专人检测气体成分、风向和温度等，保证工作地点的安全。

4.6 信息发布

安全监管总局是矿山事故灾难信息的指定来源。安全监管总局负责矿山事故灾难信息对外发布工作。必要时，国务院新闻办派员参加事故现场应急救援指挥部工作，负责指导协调矿山事故灾难的对外报道工作。

4.7 应急结束

事故现场得以控制，环境符合有关标准，导致次生、衍生事故隐患消除后，经现场应急救援指挥部确认和批准，现场应急处置工作结束，应急救援队伍撤离现场。矿山事故灾难善后处置工作完成后，现场应急救援指挥部组织完成应急救援总结报告，报送安全监管总局和省（区、市）人民政府，省（区、市）人民政府宣布应急处置结束。

5 后期处置

5.1 善后处置

省（区、市）人民政府负责组织善后处置工作，包括遇难人员亲属的安置、补偿，征用物资补偿，救援费用的支付，灾后重建，污染物收集、清理与处理等事项。尽快恢复正常秩序，消除事故后果和影响，安抚受害和受影响人员，确保社会稳定。应急救援工作结束后，参加救援的部门和单位应认真核对参加应急救援人数，清点救援装备、器材；核算救灾发生的费用，整理应急救援记录、图纸，写出救灾报告。地方人民政府应认真分析事故原因，强化安全管理，制定防范措施。矿山企业应深刻吸取事故教训，加强安全管理，加大安全投入，认真落实安全生产责任制，在恢复生产过程中制定安全措施，防止事故发生。

5.2 保险

事故灾难发生后，保险机构及时派员开展相关的保险受理和赔付工作。

5.3 工作总结与评估

应急响应结束后，地方人民政府应认真分析事故原因，制定防范措施，落实安全生产责任制，防止类似事故发生。地方安全生产监督管理部门、煤矿安全监察机构或应急救援指挥机构负责收集、整理应急救援工作记录、方案、文件等资料，组织专家对应急救援过程和应急救援保障等工作进行总结和评估，提出改进意见和建议，并在应急响应结束一个月内，将总结评估报告报安全监管总局。

6 保障措施

6.1 通信与信息保障

有关人员和有关单位的联系方式保证能够随时取得联系，有关单位的调度值班电话保证 24 小时有人值守。通过有线电话、移动电话、卫星、微波等通信手段，保证各有关方面的通讯联系畅通。安全监管总局与各省（区、市）人民政府，省级安全生产监督管理部门，各级煤矿安全监察机构，省级矿山救援指挥中心，国家级矿山救援基地，国家矿山救援物资储备单位，矿山医疗救护中心建立畅通的应急救援指挥通信信息系统。依托中国金属非金属矿山尾矿库安全技术中心安全技术信息系统，随时掌握全国尾矿库现场情况。

应急指挥中心负责建立、维护、更新有关应急救援机构、省级应急救援指挥机构、国家级矿山救援基地、矿山医疗救护中心、矿山应急救援专家组的通信联系数据库；负责建设、维护、更新矿山应急救援指挥系统、决策支持系统和相关保障系统。

各省（区、市）安全监督管理部门或省级煤矿安全监察机构负责本区域内有关机构和人员的通信保障，做到即时联系，信息畅通。矿山企业负责保障本单位应急通信、信息网络的畅通。

6.2 应急支援与保障

6.2.1 已有救援装备保障

（1）国家级矿山救援基地（煤矿）储备重点救援装备情况见附件。

（2）国家矿山排水设备储备单位及电话见附件。

（3）深孔钻机装备储备情况见附件。

（4）矿山企业负责局部通风机、导风筒、施工材料等必要救灾装备和物资的储备。

6.2.2 救援装备的储备

根据矿山事故灾难应急救援工作的需要和矿山救援新技术、新装备的开发应用，应建立必要的救援资源储备，包括具有较高技术含量的先进救灾装备、设施等，以提高国家应对复杂矿山事故的能力。

6.2.3 紧急征用救援装备

在应急救援中，储备的资源不能满足救灾需求，安全监管总局需要紧急征用国家及有关部门的救援装备时，涉及的部门必须全力支持，积极配合，保证救灾的顺利进行。征用救援装备所需的费用，由当地政府和事故单位予以解决。

6.2.4 救援队伍保障

（1）应急指挥中心负责协调全国矿山应急救援工作和救援队伍的组织管理。全国矿山救护队分布情况见附件。

（2）省级矿山救援指挥中心负责组织、指导协调本行政区域矿山应急救援体系建设及矿山应急救援工作。

（3）有矿山企业的县级以上地方各级人民政府应建立矿山应急组织。

（4）矿山企业必须建立专职或兼职人员组成的矿山救援组织。不具备单独建立专业救援组织的小型矿山企业，除应建立兼职的救援组织外，还应与临近的专业救援组织签订救援协议，或者与临近的矿山企业联合建立专业救援组织。

（5）国家级矿山救援基地在应急指挥中心的组织协调下，参加全国矿山重特大事故的应急救援工作。国家级矿山救援基地的主要救援区域及联系方式和分布示意图见附件。

（6）各省（区、市）根据辖区内矿山分布及受自然灾害威胁程度，建立 1 ～ 3 个省级矿山救援基地，由省级矿山救援指挥中心组织、指导，参加矿山事故的应急救援工作。

（7）矿山救援人员按隶属关系，由所在单位为矿山救援人员每年缴纳人身保险金，保障救援人员的切身利益。

6.2.5　交通运输保障

（1）各地有关交通管理部门，对救援工作应大力支持。在应急响应时，利用现有的交通资源，协调铁道、民航、军队等系统提供交通支持，协调沿途有关地方人民政府提供交通警戒支持，以保证及时调运矿山事故灾难应急救援有关人员、队伍、装备、物资。

（2）矿山救援和医疗救护车辆配用专用警灯、警笛，事故发生地省级人民政府组织对事故现场进行交通管制，开设应急救援特别通道，最大限度地赢得应急救援时间。

6.2.6　矿山救援医疗保障

（1）安全监管总局矿山医疗救护中心负责指导全国矿山事故伤员的急救工作。设立安全监管总局矿山医疗救护专家组，为矿山事故应急救援提供医疗救护方面的技术支持。

（2）各省（区、市）选择医疗条件较好的医疗单位，作为省级矿山医疗救护中心，指导、参加矿山事故中危重伤员的救治工作。

（3）矿山企业建立矿山医疗救护站（或与企业所在地医院签订医疗救护协议），负责企业矿山事故伤员的医疗急救和矿山救援队伍医疗救护知识专项培训工作。

6.2.7　治安保障

由事故发生地省级人民政府组织事故现场治安警戒和治安管理，加强对重点地区、重点场所、重点人群、重要物资设备的防范保护，维持现场秩序，及时疏散群众。发动和组织群众，开展群防联防，协助做好治安工作。

6.2.8　经费保障

矿山企业应当做好事故应急救援必要的资金准备。安全生产事故灾难应急救援资金首先由事故责任单位承担，事故责任单位暂时无力承担的，由当地人民政府协调解决。国家处置矿山事故灾难所需资金按照《财政应急保障预案》的规定解决。

6.3　技术支持与保障

安全监管总局设立矿山应急救援专家组，为矿山事故应急救援提供技术支持。省级地方人民政府矿山应急组织设立矿山应急救援专家组，为矿山事故应急救援提供技术支持。依托有关院校和科研单位，开展事故预防和应急技术以及矿山救援技术设备的研究和开发。

6.4　宣传、培训和演习

6.4.1　公众信息交流

各级政府、各矿山企业要按规定向公众和员工说明矿山作业的危险性及发生事故可能造成的危害，广泛宣传应急救援有关法律法规和矿山事故预防、避险、避灾、自救、互救的常识。

6.4.2　培训

（1）应急指挥中心负责全国矿山救护队的培训工作。矿山救护队要加强日常战备训练，并按规定对救护队组织培训，确保矿山应急救援队伍的战斗力。并及时对后备救援队伍进行培训。

（2）实施矿长资格培训时必须进行矿山救援知识的培训。各省（区、市）安全生产监督管理部门负责本辖区内矿山企业负责人应急救援知识的培训。

（3）矿山企业负责组织本企业职工救援与自救、互救知识的培训。

6.4.3　演习

安全监管总局每年组织一次国家矿山应急救援指挥系统启动模拟演习。地方人民政府矿山应急救援指挥机构每年要组织一次本辖区内救灾指挥系统启动模拟演习。矿山企业要严格按规定每年至少组织一次矿井救灾演习。

6.5 监督检查

安全监管总局对矿山事故灾难应急预案实施的全过程进行监督和检查。

7 附则

7.1 响应分级标准

按照事故灾难的可控性、严重程度和影响范围，将矿山事故应急响应级别分为Ⅰ级（特别重大事故）响应、Ⅱ级（重大事故）响应、Ⅲ级（较大事故）响应、Ⅳ级（一般事故）响应等。

出现下列情况时启动Ⅰ级响应：造成或可能造成30人以上死亡，或造成100人以上中毒、重伤，或造成1亿元以上直接经济损失，或特别重大社会影响等。

出现下列情况时启动Ⅱ级响应：造成或可能造成10～29人死亡，或造成50～100人中毒、重伤，或造成5000万～10000万元直接经济损失，或重大社会影响等。

出现下列情况时启动Ⅲ级响应：造成或可能造成3～9人死亡，或造成30～50人中毒、重伤，或直接经济损失较大、或较大社会影响等。

出现下列情况时启动Ⅳ级响应：造成或可能造成1～3人死亡，或造成30人以下中毒、重伤，或一定社会影响等。

7.2 预案管理与更新

省级安全生产应急救援指挥机构和有关应急保障单位，都要根据本预案和所承担的应急处置任务，制定相应的应急预案，报安全监管总局备案。

本预案所依据的法律法规、所涉及的机构和人员发生重大改变，或在执行中发现存在重大缺陷时，由安全监管总局及时组织修订。安全监管总局定期组织对本预案评审，并及时根据评审结论组织修订。

7.3 奖励与责任

（1）对在应急救援工作中有突出贡献的单位和个人由所在单位、上级管理部门、地方人民政府给予表彰和奖励。

（2）在应急救援工作中受伤、致残或者死亡的人员，按照国家有关规定给予医疗、抚恤。救援工作中为抢救他人或国家财产英勇牺牲的，由所在单位上报政府主管部门，经地方人民政府批准后，追认为烈士。

（3）对不服从指挥部调遣、临阵脱逃、谎报情况的人员，按照有关规定给予行政处分或经济处罚，构成犯罪的，依法追究其刑事责任。

7.4 预案解释部门

本预案由安全监管总局负责解释。

7.5 预案实施时间

本预案自发布之日起施行。

8 附件（略）

（程　光　白俊清整理）

附录五

矿山常见事故现场应急处置方案

第一节　冒顶塌方事故现场应急处置方案

1　事故特征

1.1　危险性分析

冒顶塌方事故是煤矿井下采煤工作面常见事故之一，由于多由回柱放顶所造成，故又称之为回柱放顶事故。此类事故常发生于煤直接顶板不稳定的顶板，特别是老矿井，随着矿井开采年限和可采深度的增加，工作面大多为假顶下开采，顶板压力大，顶网锈蚀严重，老塘撕网窜矸。

1.2　可能发生的事故类型

根据单体支柱的特性，常发生单体受压倾倒、受压崩阀、崩水平楔等，另外，根据一次顶板冒落的范围及伤亡人员的多少，常见的顶板事故为大面积切顶事故、回柱推棚事故。

1.3　支护顶板事故多发区域

单体崩阀、崩水平楔多发生于应力集中区，回柱放顶事故多发生在工作面上下端头、放顶区等地点，许多推棚事故是由局部漏矸发展而成。

1.4　事故发生的季节和造成危害程度。

回柱放顶事故多发生在夏天雨季，事故轻则影响生产，重则造成人员伤亡，如发生大型冒顶、冒矸堵塞巷道，就会影响工作面通风，引起瓦斯和二氧化碳积聚，造成有害气体中毒或瓦斯爆炸，造成更大的伤害。

1.5　事故征兆

（1）顶板连续发出断裂声，有时采空区顶板发出像闷雷一样的声音。

（2）在顶板突然来压和工作面总支撑力较低时，工作面顶板下沉量会突然增加，顶板沿煤帮方向会出现裂隙，甚至出现台阶下沉。

（3）当顶板大面积来压时，破碎顶板会连续掉渣，煤、岩粉末下落，煤尘飞扬，掉渣越多，说明顶板压力越大；在伪顶和假顶下，有大量的煤屑和碎矸石下落卷起尘雾。

（4）当顶板比较坚硬时或初次放顶后，采空区顶板有较大面积不跨落。

（5）工作面来压时，煤壁受压增加，使煤质变得松软，片帮煤增多；当使用电煤钻打眼时，感到省力，煤机割煤时，负荷减小等。

（6）使用液压单体支柱或液压支架的工作面，支柱阻力会急剧增加，安全阀开启。在底板松软的工作面，单体支柱会大量钻底。在大冒顶出现时，支柱会发出微微发颤的声音。

（7）使用金属铰接顶梁的工作面，顶梁楔子会被弹出，顶梁被压断或急剧变形。

（8）漏顶、瓦斯涌出量增加，淋水增加。顶板出现离层。分层开采，顶板未胶结或满顶质量达到要求，容易发生冒顶。

2 应急组织与职责

2.1 成立事故应急处置救援领导小组

负责组织实施事故应急处置救援工作。

组长：区队长、支部书记

副组长：值班干部、技术员

成员：安全副队长、生产副队长、机电副队长、各班班长

2.2 事故应急处置救援领导小组职责

井下发生回柱放顶事故后，分析判断事故性质，影响范围，研究制定现场处置救援方法，组织人员、配件、材料，做好现场应急处理，确保迅速处理事故，以便恢复生产。

2.3 领导小组成员职责

（1）值班人员接到事故通知后迅速落实救援工作，发生重大事故时，及时通知领导小组成员，同时做好相关记录。

（2）队长根据事故的严重程度，组织实施处理方案，并安排好事故抢修人员、材料和配件。

（3）支部书记负责发生事故时的宣传发动、安全宣传，后勤服务和处理方案的研究。

（4）技术员负责技术资料的提供，应急方案和应急措施的编制。

（5）其他成员在领导小组的带领下，根据各自职责范围各负其责，带领人员进行自救和互救。

3 事故应急处置程序

3.1 报警

当工作面发生较大回柱放顶事故，严重影响生产和造成人员埋压时，现场人员应立即通过电话汇报矿调度和工区值班人员。

矿调度电话：____________________

工区值班电话：__________________

值班人员接到险情后，立即按下列程序通知应急处置救援小组成员到工区值班室集合，区长、书记、主管技术员、安全副区长、各生产副区长、机电副区长（机电技术员）、各班班长，以及各成员一旦接到命令，应立即到工区值班室集合待命，同时自动生成应急救援领导小组。

3.2 相应级别确定

出现回柱放顶事故时，短时间内能够处理的，则立即启动本方案。重大顶板事故（24 小时以上）无法恢复生产或因冒顶埋压人员致人伤亡时，要立即向矿申请援助，矿值班领导应立即启动矿《重

特大顶板事故应急救援预案》。

3.3 应急启动

事故发生后（24 小时以下，没有埋压人员），区长、技术员要立即赶赴现场，汇同现场人员组织职工自救和互救，积极处理顶板事故。在区长未到现场前，由跟班副区长和当班工长负责指挥，事故应急处置救援领导小组成员要及时参加事故抢救，并保持通信联络，以便随时掌握事故抢救进展情况，及时调整方案。

3.4 救援行动

事故发生后，值班领导要对事故原因做出初步判断，按照事故应急处置抢救方案和符合现场抢救的安全技术措施，领导小组组织实施抢救，所有人员必须无条件服从指挥，全力以赴做事故抢救工作。

4 注意事项

4.1 发生回柱放顶事故后，现场管理人员应将人员撤至安全地点，并清点人数，确定有无被埋压人员，对受伤人员立即处理，并安排护送升井，同时向矿调度和工区值班人员汇报事故情况，如冒顶严重或有被埋压人员要先进行自救和互救，同时等待救援。

4.2 待冒顶稳定后，现场管理人员组织有关人员由外向里将冒顶周围支架棚棚加固，控制范围扩展，处理前必须备齐备足所需支护材料，人员操作要精力集中。

4.3 处理冒顶时由外向里逐架进行，扶棚先打临时支柱或支设临时棚，临时棚架设要牢固可靠。

4.4 除处理冒顶人员在冒顶处工作外，其余各组人员在冒顶处以外的安全地点等候待命。

4.5 处理冒顶应分组处理，三人一组，两人配合作业，一人观察顶板并设专人维护后路，以确保后路畅通，方可处理冒顶。

4.6 工作人员处理冒顶时，严禁空顶作业。

4.7 遇顶板冒实，要先通风后处理，并由专职安监员、瓦检员现场监护。

4.8 在进行顶板维护时，无论何种情况必须坚持“敲帮问顶”制度。

4.9 冒顶处理完毕生产时，在此处工作的人员必须熟悉冒顶范围高度，装接顶情况。

4.10 如井下发生垮面、冒顶事故，工作人员被堵工作面内时，要尽量减少呼吸量，在有支护的安全地点，静卧休息等待营救。工区值班人员应立即向矿调度汇报，矿值班领导应立即启动矿《重特大顶板事故应急救援预案》。如矿启动应急救援预案，工区应急救援小组自然成为其分支，除组织职工开展正常的抢险救灾及自救互救外，要坚决执行矿总指挥部的一切命令。

4.11 若发出回柱推棚事故时，人员应及时撤到安全地点，现场跟班人员及工长先清点人员，检查是否有被埋压人员，无埋压人员时，再观察推棚的范围、支架的稳固情况，及时组织人员由外向里逐棚处理。若有被埋压人员，立即向工区值班人员汇报，工区值班人员应立即向矿调度汇报，矿值班领导应立即启动矿《重特大顶板事故应急救援预案》。如矿启动应急救援预案，工区应急救援小组自然成为其分支，除组织职工开展正常的抢险救灾及自救互救外，要坚决执行矿总指挥部的一切命令。

4.12 工作面必须及时回柱放顶，控顶距离超过规定时，禁止采煤。

4.13 严格“先支后回”原则，回柱前必须将失效、歪倒或缺少的正规支柱补齐。

4.14 回柱放顶人员必须站在顶板完好、支架完整、后路畅通的地方，任何人不得进入老塘空顶区作业。

4.15 回撤应力集中区或顶板压力大、顶板破碎、扫尾支柱等情况时应打齐临时护身柱，并设有经验的老工人监视顶板、维护后路，若有冒顶征兆或其他不安全情况时，应立即撤出，待压力稳定后，由外向里维护好后再工作。

4.16 若出现死柱，要先维护好后路，用卧底法处理，处理前必须先打好戗柱和护身柱，然后一人扶柱兼观察顶板，一人在压死的柱子下掏窝，待柱子松动后，再用千不拉拉出，严禁用炮崩或强拉硬拽。

第二节 瓦斯爆炸事故现场处置方案

1 事故特征

1.1 危险性分析

井下发生瓦斯爆炸事故，可能造成重大人身伤亡或财产损失。属于重特大矿山事故类型。

1.2 具体分析（以平煤集团新峰矿务局为例）

（1）通风质量差的独头掘进工作面，瓦斯出现积聚。

（2）顶板冒落的空洞内、低风速巷道的顶板和停风的巷道内瓦斯可能积聚。

（3）违章排放瓦斯，使瓦斯大量涌出。

（4）掘进巷道与前方小窑贯通，使大量瓦斯涌出。

（5）11#、14# 层的采空区密闭墙因顶板压力大，泥皮压炸，使采空区瓦斯涌出。

（6）14# 层与 11# 层处于近距离开采，14# 层回采面回采过程中与 11# 层采空区塌通，使瓦斯大量涌出。

上述瓦斯危险因素有可能引发瓦斯爆炸，造成矿井瓦斯爆炸事故。

2 应急组织与职责

2.1 应急组织机构

总指挥：党委书记

副总指挥：矿长、总工程师

成员：各有关副矿长、工会主席、矿长助理、各副总工程师、调度室、技术科、安监站、通风区、机电部、地质科、防尘区、医院、运输区、采运队、生活公司、行政科、电讯科、电气队、矿山派出所及采掘区队的主要负责人。

2.2 职责

（1）党委书记是处理灾害事故的全权指挥者，制定营救遇难人员和处理事故工作计划。

（2）矿长、总工程师在总指挥的领导下，负责指挥工作，当总指挥不在时可代替总指挥行使职权。

（3）生产副矿长在处理事故时，在指挥部待命协助矿长工作，并负责所分管范围的事故处理工作及人员调配等。

（4）机电副矿长处理事故时在指挥部待命，负责事故区域所需的停、送电指挥工作。

（5）生活、经营副矿长处理事故时，负责调集救灾所需的设备材料，组织医疗、后勤工作。

（6）安全副矿长与安监站站长根据批准的应急预案、事故处理计划，负责对救护工作和入井人员的控制，实行有效的安全监督。

（7）矿通风副总工程师根据矿长或总工程师的命令负责改变矿井通风系统，组织完成必要的通风工程，并执行有关的其他措施。

（8）矿值班、调度主任和调度员负责立即将人数情况报告救护队、矿长和其他领导，及时向下传达指挥部的命令、通知，召集有关人员到调度室待命。

（9）矿山救护队队长带领矿山救护队，完成对灾区遇难人员的救援和事故处理。

（10）矿灯房负责人根据灯牌号查清井下人数及其姓名，并迅速报告矿调度室。其他人员未经矿长许可不准入井，停止发给矿灯。

（11）材料科科长和汽运队及时准备好必要的抢险器材和车辆，并根据矿长和总工程师的命令，迅速发放。

（12）机电科科长根据党委书记、矿长、总工程师的命令，负责改变矿井主扇风机工作制度，并掌握矿井的停电工作，完成其他有关的任务。

（13）运输区、采运队负责保证救护器材及时运送到事故地点，满足救灾需要。

（14）技术科、地质科负责准备好必需的图纸和资料，并根据矿长或总工程师的命令完成救灾打钻及其他工作。

（15）矿医院院长负责组织对遇难、受伤人员的急救和治疗，组织药物供应。

（16）生活公司、行政科保证遇难人员妥善安置，保证救灾人员生活供给。

（17）通风区负责矿井各种气体温度、含量和风速、风量的检查，完成对通风设施破坏后的完善，抢救遇难人员的工作。

（18）防尘区负责井下各种管路的连接，保证畅通无阻，安监站对各地点实行监督和把关，保证救灾工作的进行。

（19）采掘区队待命，根据矿党委书记、矿长、总工程师的命令，组织实施抢险救灾工作。

3　应急处置

3.1　事故应急处置程序

3.1.1　应急救援行动启动

指挥部一旦接到发生瓦斯爆炸事故的报警后，应根据事故级别，立即按如下程序启动应急救援系统，用最快的速度、最短的时间调动各方人力和物力，对所发生的事故进行控制和紧急救援。

（1）命令矿通风区救护队立即赶赴事故区域进行救援。

（2）调度指挥邻近队组人员对事故现场进行紧急控制，避免事态扩大或波及范围扩大。

（3）通知医疗行动组，立即赶赴现场抢救；同时在医院内部按医疗系统应急救援预案做好抢救伤员的准备工作。

（4）通知物资供应行动组，提供一切抢险、救护所需的材料设备。

（5）如果控制事态有困难，应向上级公司应急救援指挥中心及邻近单位请求增援。

3.1.2　现场救援指挥与控制

（1）立即召集救灾指挥部所有成员，首先听取当班值班矿领导的灾情汇报以及已经下达的命令情况汇报。继续组织撤人、停电、保证主要通风机，六风井提升及压风机的正常运转（派专人去风机房、六风井绞车房、压风机房组织与督促工作)。

(2) 通知事故单位和有关区队、矿灯房、自救器发放室、电脑考勤室准确统计出发生事故时已下井的人数及姓名，以便分析灾区人员数量及分布，通知各救灾行动组准备救灾材料，医院准备急救伤员。

(3) 指定一名副职领导签发下井许可证，并通知矿灯房、自救器发放室和副井口，没有下井许可证不准发放矿灯、自救器。

(4) 选定井下救援基地，指定具有救援知识的领导担任井下救援基地指挥。同时明确基地指挥只起“上传下达”作用，不得自行发布命令，以免形成多头指挥。落实井下救援基地所需的通信设备、救灾器材等，选定安全岗哨位置及其人员，明确其任务。

(5) 命令救护队进入灾区引导人员撤退；将伤员救到井下救援基地或其他安全地点进行现场急救后，送到地面，得知受伤人员困在灾区时，一方面设法与受阻人员联系、稳定其情绪，一方面立即报告救灾指挥部采取措施组织特别抢救。

(6) 救灾指挥部根据井下灾情报告，责成协助成员，将抢险人员组成二线、三线力量。当抢险人员不足时，应及时报告上级机关，并向兄弟单位请求支援。及时满足井下需要，千方百计完成撤人抢险任务。

(7) 井下撤出人员和抢救人员完成后，应投入二线或三线力量，命令救护队进行侦察工作，掌握灾情性质、影响范围、灾区通风与瓦斯等灾情，同时撤出一线部分人员。救护队长应具体负责指挥救护队按救护规程的要求完成侦察任务，提出测定数据、灾区示意图及灾区处理建议，供指挥部制定救灾方案。侦察结束后，应安排救护队在安全地点监视灾情变化，具体位置应由井下救援基地负责人提出建议，报总指挥部确定。

(8) 指挥部组织所有成员听取侦察情况汇报后，结合灾情实际，尽快提出事故处理方案，并将成员明确分工，限定时间完成救灾准备工作，并派员检查核实。

(9) 根据灾区现场情况不断协调平衡力量，确保方案顺利进行。当遇灾情变化时，应及时修改救灾方案，调整救灾力量。事故处理结束稳定一定时间后，应抓紧恢复事故破坏的各个系统，使之正常，特别是通风系统。当各系统恢复正常后，即可恢复正常生产秩序，抢险指挥部结束工作。

(10) 事故处理结束后，指定有关部门和人员收集整理事故调查报告，并进行全面分析。对事故发生、抢救处理过程、重要的经验教训以及今后应采取的预防措施等，形成文件后上报并存档。

3.1.3 向集团公司及其他上级主管、相关部门报告

当井下发生瓦斯爆炸事故时，在矿井积极组织事故救援的同时，要将事故发生时间、地点、受灾情况及时向集团公司应急救援指挥中心及通风处、安监局等部门进行汇报。

3.1.4 本矿内部职工的事故情况的告知

由矿抢险指挥部启动该程序；应由矿指派专人通过会议、媒体及时将事故情况传达到每个员工、家属，以稳定员工、家属情绪，确保事故抢险及时、顺利进行。

3.1.5 现场医疗救护响应

医疗急救行动组成员在接到应急救护指挥部命令后要迅速到医疗卫生救援领导组办公室，听取灾害事故简单情况介绍。研究部署应急医疗救援工作，统一指挥和调遣各医疗队伍及医疗资源的动用，决定是否向上级医疗机构求援。应急救援现场急救小分队、伤员运送小分队、临床医疗小分队等各小分队成员立即整装待命，做好救治准备工作。

(1) 现场救护：现场人员要根据现场受伤人员受伤原因和受伤情况，立即进行救治。

①如遇重伤者，如呼吸、心搏骤停者立即给予胸外心脏按压或人工呼吸，直到伤员清醒或医院、

医疗组接管为止。

②如遇烧伤者时，将伤员撤离火灾现场，保护好烧伤创面，尽量避免污染，有利于以后的院内救治。

③如遇中毒、窒息伤员，立即将中毒者从危险区搬运到新鲜风流中，并安置在顶板良好、无淋水和通风正常的地点。给予氧气吸入，必要时做口对口人工呼吸。

④如遇落顶等事故时，造成受伤严重者，如昏迷者应立即运送出井，送院检查、治疗。如遇脊柱、腰椎等骨折时，应使伤员仰卧用担架、门板等硬物将其抬出现场，送院救治；如遇四肢骨折时，应用夹板做简单的固定，撤离现场，送院救治；如遇开放性血气胸时，应用无菌敷料填堵伤口，并用绷带包扎，使伤口变为闭合性，然后送院救治。

⑤如遇透水事故，伤员发生窒息等时，应将伤员仰卧，排出呼吸道异物，如有心搏、呼吸骤停者，应立即就地抢救。

（2）现场急救小分队在接到指令后要立即下井，组织进行现场急救，伤员运送小分队要携带药品、抢救器件奔赴现场或指定地点，运送和急救伤员，临床医疗小分队做好救治伤员的准备工作。

（3）现场急救小分队要本着时间就是生命，先救命后治伤，先救重后救轻的原则，立即实施现场急救措施，进行止血、包扎、固定及心肺复苏等紧急处理。按照国际统一标准对伤员进行检伤分类，分别用绿、黄、红、黑四种颜色，对轻、重、危重伤员和死亡人员作出标志，扣系在伤员的手腕和脚踝部位，以便后续救治时辨认或采取相应的措施。

（4）运送小分队在现场处于危险或伤员情况允许时，要尽快将伤员转运，对已经检伤分类待送的伤员进行复检，对有活动性大出血或转运途中有生命危险的急危重症者，就地予以抢救、治疗，做必要的处理后再在监护下进行转运。在转运过程中要科学搬运，避免造成二次损伤，要合理分流伤员，及时将伤员转运到指定医院救治。

（5）临床急救小分队在医院内组织好接收伤员工作，对接收的伤员，按检伤分类实施临床救治。

（6）医疗急救行动组要及时向指挥部和上级医疗机构汇报救治情况，并根据具体情况向上级医疗机构请求增援。

（7）医院救治：医院要将出井伤员分类组织救治，必要时将伤重人员送到矿医院或其他上级医院救治。

3.1.6　现场警戒保卫

为保障现场应急救援工作的顺利开展，在事故现场周围建立警戒区域，实施交通管制。

（1）警戒保卫组要根据事故现场情况，在井下受灾区、井口工业广场各路口设置警戒区，实施交通管制，对危害区外围的交通路口实施定向、定时封锁，严格控制进出事故现场的人员及车辆，避免出现意外的人员伤亡或引起现场的混乱。

（2）在警戒保卫的同时，要尽量抽调力量在条件允许的情况下组织营救受害人员，组织疏散、撤离或者采取措施保护危险区域内的其他人员。

（3）必要时承担抢险救灾工作。

3.1.7　需要外部支援的请求及联系

当事故灾情重大，本矿救护队不能独立完成时，应及时请求集团公司矿山救护大队及其他相关部门支援。

3.1.8　媒体信息沟通及公众信息告知

（1）对需要发布的信息进行审核和批准，保证发布信息的统一性，避免出现矛盾信息；

（2）指定新闻发布人，适时举行新闻发布会，准确发布事故信息，澄清事故传言；

（3）为公众了解事故信息、救援措施，以及查找亲人下落等有关咨询提供服务；

（4）接待、安抚死者及受伤人员的家属。

3.2 现场应急处置措施

3.2.1 现场人员判断分析与汇报

（1）灾情的正确判断分析

①处于事故地点及附近的人员应在保证自己安全的情况下，通过自身的直观感觉、经验和可能利用的手段，仔细观察分析事故造成的各种异常变化和迹象（如烟雾、温度、风流状态、空气成分、巷道支护、涌水等），认真分析判断事故发生的性质和原因，以及灾害的严重性。

②分析事故的发生地点，并对灾害可能波及的范围和灾害程度作出判断。

③根据事故的性质和发生地点，结合井下巷道布置、通风系统、人员分布等情况，迅速判断有无诱发和伴生其他灾害事故的可能性。

④尽快了解和掌握自己所在地点的人员伤亡情况，判断现场有无可采取的抢救手段和条件。

⑤分析判断自己所在地点的安全状况，为抢险救灾或安全避灾行动提供依据，做好准备。

（2）及时报告事故现场灾情

①井下发生灾害事故后，在事故地点及附近的人员应利用电话或派出人员等方法，迅速将事故的性质、发生地点、原因和危害程度向矿调度室汇报。井下其他区域的人员，在发现异常现象后，也应及时汇报。

②根据事故的性质和蔓延趋势，以最迅速有效的方式，向可能受事故波及区域的人员发出警报通知。

③在抢救事故期间，应随时向矿调度室汇报灾区状况和救灾工作进展情况（如现有抢救力量、人员的情绪及身体状况、救灾的现有条件、事故发展趋势及后果、所采取的措施及所取得的效果等），也可对下一步抢救工作的开展提出建议和措施，取得矿井抢险组织部门指示和支持。

3.2.2 现场人员的避灾自救

（1）瓦斯爆炸前后现场工作人员自我防护

①发现瓦斯爆炸征兆或爆炸进行中的自我防护

现场工作人员一旦遇到瓦斯爆炸或发现爆炸预兆，要沉着、冷静、采取措施进行自救。具体方法是：背向空气颤动的方向，俯卧倒地，面部贴在地面，闭住气暂停呼吸，用毛巾捂住口鼻，防止把火焰吸入肺部。最好用衣物盖住身体，尽量减少肉体暴露面积，以减少烧伤。爆炸过后，要迅速按规定佩戴好自救器，弄清方向，沿着避灾路线，赶快撤退到新鲜风流中。撤退中，假如巷道破坏严重，不知撤退是否安全时，可以到棚子较完整的地点躲避，等待救护队前来救护。

②瓦斯爆炸时，现场人员的避灾自救要点

A．当灾害发生时，一定要镇静、清醒，不要惊慌失措、乱喊乱跑，当听到或感觉到爆炸声响或空气冲击波时，应立即背朝声响和气浪传来的方向，脸朝下，双手置于身体下面，闭上眼睛，迅速卧倒。头部要尽量低，有水沟的地方最好爬在水沟边上或坚固的障碍物后面。

B．立即屏住呼吸，用湿毛巾捂住口鼻，防止吸入有毒的高温气体，避免中毒和灼伤气管、内脏。

C．用衣服将自己身上的裸露部分尽量盖严，以防火焰和高温气体灼伤皮肉。

D．迅速取下自救器，按照使用方法戴好，以防止吸入有毒气体。

E．高温气浪及冲击波过后，应立即辨别方向以最短的距离进入新鲜风流，并按照避灾路线尽快逃离灾区。

F．已无法逃离灾区时，应立即选择避难硐室，充分利用现场的一切器材和设备来保护人员及自身安全。进入避难硐室后，要注意安全，最好找到离水源近的地方，设法堵好硐口，防止有害气体进入，注意节约矿灯用电和食品，室外要做好标记，有规律的敲打连接外部的管子、轨道等，发出求救信号。

（2）爆炸事故中在避难硐室避难应注意的问题

避难硐室是在矿井灾变事故中当人员无法撤出或一时难以撤出灾区时，供遇难人员暂时避难待救的场所。根据矿井下情况，当爆炸事故发生后需因地制宜构筑临时性的避难硐室。它是由在事故中遇险的人员、结合现场情况利用独头巷道、硐室或两道风门之间的巷道等条件，因地制宜、就地取材（如砖石、木板、木柱、黄土、砂子、局扇风筒、皮带、木支架等），临时构筑起来的避难场所。在有压缩空气的地点还应安装压气管路及阀门，以供发生事故时使用。

在瓦斯爆炸事故中当无法撤出灾区时。遇险人员应立即选择安全的地点设法构筑临时避难硐室，进行避难自救，在避难待救时应注意如下几个问题：

①进入避难硐室前应在硐室外留下衣物、矿灯等能表明有人避难的明显标志。以使救护队营救时易于发现。

②进入避难硐室要将入口严密封堵，预防有害气体的侵入。要充分利用避难场所的水、压缩空气及各种材料改善维持生存的条件，保证避难安全。

③避难期间要保持安静、尽量减少和避免不必要的活动和体力消耗，以延长避难的时间。要控制矿灯的使用、不必要的矿灯应当关闭。

④注意经常敲打铁器、管道、煤帮等，发出呼救信号，争取与外界取得联系。

⑤避难人员要坚定克服困难和避灾自救的信念，同心协力、团结互助、服从命令、听从指挥。同甘共苦，饮食、用水等应集中统一分配使用，并注意节制饮用。

⑥经常注意检查避难场所及其附近烟气、温度、风流的变化，当出现危及人员安全的情况时，要及时采取措施加以排除。

⑦在条件许可的情况下，可组织侦察活动，侦察时应指派有经验、熟悉巷道及通风情况的人员，同行人员不得低于 2 人，侦察活动要逐段进行，要有安全防护措施；发现有危险时应及时退回避难硐室。

⑧如果需要且具备转移条件，应有组织的进行安全转移。转移时沿途做好标记，以便营救人员跟踪追寻。

（3）爆炸烧伤人员的现场急救

矿井爆炸中的烧伤，多因瓦斯燃烧、爆炸火焰等引起。现场急救是救治烧伤的起点，非常重要。其重点可概况为灭、查、防、包、送五个字，即：

①灭：熄灭伤员身上的火，使伤员尽快脱离热源，缩短烧伤时间；对已灭火而未脱去衣服的人，务必仔细检查其衣服，特别是对已失去知觉的伤员要特别注意。

②查：伤员呼吸、心搏怎样？是否会合并其他外伤和有害气体中毒？对爆炸冲击烧伤伤员，应特别注意有无颅脑损伤、胸腹腔内脏损伤和呼吸道烧伤。

③防：防休克、窒息、创伤污染。伤员因疼痛和恐惧常发生休克，可用针刺穴位止痛或给止痛药；若发生急性喉头梗阻或窒息时，可请医务人员进行气管切开，保证通气；在现场检查和搬运伤员时，一定要注意保护创面，防止污染。为了减少创伤的污染和损伤，伤员已灭火的衣服不应脱下或剪开除去。

④包：就是用较干净的衣服，把创面包裹起来，防止再次污染。在现场，除化学烧伤可用大量流动的清水持续冲洗外，对创伤一般不作处理，尽量不弄破水泡，保护表皮。

⑤送：就是迅速离开现场，把严重烧伤伤员送往医院。注意在搬运伤员时，动作要轻柔，行进要平稳，随时观察伤情。

（4）对井下中毒、窒息人员的急救

①对井下有害气体中毒人员的急救

井下工作人员由于受一氧化碳、二氧化碳等有害气体中毒时，应采取如下综合措施有针对性地进行急救：

A．立即将中毒者从危险区搬运到新鲜风流中，并安置在顶板良好、无淋水和通风正常的地点。进入有害气体中毒场所，急救者一定要佩用呼吸系统的个体防护装备。

B．迅速将中毒者口、鼻内妨碍呼吸的黏液、血块、泥土、碎煤等除去，并将上衣、腰带解开，胶鞋脱掉。

C．对中毒者要进行保暖，用棉被或毯子将身体盖起来。有条件时，可在中毒者身旁放置热水袋。

D．为促使体内毒物的排出，要及时输氧或进行人工呼吸。受一氧化碳中毒时，如有条件输氧，应请医务人员或急救员（以下简称医务人员）给中毒者吸入加5%二氧化碳的氧气，以刺激呼吸中枢，增强肺部的呼吸能力，使毒物尽快排出体外。

②对瓦斯爆炸产生的有害气体中毒窒息人员的急救

瓦斯爆炸产生有害气体中毒，严重者有窒息的可能。一旦窒息，伤员生命就处于危急状态。因此，必须千方百计、争分夺秒地进行抢救。

A．迅速将伤员运送到空气新鲜的地方，给予氧气吸入；必要时做口对口人工呼吸。

B．对昏迷的伤员，一定要取侧俯卧位，使口中的分泌物流出，防止舌后坠；同时，把舌拉出口外，必要时请医务人员进行气管切开。

C．如果伤员出现脉搏微弱、血压下降等循环衰竭症状或体征时，应请医务人员注射强心、升压药物，如皮下注射25%安钠咖2 ml。经过抢救待病情平稳后，迅速送往医院救治。

3.2.3 现场应急处理措施

（1）井下发生瓦斯爆炸等重大事故时，现场人员必须立即向矿调度室汇报事故的性质、地点及遇难人员情况，调度室接到电话后，应立即向矿值班领导和总调度室汇报。并按照如下要求积极展开应急避灾自救工作，自救方法详见本节3.2.2-②。

（2）回采工作面发生爆炸事故时现场人员的自救、互救应急措施

①当回采工作面发生小型爆炸事故时，进、回风巷一般不会被堵死，通风系统不会造成大的破坏，所产生的一氧化碳和其他有害气体，较易被排除。当遇这种情况时，处于采面进风侧的人员一般不会严重中毒，在回风侧的人员要迅速佩戴好自救器，经最近的路线进入新鲜风流中。

②当回采工作面发生严重爆炸事故，爆炸形成严重的塌落冒顶，通风系统被破坏时，爆源的进、回风侧都会聚集大量的一氧化碳和其他有害气体，所有在该范围的人员都会发生一氧化碳中毒。为此，在爆炸后，没有受到严重伤害的人员，要立即打开自救器佩戴好。在进风侧的人员要逆风撤出，在回风侧的人员要设法经最近路线，撤退到新鲜风流中。如果由于冒顶严重撤不出来时，首先要把自救器佩戴好，并协助重伤员在较安全地点待救。当附近有独头巷道时，可进入暂避，并尽可能用木料、风筒等设立临时避难场所，把矿灯、衣物挂在显眼处，静卧待救。

（3）掘进工作面发生瓦斯爆炸事故时现场人员的自救、互救应急措施

掘进工作面一旦发生瓦斯爆炸事故，风筒往往被摧毁、风机移位、通风设施破坏、支架倒塌、巷道局部或大部垮落，使巷道变成不通风巷道。这些盲巷内充满了爆炸后所产生的一氧化碳和其他有害气体，遇险人员极易中毒。据此，现场人员应该做好以下工作：

①遇险人员要正确自救、互救

A．当掘进工作面发生小型瓦斯爆炸，支架和井巷基本未遭破坏时，在盲巷内的遇险人员在未受到直接伤害或受伤不重的情况下，要立即打开随身携带的自救器，按操作方法佩戴，迅速撤出盲巷到新鲜风流中。对于附近的伤员，要协助其佩戴好自救器，帮助其撤出险区。对于不能行走的伤员，在靠近新鲜风流 30 ~ 50 m 范围的，要设法抬运到新风中。对距离远的重伤员，只能为其佩戴自救器，不可抬运；遇到这种情况，灾区人员撤出后，要立即向调度室报告。

B．当掘进工作面发生大的瓦斯爆炸，井巷遭到严重破坏，退路被阻时，遇险人员在受伤不太严重的情况下，要迅速佩戴好自救器，千方百计疏通巷道，尽快撤到新鲜风流中。如果巷道难以疏通，要坐在支护良好的地方，稳定情绪，等待救护队员前来抢救。对于受伤严重的伤员，也要给其佩戴好自救器静卧待救。并且要利用一切可能利用的条件，建立临时避难硐室待救。

②险区外的人员要积极进行抢救

掘进工作面发生瓦斯爆炸，险区以外的现场人员，在未受到伤害的情况下，更要发扬互助互爱的精神，积极进行抢救。

A．立即向现场领导报告，或通过电话及其他方法向调度室报告事故发生的时间、地点、遇险人数及其他灾情。

B．佩戴好自救器对距新鲜风流较近的灾区伤员进行抢救。

C．阻止未佩戴自救器的人员进入灾区，防止事故扩大。

（4）调度室接到井下发生瓦斯、煤尘爆炸的报告后，按救灾指挥部电话顺序进行通知。矿值班人员在总（副）指挥来到之前，会同熟悉井下通风系统的人员，同救护队、通风区长和发现灾情的人员，根据具体情况提出抢救灾区人员和处理灾害的措施。

（5）要判明爆炸地点、性质和规模。救护队员对事故地点进行全面的侦察，并查明：

①爆炸的地点、性质和规模；

②灾情的蔓延速度、影响范围；

③风流方向及通风设施破坏情况；

④巷道的损坏程度及顶板塌落情况；

⑤寻找接近事故地点的消防水源和遇难人员的撤退路线，将侦察情况迅速向指挥部报告。

（6）确定通风状态和撤退灾区人员。

①事故发生后，灾区人员应积极采取自救与互救措施，灾区及波及区的人员要尽快撤离。

②救灾指挥部在指挥救灾时，首先采取有效的措施抢救遇难人员，防止事故的进一步扩大。

③当事故发生在采煤工作面时，要立即停电撤人，受灾人员要立即就近向新鲜风流方向撤退，直至撤离至地面。

④如果由于冒顶严重撤不出来时，首先要把自救器佩戴好，并协助重伤员在较安全地点待救。

⑤当附近有独头巷道时，可进入暂避，并尽可能用木料、风筒等设立临时避难场所，把矿灯、衣物挂在显眼处，静卧待救。

⑥当事故发生在掘进巷道时，除全部按照上述处理回采工作面措施处理，还应做到：

A．电扇停止运转后，禁止开动电扇，必须按照《煤矿安全规程》有关防止和处理瓦斯积聚的规定，进行处理，以免爆炸区域遇到新鲜风流后，形成二次爆炸事故。

B．修补或重建通风设施，及时恢复掘进巷道的通风系统。

C．决定利用局扇排放巷内的瓦斯和爆炸后气体时，巷道内不准送电和有人工作，所有回风流经过的巷道不准给电气设备送电，不准人员进入工作。并制定排放措施，进行排放。

D．排放气体时，要按排放瓦斯的措施进行逐段排除，逐段接入风筒。

E．掘进人员若处在爆炸位置，暂时不能撤出时，要挂一风障，并检查气体。在巷道静坐等待救援，必要时佩用自救器。

F．参加抢救人员要在有组织、有领导的指导下进行，决不准任意蛮干，除救护队员外，任何人不准进入灾区。

（7）受灾害波及地点的人员，一旦无法撤离时，严禁乱跑，并按照如下要求进行避灾自救：

①迅速转入独头巷道（支护完好），关闭电扇，切断风筒，堵住入口，防止有毒气体侵入。

②暂时躲在安全地点，在巷口处挂一风障，防止有害气体进入。

③避灾地点若有压风管，可打开管路，为避难人员输送新鲜空气。

④避灾时，遇险人员在班组长的带领下，按照避灾路线迅速撤离危险区，在避灾过程中要服从指挥。撤离时，应两人以上编组同行。要互相帮助，互相照顾不准单独乱跑，撤退中要注意风流方向，要取捷径尽快进入新鲜风流区域。

⑤在改变通风系统、砌临时挡风墙前，要检查灾区附近瓦斯涌出量，防止造成瓦斯积聚引起爆炸事故，同时注意气体的流向，防止有害气体进入工作区域，有爆炸和中毒危险时，应立即撤人。

（8）为防止事故扩大，要及时组织人员执行如下救灾措施。

①切断灾区电源，防止处理事故中救护人员触电。

②处理顺序应从灾区外温度低的地点开始，逐渐接近灾区，救灾人员要处在进风流中。

③严密注意顶板的变化情况，防止因顶板塌落伤人和造成风流风量的变化。下井抢救人员必须经指挥部批准，每人必须佩戴呼吸器，以救护队为主进行抢救。

（9）发生瓦斯、煤尘爆炸事故后，井下受灾人员依照避灾路线要求进行避灾自救。

（10）事故处理完毕，恢复生产时，应严格按照如下步骤操作：

①详细检查事故地点有无隐患。

②检查井下巷道硐室和采掘工作面的有害气体含量，若超过规定，要按排放瓦斯的安全措施处理。

③修复因事故而破坏的通风系统，并对巷道进行必要的支护。

④检查电气设备的防爆性能，不能出现失爆，经瓦斯检查符合规定，可按顺序送电。

3.2.4　井下受灾人员的避灾路线（以平煤集团新峰矿务局为例）

（1）井下正常通风时的避灾路线

14# 层 416 盘区各工作面→工作面进风顺槽→ 14#416 盘区轨道巷、皮带巷→扩区材料、皮带暗斜井→ 3#410 盘区三条巷→ 3#410 材料、皮带暗斜井→ 1200 运输大巷→地面

14# 层 422 盘区各工作面→工作面进风顺槽→ 14#422 盘区轨道巷、皮带巷→ 422 材料、皮带暗斜井→ 11#05 材料、皮带暗斜井→ 11#05 轨道巷、皮带巷→ 11#416-1 巷→扩区材料、皮带暗斜井→ 3#410 盘区三条巷→ 3#410 材料、皮带暗斜井→ 1200 运输大巷→地面

（2）井下反风时的避灾路线

14# 层 416 盘区各工作面→工作面回风顺槽→ 14#416 北翼盘区回风巷→ 14#416 回风暗斜井→ 11#420 回风巷→东井副井→地面

14# 层 422 盘区各工作面→工作面回风顺槽→ 14#422 盘区回风巷→ 14#422 回风暗斜井→ 11#416 辅回风巷→ 11#05 回风暗斜井→ 11#05 回风巷→六风井→地面

（3）当爆炸发生在 14# 层 416 盘区内时，按如下避灾路线撤退：

A．当爆炸地点发生在综采工作面或其尾巷时

处于工作面爆源进风侧的受灾人员→进风巷→ 14#416 盘区轨道巷→六风井底风门→六风井→地面

处于工作面爆源回风侧的受灾人员→回风巷→该工作面风门→ 14#416 盘区轨道巷→六风井底风门→六风井→地面

B．当爆炸地点发生在掘进工作面时

处于爆源里侧的受灾人员→穿过爆炸区域→该巷→ 14#416 盘区轨道巷→六风井底风门→六风井→地面

处于爆源外侧的受灾人员→该巷→ 14#416 盘区轨道巷→六风井底风门→六风井→地面

处于该盘区内的其他工作人员→ 14#416 盘区轨道巷→六风井底风门→六风井→地面

处于 14#422 盘区内的工作人员→ 14#422 盘区轨道巷、皮带巷→ 422 材料、皮带暗斜井→ 11#05 材料、皮带暗斜井→ 11#05 轨道巷、皮带巷→ 11#416-1 巷→六风井底风门→六风井→地面

处于 3#410 盘区以上的工作人员→ 3#410 盘区三条巷→ 3#410 材料、皮带暗斜井→ 1200 运输大巷→地面

(4) 当爆炸发生在 14#422 盘区内时，按如下避灾路线撤退：

A．当爆炸地点发生在综采工作面或其尾巷时：

处于工作面爆源进风侧的受灾人员→进风巷→ 14#422 盘区轨道巷、皮带巷→ 422 材料、皮带暗斜井→ 11#05 材料、皮带暗斜井→ 11#05 轨道巷、皮带巷→ 11#416-1 巷→扩区材料、皮带暗斜井→ 3#410 盘区三条巷→ 3#410 材料、皮带暗斜井→ 1200 运输大巷→地面

处于工作面爆源回风侧的受灾人员→回风巷→该工作面风门→ 14#422 盘区轨道巷、皮带巷→ 422 材料、皮带暗斜井→ 11#05 材料、皮带暗斜井→ 11#05 轨道巷、皮带巷→ 11#416-1 巷→扩区材料、皮带暗斜井→ 3#410 盘区三条巷→ 3#410 材料、皮带暗斜井→ 1200 运输大巷→地面

B．当爆炸地点发生在掘进工作面时：

处于爆源里侧的受灾人员→穿过爆炸区域→该巷→ 14#422 盘区轨道巷、皮带巷→ 422 材料、皮带暗斜井→ 11#05 材料、皮带暗斜井→ 11#05 轨道巷、皮带巷→ 11#416-1 巷→扩区材料、皮带暗斜井→ 3#410 盘区三条巷→ 3#410 材料、皮带暗斜井→ 1200 运输大巷→地面

处于爆源外侧的受灾人员→该巷→ 14#422 盘区轨道巷、皮带巷→ 422 材料、皮带暗斜井→ 11#05 材料、皮带暗斜井→ 11#05 轨道巷、皮带巷→ 11#4 16-1 巷→扩区材料、皮带暗斜井→ 3#410 盘区三条巷→ 3#410 材料、皮带暗斜井→ 1200 运输大巷→地面

处于该盘区内的其他工作人员→ 14#422 盘区轨道巷、皮带巷→ 422 材料、皮带暗斜井→ 11#05 材料、皮带暗斜井→ 11#05 轨道巷、皮带巷→ 11#416-1 巷→扩区材料、皮带暗斜井→ 3#410 盘区三条巷→ 3#410 材料、皮带暗斜井→ 1200 运输大巷→地面

处于其他盘区内的工作人员按正常通风避灾路线撤退。

(5) 当爆炸发生在主进风井底附近，爆炸后的有害气体能随矿井进风风流大量带入井下时，首先应采取全矿井反风；迅速通知井下所有受灾人员按反风时避灾路线撤退。

3.3　报警及联系

矿调度室执行 24 小时值班制度，并有专人负责应急救援接警工作，具体联络方式如下：

调度室井下程控电话：______________________

3.3.1　报警程序

(1) 井下发生瓦斯事故后，在事故地点及附近的人员应利用电话或派出人员等方法，迅速将事故的性质、发生地点、原因和危害程度向矿调度室汇报。井下其他区域的人员，在发现异常现象后，也应及时向矿调度室汇报。

(2) 调度室及汇报人要根据事故的性质和蔓延趋势，以最迅速有效的方式，向可能受事故波及

区域的人员发出警报通知。

（3）在抢救事故期间，井下救灾负责人应随时向矿调度室汇报灾区状况和救灾工作进展情况（如现有抢救力量、人员的情绪及身体状况、救灾的现有条件、事故发展趋势及后果、所采取的措施及所取得的效果等），也可对下一步抢救工作的开展提出建议和措施，取得矿井抢险组织部门指示和支持。

3.3.2 接警、记录程序

接警人员在接到报警后，必须迅速、准确地向报警人员了解事故的性质和规模等初始信息，并记录在案。具体了解、记录内容包括：

（1）事故汇报人姓名

（2）汇报时间

（3）事故性质

（4）事故发生时间

（5）事故发生地点

（6）人员伤亡情况

（7）事故地点通风情况

（8）事故可能波及的区域

（9）是否伴生其他灾害

（10）事故区域有何异常现象

（11）备注

3.3.3 通知程序

接警人员在接到报警后，首先要迅速向当日值班领导汇报，然后迅速按照应急救援程序向应急救援指挥部成员发出事故通知，以采取相应的行动。接到灾害通知后，指挥部成员要立即赶赴指挥部集中，由总指挥统一安排工作，不准擅离职守。

4 注意事项

4.1 及时汇报

井下发生灾害事故后，在事故地点及附近的人员要迅速向事故可能波及的区域发出警报，以争取地面救护人员尽快到达，使其他区域工作人员尽快撤离。

4.2 积极开展自救和互救

灾害事故发生时，灾区内以及受波及区域的人员应沉着冷静，根据灾情和现有条件以及实情发展，采取积极有效的方法和措施，利用现场的设备材料在保证自身安全条件下全力抢险，及时进行现场救灾工作，将事故消灭在初起阶段或控制在最小范围，最大限度地减少事故造成的人员伤亡和财产损失。现场人员的行动要服从统一指挥，严禁各行其是、盲目蛮干或惊慌失措，贻误消除灾害的有利时机。当灾害严重、条件困难或短时难以消除灾害时，应尽最大努力将事故控制在最小限度、防止灾情扩大。救灾要切实注意自身安全，如果灾区条件恶化、危及现场人员安全，有中毒、窒息、二次爆炸、火灾、冒顶、突水等现象，应及时撤离，防止事故扩大。

4.3 安全撤离

当灾害发展迅猛，现场不具备事故抢救的条件，无法进行现场抢救，或灾区条件急剧恶化，可能危及现场人员的生命安全，以及接到命令要求撤离时，现场人员应想方设法有组织的迅速安全地撤离灾区。撤离灾区时应遵守下列行动准则：

（1）沉着冷静：撤离时，要保持清醒的头脑和镇定的情绪，做到临危不乱；同时大家要树立能安全撤出灾区的信心，并在各个方面、各环节上做好充分的准备，谨慎稳妥地行动。

（2）认真组织：在场的干部和经验丰富的老工人要充分发挥带头作用，组织带领其他工友统一行动。现场所有人员要听从指挥，任何情况下都不得各行其是、单独蛮干。

（3）团结互助：所有遇险人员都应发扬团结互助的精神和先人后己的风范，同心协力地到达安全地点。

（4）加强安全防护：撤退前，所有遇险人员都要正确使用好必备的防护用品和器具，行动途中不可惊慌乱跑。遇有积水区、冒顶区等危险地段时，应先探明情况，谨慎通过。

（5）选择正确的撤退避灾路线：撤退前，要根据《井下应急救援预案》要求和灾变后的具体情况，确定撤退的路线。应尽量选择安全条件最好、距离最短的行动避灾路线。切忌图省事或怀着侥幸心理冒险行动，也不能犹豫不决而贻误时机。

4.4　妥善避灾

当出现安全通道堵塞、有毒有害气体含量高、能见度低等原因时，井下人员在短时间内无法安全撤离灾区、且灾害严重危及人员生命安全时，遇险人员应在灾区内妥善进行自救和互救，寻找避难场所，努力维持和改善自身生存条件，等待救护人员的援救。避灾时应遵守以下行动准则：

（1）选择适宜的避难地点；

（2）保持良好的精神心理状态和信念；

（3）加强安全防护；

（4）改善避难地点的生存条件；

（5）积极同救护人员取得联系；

（6）积极配合救护人员的抢救工作。

第三节　煤矿水害事故现场处置方案

1　事故特征

（1）水害事故主要有地表水溃入井下、老空突水、灾害性天气等。

（2）事故多发生采煤工作面、掘进迎头中。

（3）水害事故有季节性，一般发生在汛期，一旦发生，会造成人员伤亡。

（4）井下水害事故的预兆：煤层发潮发暗；巷道壁挂汗、挂红；煤层变凉；工作面温度降低、有雾气；顶板来压，淋水加大；有水声；工作面有害气体增加；打钻时钻孔底松软或有水。

2　应急组织与职责

2.1　应急自救组织形式及人员构成情况

基层单位应急自救组织以班组为单位，由全班组人员组成。应急自救组织组长由班组长担任，成员为全体班组人员。

2.2 应急自救组织机构、人员的具体职责

2.2.1 应急自救组织组长职责

（1）负责察看事故性质、范围和发生原因等情况，并快速报告给调度室。

（2）带领全班组人员，开展自救、互救工作。

2.2.2 应急自救组织成员职责

（1）在班组长的带领下开展自救、互救工作。

（2）尽可能采取措施减少事故扩大，减小人员伤亡。

3 应急处置

3.1 事故应急处置程序

现场发生水害事故后，现场人员必须立即撤退并向矿调度室汇报。

3.2 现场应急处置措施

（1）发生水灾时，施工人员在有经验的老工人或带班长的带领下撤离到安全地点，同时，通知水泵司机把水泵全部启动起来，关闭防水闸门。

（2）切断与抢险无关的电源，保证矿井排水供电。

（3）人员撤退的原则是：从下水平到上水平，从低处到高处，从井下向地面走，沿避水路线撤退。

（4）若水势很大，退路被阻时，寻找安全位置时，尽量选择离大巷或井筒较近的高处暂避，同时发出呼救信号。立即组织人员查明出水原因，针对实际情况制定具体措施进行营救。

（5）避水路线（以平煤集团新峰矿务局为例）

①掘进头→ 输巷→ 0 进石门→东大巷副巷→井底大车场→斜井→地面

②掘进头→ 提升下山→ 中提升下山→斜井→地面

③掘进头→ 石门→总回风巷上山→地面

④掘进头→ 0 提升下山→ 0 上山→总回风巷上山→地面

（6）事故报告的基本要求和内容

报告事故时必须说明事故的地点、性质、严重程度、受威胁的人员数、可能影响的范围是否扩大等。

（7）报警电话：

调度室：______________________

安全科：______________________

（程　光　白俊清整理）

后　记

国内外的实践证明，成功的矿山应急救援和娴熟的自救互救是降低矿山事故死亡率和致残率的第一手段。不管我国的矿山管理体制如何变化、矿山应急救援体系如何完善、矿山所属医疗机构如何改制，矿山事故发生后应急救援方法和自救互救方法只能提高不能削弱。因此，本书专门介绍了矿山救援与自救互救方面的知识。

本书中所介绍的一些急救方法大多是专家共识，比如心肺复苏术，就是每 5 年更新一版的《心肺复苏指南》，是典型的专家共识所产生的方法。再者，在“网络 +、大数据、云端、3D 打印”等日新月异的今天和明天，一些应急救援程序、规范以及急救方法定会有想象不到的更新，希望读者同道们采取“与时俱进”的态度去认识世界、改变世界。

主　编

中英文专业词汇对照索引

Z